全国中等职业技术学校电子类专业教材

SMT 设备操作与维护

人力资源社会保障部教材办公室组织编写

中国劳动社会保障出版社

简介

本书主要内容包括认识 SMT 生产线、印刷机操作与维护、贴片机操作与维护、回流焊机操作与维护、SMT 检测设备操作与维护、SMT 生产线辅助设备操作与维护和 SMT 生产运行与管理综合实训等。

本书由刘光明主编，张凤香、赵丽芝任副主编，刘娟、张泓参加编写，刘秀枝审稿。

图书在版编目(CIP)数据

SMT 设备操作与维护/人力资源社会保障部教材办公室组织编写. --北京：中国劳动社会保障出版社，2019

全国中等职业技术学校电子类专业教材

ISBN 978-7-5167-3975-4

Ⅰ.①S… Ⅱ.①人… Ⅲ.①SMT 设备-操作-中等专业学校-教材②SMT 设备-维修-中等专业学校-教材 Ⅳ.①TN305.94

中国版本图书馆 CIP 数据核字(2019)第 149410 号

中国劳动社会保障出版社出版发行

(北京市惠新东街 1 号　邮政编码：100029)

*

北京盛通印刷股份有限公司印刷装订　　新华书店经销

787 毫米×1092 毫米　16 开本　13.25 印张　311 千字

2019 年 12 月第 1 版　　2025 年 6 月第 2 次印刷

定价：25.00 元

营销中心电话：400—606—6496

出版社网址：http://www.class.com.cn

http://jg.class.com.cn

前言

为了更好地适应全国中等职业技术学校电子类专业的教学要求，全面提升教学质量，人力资源社会保障部教材办公室组织有关学校的骨干教师和行业、企业专家，对全国中等职业技术学校电子类专业教材进行了修订和补充开发。此项工作以人力资源社会保障部颁布的《技工院校电子类通用专业课教学大纲（2016）》《技工院校电子技术应用专业教学计划和教学大纲（2016）》《技工院校音像电子设备应用与维修专业教学计划和教学大纲（2016）》《技工院校通信终端设备制造与维修专业教学计划和教学大纲（2016）》为依据，充分调研了企业生产和学校教学情况，广泛听取了教师对现行教材使用情况的反馈意见，吸收和借鉴了各地职业技术院校教学改革的成功经验。

教材体系

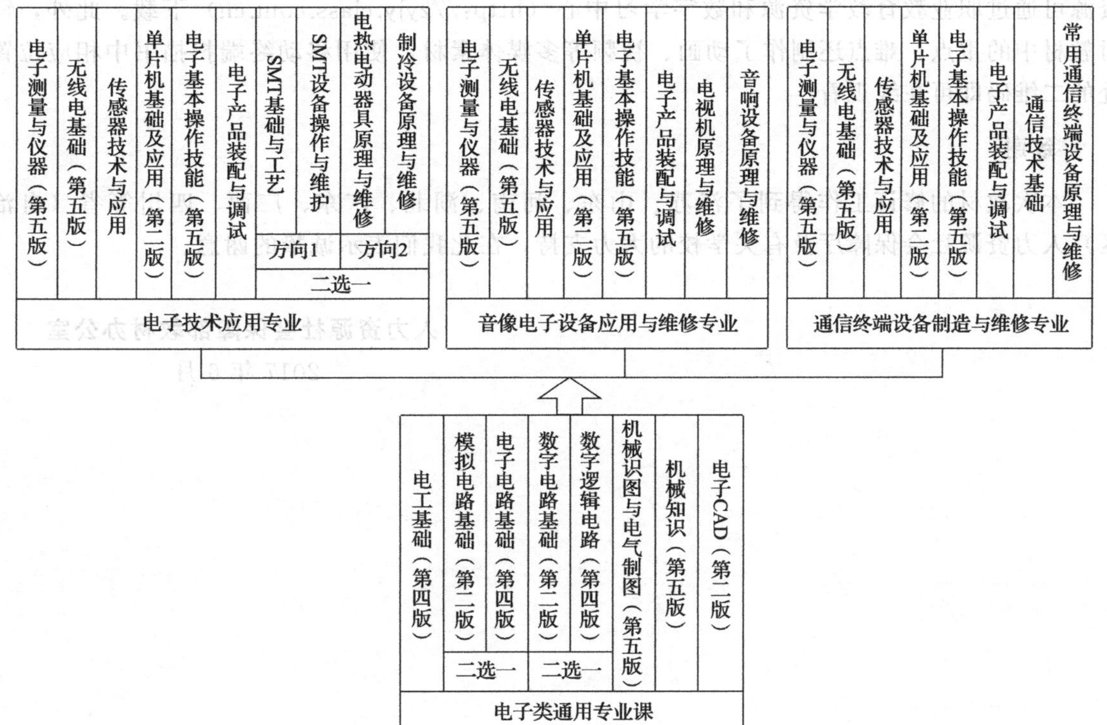

使用对象

电子技术应用专业、音像电子设备应用与维修专业、通信终端设备制造与维修专业中级、高级两个层次和以下 3 种学制：

- 初中毕业生 3 年学制培养中级工
- 高中毕业生 3 年学制培养高级工（中级阶段）
- 初中毕业生 5 年学制培养高级工（中级阶段）

编写特色

◆ **紧贴国家职业标准** 紧密贴合《中华人民共和国职业分类大典（2015 年版）》中对广电和通信设备电子装接工、广电和通信设备调试工、家用电器产品维修工、家用电子产品维修工等职业的职业能力要求，同时参照相关国家职业标准。

◆ **体现行业技术发展** 根据电子行业的最新发展，在教材中充实了电子产品表面贴装、数字电视维修、智能手机维修等方面的新技术，体现教材的先进性。

◆ **注重职业能力培养** 根据就业岗位对技能型人才所需能力的要求，进一步加强实践性教学内容。同时，在教材中突出对学生获取信息、与人交流、分析解决问题以及自学等职业能力的培养。

◆ **符合学生阅读习惯** 在教材内容的呈现形式上，尽可能使用图片、实物照片和表格等形式将知识点生动地展示出来，力求让学生更直观地理解和掌握所学内容。

教学服务

本套教材配有方便教师上课使用的电子课件，部分教材还配有习题册，电子课件等教学资源可通过职业教育教学资源和数字学习中心（http://zyjy.class.com.cn）下载。此外，针对教材中的重点、难点还制作了动画、视频等多媒体素材，使用移动终端扫描书中相应位置处的二维码即可在线观看。

致谢

本次教材的修订工作得到了江苏、山东、河南、湖北、广东、广西、四川等省（自治区）人力资源社会保障厅及有关学校的大力支持，在此我们表示诚挚的谢意。

人力资源社会保障部教材办公室

2017 年 6 月

目　录

课题一　认识SMT生产线

任务1　认识SMT生产线及其设备

学习目标

1. 了解SMT生产线的基本组成和分类。
2. 熟悉SMT生产线的设备及其作用。
3. 了解SMT生产线的组线要求。

任务引入

表面组装技术SMT（Surface Mount Technology），也称为表面装配技术或表面安装技术，是一种直接将表面组装元器件贴装、焊接到印制电路板表面规定位置的新型电路装联技术，是目前电子行业最流行的技术和工艺。该工艺的应用使得产品结构更紧凑、体积更小、质量更轻，大大提高了电子产品的组装密度。在电子组装中，根据组装对象、组装工艺和组装方式不同，SMT生产线的组线方式也不同。一条简单的SMT生产线包含上板、印刷、贴片、焊接、检测和下板等工位，相对应设备主要有上板机、全自动印刷机、贴片机、回流焊机、检测设备、下板机等。本任务将了解SMT生产线的基本组成，熟悉SMT生产线的设备及其作用，为后续学习SMT生产线运行管理及各设备操作维护奠定基础。

相关知识

一、SMT生产线的基本组成和分类

1. SMT生产线的基本组成

一条完整的SMT生产线的基本组成如图1—1—1所示。

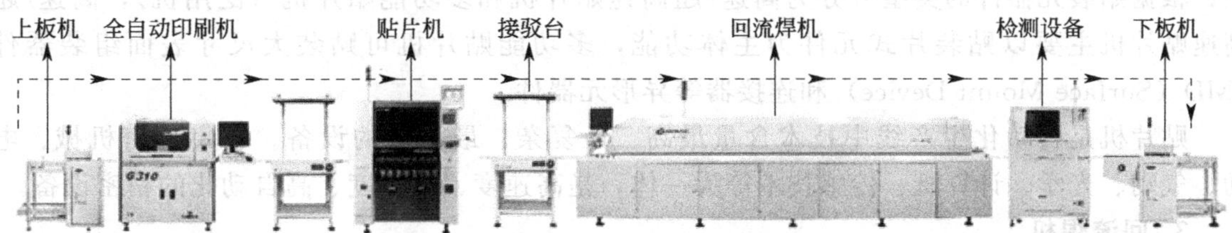

图1—1—1　SMT生产线的基本组成

2. SMT 生产线的分类

(1) SMT 生产线按照自动化程度可分为全自动生产线和半自动生产线。

全自动生产线是用自动上板机、自动接驳台、自动下板机将所有全自动设备连接起来的一条全自动生产线。贴片电路板 SMB（Surface Mount Board）通过自动上板机进入生产线，完成元器件贴装焊接后从下板机出来。

半自动生产线是指生产线中的主要设备不是全自动设备，需人工辅助生产，或者主要设备未通过接驳台相连接或部分未连接，如采用半自动印刷机或需人工上板、下板等。

(2) 按照 SMT 生产线的规模大小可分为大型和中小型生产线。

大型 SMT 生产线一次可完成较大批量的生产任务，主要表现在贴片机有多台，一般由一台多功能贴片机和多台高速贴片机组成，常用于订单多、生产能力强的大型企业。中小型 SMT 生产线主要用于完成中小批量的生产任务，可以是全自动生产线或半自动生产线，贴片机多采用中小机型，产量较少时可采用一台多功能贴片机和一台中速贴片机组合，一般用于中小型企业、研究所或学校教学。

二、SMT 生产线的设备及其作用

SMT 生产线的主要生产设备包括印刷机、贴片机（如高速贴片机和多功能贴片机）、回流焊机、检测设备（如 AOI 设备、SPI 设备、ICT 设备、X-Ray 检测设备）和波峰焊机，辅助生产设备有点胶机、上板机、下板机、接驳台、锡膏搅拌机、返修设备和清洗设备等。

通常，一条完整的大型 SMT 生产线的设备安装顺序为：上板机、印刷机、SPI 设备（锡膏厚度检测仪）、贴片机、AOI 设备（自动光学检测仪）、回流焊机、AOI 设备、下板机，每台设备间均用接驳台相连接。锡膏搅拌机、X-Ray 检测设备（X 射线透视检测仪）、返修设备、清洗设备均在线外配置。在工艺成熟的订单生产中也可以减少检测设备的配置。

1. 印刷机

印刷机的作用是将锡膏或贴片胶正确地漏印到印制电路板（PCB）的焊盘上或相应位置上，为元器件的贴装做好准备。印刷机位于 SMT 生产线的前端，紧邻上板机之后，是实现印刷的主要设备。印刷机按自动化程度的不同可分为手动、半自动和全自动印刷机。

2. 贴片机

贴片机又称为贴装机，其作用是将表面组装元器件从包装中取出，准确贴装到印制电路板的固定位置上。贴片机位于 SMT 生产线中印刷机之后，贴片机的功能和速度直接影响生产线的贴装能力和生产能力。贴片机根据自动化程度的不同可分为手动贴片机、半自动贴片机和全自动贴片机三类；根据贴装速度不同可分为超高速贴片机、高速贴片机和中速贴片机；根据贴装元器件的类型可分为高速/超高速贴片机和多功能贴片机（泛用机），高速/超高速贴片机主要以贴装片式元件为主体功能，多功能贴片机可贴装大尺寸表面组装器件 SMD（Surface Mount Device）和连接器等异形元器件。

贴片机是自动化生产线中技术含量最高、最复杂、最昂贵的设备。它集精密机械、电动、气动、光学、计算机、传感技术等为一体，是高速度、高精度、高自动化的精密设备。

3. 回流焊机

回流焊机又称为再流焊炉，位于 SMT 生产线中贴片机的后方，其作用是提供加热环境，使印刷在焊盘上的锡膏熔化再凝固，将表面组装元器件与 PCB 焊盘通过锡膏合金紧密可靠地结合在一起。回流焊的特点是操作简单，效率高，所有焊点一次成形，一致性好，是一种适合自动化生产的电子产品装配技术，目前已成为SMT电路板组装技术的主流。

4. 检测设备

SMT生产线的检测设备有多种，主要作用是对生产中或生产完成后的PCB质量进行检测。常用设备有显微镜、放大镜、锡膏厚度检测仪、自动光学检测仪、在线测试仪（ICT设备）、X-Ray检测设备、功能测试单元等，通常根据实际生产产品及检测需要，将检测设备安装在相应工位后方。

5. 波峰焊机

波峰焊机是利用熔融焊料循环流动的波峰与安装有元器件的PCB焊接面相接触，以一定的速度做相对运动时实现群焊的焊接设备。波峰焊多用于通孔插装工艺和表面组装与通孔插装的混装工艺。

三、SMT生产线的组线要求

SMT起源于美国，初期主要应用于军事、航空、航天等尖端产品中，随着第一块表面组装集成电路的推出，SMT开始广泛应用于计算机、通信、工业自动化、消费类电子产品等领域。SMT发展非常迅速，20世纪80年代SMT已成为国际上最热门的电子组装技术，被誉为电子组装技术的一次新的革命。中国作为制造大国，目前SMT生产线数量庞大，是名副其实的SMT生产大国。

一条完整的SMT生产线组线需考虑以下几个方面。

1. 经济估价

SMT生产线根据其规模可分为大型、中型、小型生产线。SMT生产线必然包含印刷机、贴片机和回流焊机三大主要设备，设备投资大，特别是贴片机几乎占到整条线投资的60%，因此企业可根据经济实力、发展目标、产品类型和产量大小量力而为，切不可盲目求大，造成不必要的浪费。

2. 基于产品对象的工艺流程设计

通过分析企业的主导产品、主导产品采用的贴片元件封装类型以及整个产品的组装方式来确定生产线的组装方式。

电子产品的组装工艺大致分为单面贴装工艺、单面混装工艺、双面贴装工艺、双面混装工艺等。若电子产品采用全贴片模式，焊接方式只需要考虑回流焊工艺。若电子产品采用混装工艺，则需要考虑波峰焊工艺；混装方式不同，焊接方式也会有所区别。

3. SMT设备的选择

根据所生产产品及其精度要求选择设备的型号和性能。企业在引进设备之前，必须做充分的调查研究，并列表分析，可从最大贴装面积、贴装速度、贴装精度、贴装范围、附加功能、市场占有率、售后服务等方面进行分析比较，根据综合性价比，做出选择计划表。

4. SMT生产线厂房的安排

根据所选设备以及线外所需其他设备占地面积调配厂房。

5. 人员配备

一条SMT生产线所需人员主要有生产线主管工艺工程师、生产线主设备操作手、质量检验人员、辅助操作人员、设备维护保养人员等。

任务实施

一、任务准备

根据班级人数进行分组，以小组为单位每组配置 1 台计算机以及 A4 纸、笔等文具若干。

二、撰写一条小型 SMT 生产线的组建方案

参考答案

进入实训机房，在教师指导下查阅资料，根据要求完成下列任务。

(1) 列出 SMT 生产线的主要设备。

__________、__________、__________

(2) 明确生产线要求。

企业规模：__________

产品对象工艺流程：__________

产量大小：__________

电路板贴装精度：__________

厂房要求：__________

人员配置：__________

(3) 根据生产线要求选择设备，并完成表 1—1—1 中设备明细的填写。

表 1—1—1 设备明细表

设备名称	设备型号	技术参数	价格	厂商

三、分析 SMT 生产线设备的作用

参考答案

进入 SMT 实训室，在教师指导下，观察实训室的设备并做好记录，查阅相关资料，完成 SMT 生产线设备功能表（见表 1—1—2）的填写。

表 1—1—2 SMT 生产线设备功能表

设备名称	作用

任务评价

对任务的完成情况进行检查，并将结果填入表 1—1—3 所示任务考核评分表内。

表 1—1—3　　任务考核评分表

评价项目	评价标准	配分（分）	自我评价	小组评价	教师评价
职业素养	安全意识、责任意识、服从意识强	5			
	积极参加教学活动，按时完成各项学习任务	5			
	团队合作意识强，善于与人交流和沟通	5			
	自觉遵守劳动纪律，尊敬师长，团结同学	5			
	爱护公物，节约材料，工作环境整洁	5			
专业能力	能熟记 SMT 生产线设备名称	10			
	能完成小型 SMT 生产线组建方案的撰写	35			
	能说出 SMT 设备的作用	20			
	能遵守实训室安全管理规范	10			
合计		100			
总评	自我评价 × 20% + 小组评价 × 20% + 教师评价 × 60% = ＿＿＿＿＿	综合等级	教师（签名）：		

注：学习任务考核采用自我评价、小组评价和教师评价三种方式，结果分为 A（90～100）、B（80～89）、C（70～79）、D（60～69）、E（0～59）五个等级。

思考与练习

1. 查阅资料，写出表 1—1—4 所列 SMT 常用专业英文的含义。

表 1—1—4　　SMT 常用专业英文的含义

英文	中文	英文	中文
SMT		feeder	
SMA		placement equipment	
SMB		hot air reflow soldering	
SMC		wave soldering	
SMD		dispenser	
THT		solder paste	

2. 写出组建一个完整的小型 SMT 生产线所需的条件。

任务 2　SMT 生产线运行管理基础

学习目标

1. 了解 SMT 生产线生产工艺流程。

2. 熟悉 SMT 生产线运行管理程序。

任务引入

SMT 是涉及各项技术和学科的综合性工程技术，其生产运行中对产品质量要求高，加工难度也较大。实际 SMT 生产与众多的行业、工厂息息相关，SMT 中所用到的各种元器件、锡膏、PCB、钢网、设备仪器等分购于不同公司，需要专业人士管理及协调。产品设计者和管理者不仅需要专业知识，还必须熟悉生产工艺流程及规范。设备操作者不仅要了解设备操作方法，还需要对国家标准有足够的认识以保证产品质量。因此，SMT 生产线的运行管理是 SMT 生产中一项重要工作。本任务主要学习 SMT 生产线生产工艺流程及 SMT 生产线运行管理程序，为后续学习设备运行维护打下基础。

相关知识

一、SMT 生产线生产工艺流程

随着表面组装技术的发展，表面组装元器件的发展突飞猛进，品种更齐全，规格型号更多，但在消费类电子产品中插装元器件仍然可见，大部分电子产品仍然采用插装元器件和表面组装元器件兼有的设计模式，全部采用表面组装元器件生产的产品只占一部分。

SMT 表面组装方式大致可分为单面贴装、双面贴装、单面混装、双面混装四类，见表 1—2—1。表中，A 为主面，又称为元件面；B 为辅面，又称为焊接面。

表 1—2—1　　SMT 表面组装方式

<table>
<tr><th colspan="2">组装方式</th><th>组装示意图</th></tr>
<tr><td colspan="2">单面贴装</td><td>A</td></tr>
<tr><td colspan="2">双面贴装</td><td>A
B</td></tr>
<tr><td rowspan="2">单面混装</td><td>SMC/SMD 和通孔插装元件（THC）都在 A 面</td><td>A
B</td></tr>
<tr><td>THC 在 A 面，SMC/SMD 在 B 面</td><td>A
B</td></tr>
</table>

续表

组装方式		组装示意图
双面混装	THC 在 A 面，A 和 B 面都有 SMC/SMD	A B
	A、B 两面都有 SMC/SMD 和 THC	A B

各种典型表面组装方式的工艺流程及特点简介如下。

1. 单面贴装工艺流程

单面贴装工艺流程如图 1—2—1 所示。该工艺的特点是采用单面 PCB 陶瓷基板，A 面单面回流焊工艺，简单、快捷、产品体积小，适用于小型、薄型的简单电子产品，在无铅工艺中更显优越性。

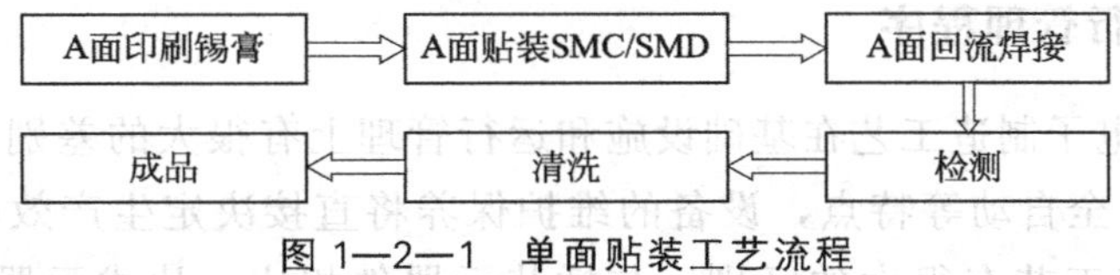

图 1—2—1 单面贴装工艺流程

2. 双面贴装工艺流程

双面贴装工艺流程如图 1—2—2 所示。该工艺的特点是双面贴装元器件，A、B 面采用双面回流焊工艺，充分利用 PCB 空间，大大减小了产品体积，但工艺控制复杂，要求严格，且两次焊接高温会给 PCB 及元器件带来伤害，常用于密集型、超小型电子产品的组装。

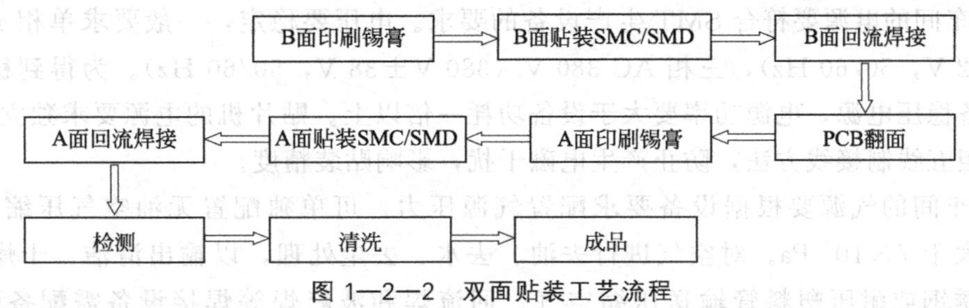

图 1—2—2 双面贴装工艺流程

3. 单面混装工艺流程

单面混装工艺流程如图 1—2—3 所示。该工艺将贴片元器件放在 A 面贴装焊接，插装元器件在 A 面放置、B 面焊接，如果插装元器件比较少，可选择回流焊加手工焊的方式，常用在比较简单的产品上。

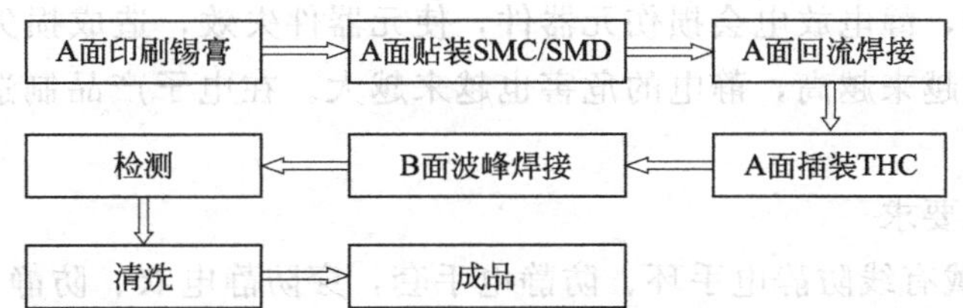

图 1—2—3 单面混装工艺流程（SMC/SMD 和 THC 都在 A 面）

4. 双面混装工艺流程

双面混装工艺流程如图 1—2—4 所示。该工艺流程的特点是充分利用 PCB 双面空间，是实现安装面积最小化的方法之一，多用于消费类电子产品的组装。

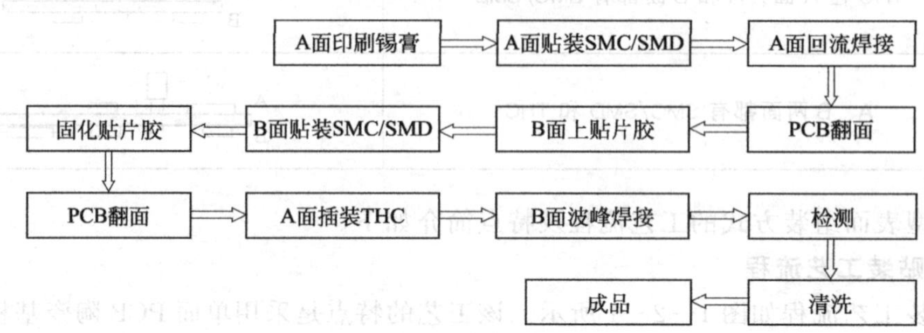

图 1—2—4　双面混装工艺流程（THC 在 A 面，A 和 B 面都有 SMC/SMD）

二、SMT 生产线运行管理程序

SMT 与传统的电子制造工艺在基础设施和运行管理上有很大的差别。SMT 生产设备具有高精度、高速度、全自动等特点，设备的维护保养将直接决定生产效率的高低；SMT 生产工艺与普通的插装工艺有很大的区别；与插装元器件相比，片式元器件的几何尺寸非常小，组装密度非常高；SMT 生产工艺材料如锡膏、贴片胶的性能受存储温度、湿度的影响，钢网的存储、清洗也有较高的要求。SMT 生产线对工厂环境的温度、湿度、防静电也有要求，同时还有工作纪律和员工管理要求，具体要求如下。

1. SMT 车间电源、气源及工作环境管理要求

SMT 车间的电源要符合 SMT 生产设备的要求。电压要稳定，一般要求单相 AC 220 V（220 V±22 V，50/60 Hz），三相 AC 380 V（380 V±38 V，50/60 Hz）。为得到稳定电压，车间须配备稳压电源，电源功率要大于设备功耗一倍以上。贴片机的电源要求独立接地，一般采用三相五线制接线方法，防止产生电磁干扰，影响贴装精度。

SMT 车间的气源要根据设备要求配置气源压力，可单独配置无油空气压缩机，一般要求压力大于 7×10^5 Pa。对空气进行去油、去水、去尘处理，以输出清洁、干燥的空气，并采用不锈钢或耐压塑料管输送压缩空气。回流焊和波峰焊等焊接设备需配备强制排风设备。

SMT 车间的工作环境应满足设备及工艺材料的要求。车间清洁无尘，无腐蚀性气体，环境温度一般控制在 23℃±3℃，相对湿度为 45%～70%RH，一般需安装空调。

2. SMT 车间防静电管理要求

电子产品制造中，静电放电会损伤元器件，使元器件失效，造成损失。随着片式元器件越来越小，组装密度越来越高，静电的危害也越来越大。在电子产品制造中，静电防护极其重要。

（1）人员防静电要求

1）操作员需佩戴有线防静电手环、防静电手套，穿防静电衣、防静电鞋，戴防静电帽。

2）防静电手环、防静电鞋需每班测试，并做好记录，发现失效应立即更换。防静电手

环佩戴时要紧贴手腕，并接至静电地线的裸露铜芯处；接地线电阻每隔两周检测一次，记录实测数据。

3）禁止将防静电鞋穿出 SMT 车间外。

4）外来人员进车间也需要做好防静电措施。

（2）仪器设备防静电措施

1）仪器、工具、料盒接地良好，并每班测试、记录。

2）机台铺设防静电接地线，防静电专员每月对防静电接地线进行测试并记录。

3）离子吹风机要接地良好，离子覆盖范围要准确，每季度检测其有效性并记录；工具室每季度维护、保养并记录。

4）机台要接地，与电源接地线同接于一点到地。维修技术员每月检查并记录。

5）锡炉整体独立接地，锡炉内部各部分应接地良好，每日测试并记录。锡炉内部做好 5S 管理，锡炉出口使用离子吹风机。

6）防静电手环测试仪和防静电鞋测试仪每天由领班分别用专用的标准防静电手环和标准防静电鞋检查。测试仪电池电压由防静电专员每月测试并记录，一般每三个月更换一次电池。

（3）工作台防静电要求

工作台均须使用防静电台垫，防静电台垫通过泄漏电阻接地。防静电台垫的表面电阻值与台垫接地线电阻值由防静电专员每周测试并记录，如有不良立即更换。防静电工作台上不允许有聚乙烯、聚苯乙烯等易产生静电的材料存在。

（4）材料防静电管理

SMT 电路板须在防静电工作台上检验、加工、维修。半导体元件用防静电材料包装、盛放。所有的电路板用防静电材料包装，周转移动时使用防静电周转箱（防静电托盘）。维修备品与维修更换的不良品（半导体元件）要放入防静电盒或防静电袋中，做好不良品的静电保护工作。所有碰触基座板的作业标识、治具应使用防静电材料制作。IC 架的制作材料应为静电耗散材料。

（5）环境防静电管理

防静电台垫应定期清理、保养，确保防静电效果；所有的防静电橡胶垫不得用透明胶带粘贴；易产生静电的材料不得与静电敏感元件混装在静电防护箱内。防静电地板由技术员按照国家标准每年测试并记录。所有站位的作业指导书上均须贴防静电标签，以提醒操作员注意静电防护。防静电地面需保持干净，员工在下班时要将防静电鞋鞋底清理干净。操作员防静电服、防静电帽每周清理一次。一级防静电区应贴有防静电警示标签。

3. SMT 车间生产作业管理程序

（1）领料作业

物料员需依据生产计划部门所做生产计划中的工单套数、生产机种至仓库领料，并依照领料单进行机种、数量、料号及规格的核对并确认，完成后于领料单上签名，并将材料交给在线操作员分类、上料架。

（2）锡膏回温作业

物料员应提前 4h 回温锡膏，并记录好回温时间和回温锡膏的编号。回温的锡膏数量根据第二天开线的数量而定，当班物料员需提前为下一班做好锡膏回温准备。

(3) 印刷作业

倒班操作员从物料房拿到回温好的锡膏后，放置在自动搅拌机内自动搅拌，然后按各线生产机种的制造工艺流程类型发放锡膏给印刷机操作员。印刷机操作员在添加锡膏前，应将钢网全部清洗一遍后再添加锡膏于钢网网孔位置前端 2cm 处，然后开机印板，并认真检查每块板，确保无漏印、连锡等现象。引脚间距在 0.4 mm 或以下的，钢网要求每印三片清洗一次，其余的要求每印六片清洗一次。

(4) 贴片机操作作业

操作员将物料按机台拣出并完成物料上料架的动作后，要依照贴片机程序中的站位表将材料装在供料器上并装入机器相对应的站位，然后自行核对所装入的物料是否与站位表一致，再经由 IPQC（Input Process Quality Control，过程质量控制）人员核对后方可开机生产。物料更换及核对工作要进行记录，确认无误后须由组长再次确认才可开机。每班操作员上班前需将机器上所有站位的物料及供料器核对无误后方可开机生产。操作员应密切注意各站位及各吸嘴的抛料情况，有抛料严重的站位及吸嘴应及早通知技术员处理，每天下班前做好各机台的抛料记录报表。泛用机操作员完成各贵重 IC 的数目清点并做好记录。

(5) 炉前目检作业

炉前目检人员应认真做好过炉前所贴元件的检查工作，包括元件的反向、偏位、缺件、错件、锡膏漏印等不良现象的检查。炉前目检人员面前应放置一块可以参考各元件位置的当前生产机种的首板，目检人员可以比对首板来检验生产出来的机板。检查确认合格后方可推入回流焊轨道中，不可以直接推入轨道中。

(6) 炉后检验作业

炉后目检人员根据基板上各元件的丝印标识和首件，确定有无出现缺件、反向、错件等缺陷。特别是对于贴片集成电路等体积较大、具有方向性的元件，必须逐一对其方向进行确认后在其本体上用蜡笔标示记号。炉后目检人员需对基板上每个元件的焊点按照从左至右、从上至下的路径进行检查，检查有无虚焊、假焊、移位、少锡、翻转、立碑等不良现象，并使用标签纸对检查出的不良现象进行标记。

若使用 AOI 检测，AOI 检验人员需认真核对机器检出的每一个不良位置与预先设定的标准件之间的差异，并使用标签纸标示出不良位置，然后对已完成 AOI 检测的基板使用标签纸进行标记。AOI 检测出的不良基板统一送维修人员进行维修。对于维修后的不良品，有 AOI 程序的一律经过 AOI 重新测试后再进行目检，目检人员需对不良品标签纸上标注的“换”和“补”的位置进行检查，确保无维修错件。

(7) 清扫整理作业

操作员需每天于下班前清除各机台的抛料，利用空余时间进行材料筛选及分类（含 IC、连接器、二极管、电解电容、振荡器、晶体管或外观可辨识零件）且须清楚标示料号、规格于散料袋上。用吸尘器吸取机器内部散落的散料及纸带等异物。机器表面的清理可于机器正常生产时进行。每次换料均要整理好换料台面。

炉后目检人员需对工作台面上的基板放置架进行整理和安置。下班离位前需对各基板放置架进行状态标示。

维修人员需对维修台面进行清理，给电烙铁嘴上加满锡后关掉电烙铁电源，各基板放置架上的基板状态需标示清楚，各辅材需摆放整齐。

（8）机台程序作业

1）机台程序编制

① 工程人员提供相关文件（BOM、CAD、Gerber 文件等）。

② 新的产品投入生产前，程序编制人员根据该产品的数据（BOM、CAD、Gerber 文件等）编制程序，确认各组件位置的坐标及极性，然后进行排序优化并转换为生产线机台格式。

③ 试产完成后调整各机台参数，待首件测试合格后，将该产品各机台的参数做好备份。

2）机台程序修改

① 在正式生产过程中，若发现质量出现异常情况需要调整，由现场目视化管理人员或组长口头告知技术人员进行修改。

② 当有 ECN（工程变更通知）时，技术人员依照 ECN 修改程序，并用最新更改的程序覆盖旧程序，同时更改站位表。站位表发生改动时，需在站位表上注明最新的变更标记，由工程师确认无误后做好记录。

③ 机台程序修改后，在投入大量生产前均需做首件检查，首件验证合格后，将该程序做备份保存。

3）机台程序管理

程序依照不同线别和不同机种储存后做好登记，同时相对应的站位表也应储存在机种资料夹中。生产时按照生产排程表调用程序。

对于已正式生产的各机种，要将程序存入计算机中指定的线别→机种→机台资料夹内，做好程序备份工作。机台程序命名示例如下。

① 228683-02TA01 表示机种 228683-02 的 TOP 面，A 为印刷机，程序版本为 01 版。

② 228683-02BB01 表示机种 228683-02 的 BOT 面，B 为高速贴片机，程序版本为 01 版。

③ 187-0183-01SD01 表示机种 187-0183-01 的单一面（因为只有一面，用“S”表示），“D”表示泛用机，程序版本为 01 版。

（9）换线作业

1）主管依生产计划表排定换线机种与线别。工程师安排换线人员并进行工作指派。

2）换线人员取出站位表、程序及钢网并确认其机种，核对 BOM、站位表及 ECN，确保产品质量。

3）贴片机操作人员依站位表与供料器选用作业规范将材料上料至机台。供料器足够的情况下，可预先把下一套工单的物料提前在供料器上装好。

4）上板机、下板机、导轨宽度的调整：调整导轨宽度到 PCB 行进的宽度；检查上板/下板位置是否恰当。

5）全自动印刷机的调整：量取 PCB 宽度，将数值输入机器，机器将自行变更到该 PCB 行进的宽度；将升降平台移出，确认 PCB 定位是否良好，底部支撑点是否恰当；双面贴装制程需使用透明位置图，选择底部支撑点，参考顶针分布图来放置顶针；确认钢网与 PCB 上的标志点是否一致；确认刮刀行进位置与速度是否恰当，自动擦拭的参数设定是否恰当；确认刮刀是否平整，压力设定是否恰当；确认印刷质量是否良好，并由另一人进行第二次确认。

6）贴片机的调整：调整导轨宽度到该 PCB 行进的宽度；确认机板定位是否良好，底部支撑点是否恰当；双面贴装制程需使用透明位置图，选择底部支撑点，参考顶针分布图来放置顶针；将程序传入机器中，确认每一点位置是否准确；将站位表与元件贴装位置进行核对，确认程序与站位表是否相符；确认生产出的第一片元件的贴装位置是否准确，元件贴装方向是否正确；确认吸嘴选择是否与零件尺寸相符合。

7）回流焊机的调整：利用导轨宽度调整器将回流焊机导轨调整至生产的PCB行进的宽度；回流焊机温度测量人员依照SMT标准温度曲线（锡膏厂商建议的参数）或客户提供的设定标准进行温度调整及测量；确认回流焊机温度与时间是否达到标准；由工程师进行第二次确认后方可生产；技术人员于每天生产或换线生产前做温度测量并打印出来置于炉温曲线放置区，且保留每天测量的炉温电子档。

8）将生产出的第一片交送到组长和品管员处做首片检查，确认无误后再开线生产。

任务实施

一、任务准备

根据班级人数进行分组，以小组为单位配置A4纸、笔、尺子等文具若干。

二、SMT生产线生产工艺流程的制定

参考答案

进入SMT实训室，观察并记录SMT设备的情况。在教师指导下，结合现有SMT设备状况，查阅相关资料，完成下列电路板生产工艺流程的制定。

（1）A面贴片、B面插件电路板，如图1—2—5所示。

A面

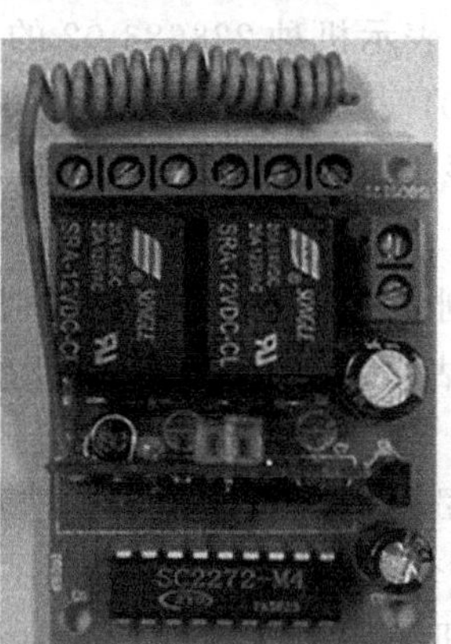
B面

图1—2—5　A面贴片、B面插件电路板

制定的生产工艺流程：

（2）A 面贴片、B 面少量贴片电路板，如图 1—2—6 所示。

A面　　　　　　　　B面

图 1—2—6　A 面贴片、B 面少量贴片电路板

制定的生产工艺流程：

（3）A 面贴片、B 面无元件电路板，如图 1—2—7 所示。

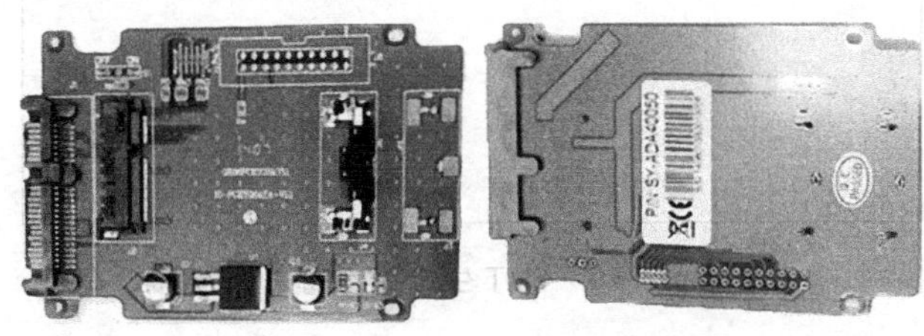

A面　　　　　　　　B面

图 1—2—7　A 面贴片、B 面无元件电路板

制定的生产工艺流程：

（4）A 面贴片及插件、B 面无元件电路板，如图 1—2—8 所示。

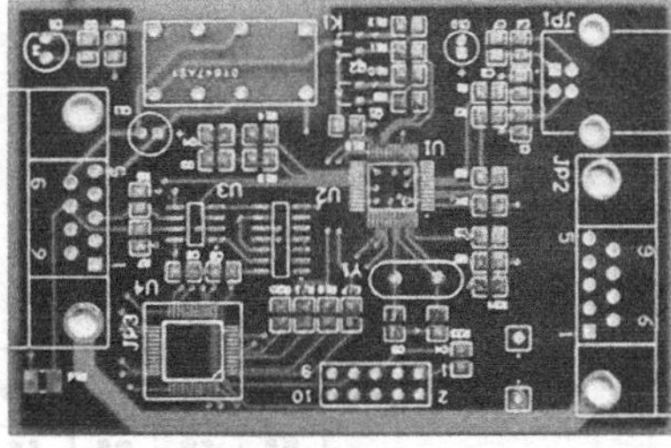

A面

图 1—2—8　A 面贴片及插件、B 面无元件电路板

制定的生产工艺流程：

三、SMT 生产线运行管理程序的编制

进入 SMT 实训室，观察并记录 SMT 设备的情况。在教师指导下，结合现有 SMT 设备状况，查阅相关资料，完成 SMT 生产线运行管理程序的编制。

（1）根据图 1—2—9 的提示，完成 SMT 生产线运行总流程的编制。

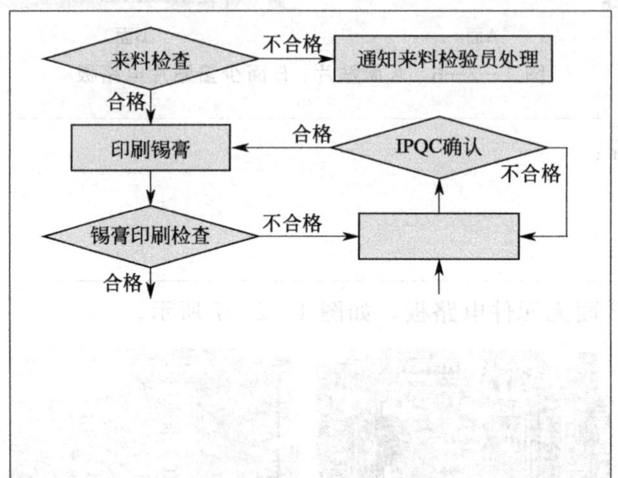

图 1—2—9　SMT 生产线运行总流程

（2）选择上面编制的 SMT 生产线运行总流程中的任意一个工序，按照图 1—2—10 所示格式，用一张 A4 纸编制其标准作业指导书。

标准作业指导书

<table>
<tr><td>机种</td><td colspan="2">工程</td><td>站别</td><td colspan="3">作业名称</td><td colspan="2">文件编号</td><td colspan="2">版本</td><td>责任人</td><td></td></tr>
<tr><td></td><td colspan="2"></td><td></td><td colspan="3"></td><td colspan="2"></td><td colspan="2"></td><td>操作员</td><td></td></tr>
<tr><td colspan="4">操作内容：</td><td colspan="9" rowspan="2">范例图</td></tr>
<tr><td colspan="4" rowspan="6">注意事项：</td></tr>
<tr><td colspan="3">部件</td><td colspan="2">治具与工具</td><td colspan="4">变更记录</td></tr>
<tr><td>料号</td><td>名称</td><td>数量</td><td>名称</td><td>数量</td><td>变更项</td><td>日期</td><td>变更内容</td><td>承认</td></tr>
<tr><td></td><td></td><td></td><td></td><td></td><td></td><td></td><td></td><td></td></tr>
<tr><td></td><td></td><td></td><td></td><td></td><td></td><td></td><td></td><td></td></tr>
<tr><td></td><td></td><td></td><td></td><td></td><td></td><td></td><td></td><td></td></tr>
<tr><td colspan="2">重要管控项目(1)</td><td colspan="2">重要管控项目(2)</td><td></td><td></td><td></td><td></td><td></td><td></td><td></td><td></td><td></td></tr>
<tr><td colspan="2"></td><td colspan="2"></td><td colspan="2">批准</td><td colspan="2"></td><td>审核</td><td colspan="2"></td><td>编写人员</td><td></td></tr>
<tr><td colspan="2">管控参数：</td><td colspan="2">管控参数：</td><td colspan="2">日期</td><td colspan="2"></td><td>日期</td><td colspan="2"></td><td>日期</td><td></td></tr>
</table>

图 1—2—10　标准作业指导书

任务评价

对任务的完成情况进行检查，并将结果填入表 1—2—2 所示任务考核评分表内。

表 1—2—2　　任务考核评分表

评价项目	评价标准	配分（分）	自我评价	小组评价	教师评价
职业素养	安全意识、责任意识、服从意识强	5			
	积极参加教学活动，按时完成各项学习任务	5			
	团队合作意识强，善于与人交流和沟通	5			
	自觉遵守劳动纪律，尊敬师长，团结同学	5			
	爱护公物，节约材料，工作环境整洁	5			
专业能力	能完成 A 面贴片、B 面插件电路板 SMT 工艺流程的制定	8			
	能完成 A 面贴片、B 面少量贴片电路板 SMT 工艺流程的制定	8			
	能完成 A 面贴片、B 面无元件电路板 SMT 工艺流程的制定	8			
	能完成 A 面贴片及插件、B 面无元件电路板 SMT 工艺流程的制定	8			
	能完成 SMT 生产线运行总流程的编制	20			
	能完成 SMT 生产作业指导书的编制	15			
	能遵守实训室安全管理规范	8			
合计		100			
总评	自我评价 × 20% + 小组评价 × 20% + 教师评价 × 60% = ______	综合等级	教师（签名）：		

注：学习任务考核采用自我评价、小组评价和教师评价三种方式，结果分为 A（90～100）、B（80～89）、C（70～79）、D（60～69）、E（0～59）五个等级。

思考与练习

1. 写出 SMT 生产线作业的简单流程。

2. 列举两个以上生活中接触的电子产品，并思考其内部电路板所采用的生产工艺流程属于哪一种。

课题二　印刷机操作与维护

任务1　认识全自动印刷机

学习目标

1. 了解印刷机的种类。
2. 熟悉全自动印刷机的结构。
3. 掌握全自动印刷机的工作原理。

任务引入

SMT 印刷机是在 SMT 电子装联工艺中，利用网板开孔将锡膏、贴片胶等漏印到 PCB 上的设备，目的是用来粘住片式电子元器件。本任务主要学习 SMT 印刷机的种类及基本结构等知识，熟悉全自动印刷机的结构和工作原理，为后续学习全自动印刷机的操作打下基础。

相关知识

一、印刷机的种类

目前，由于新型 SMD 的不断出现、组装密度的提高以及免清洗要求的提出，印刷机正向高密度、高精度以及多功能方向发展。当前用于印刷锡膏的印刷机品种繁多，若以自动化程度来分类，可以分为手动印刷机、半自动印刷机、视觉半自动印刷机和全自动印刷机。

PCB 放进和取出的方式有两种：一种是将整个刮刀机构连同钢网抬起，将 PCB 放进和取出，PCB 定位精度取决于转动轴的精度，一般不太高，多见于手动印刷机和半自动印刷机；另一种是刮刀机构与钢网不动，PCB 平进与平出，钢网与 PCB 垂直分离，故定位精度高，多见于全自动印刷机。

1. 手动印刷机

手动印刷机也称为手工印刷台，它的各种参数与动作均需人工调节与控制，通常仅适用于小批量生产或生产难度不高的产品。图 2—1—1 所示为手动印刷机。

2. 半自动印刷机

半自动印刷机除了 PCB 装夹过程和 PCB 与钢网窗口对中过程是人工完成以外，其余动作都可由机器连续完成。通常，PCB 通过印刷机台面下的定位销来实现定位，因此 PCB 板面上应设有高精度的工艺孔，以供装夹用。图 2—1—2 所示为半自动印刷机。

图 2—1—1　手动印刷机

图 2—1—2　半自动印刷机

3. 视觉半自动印刷机

视觉半自动印刷机在半自动印刷机的基础上增加了一组自动视觉识别系统，因此除了 PCB 装夹过程是人工完成以外，其余动作都可由机器连续完成，其大体结构与半自动印刷机相同。图 2—1—3 所示为视觉半自动印刷机。

4. 全自动印刷机

全自动印刷机通常装有光学对中系统，通过对 PCB 和钢网上对中标志（MARK 基准点）的识别，可以自动实现钢网窗口与 PCB 焊盘的自动对中，印刷机重复精度可达±0.01mm。在配备 PCB 自动装载系统后，能实现全自动运行。但印刷机的多种工艺参数，如刮刀速度、刮刀压力、钢网与 PCB 之间的间隙仍需人工设定。图 2—1—4 所示为全自动印刷机。

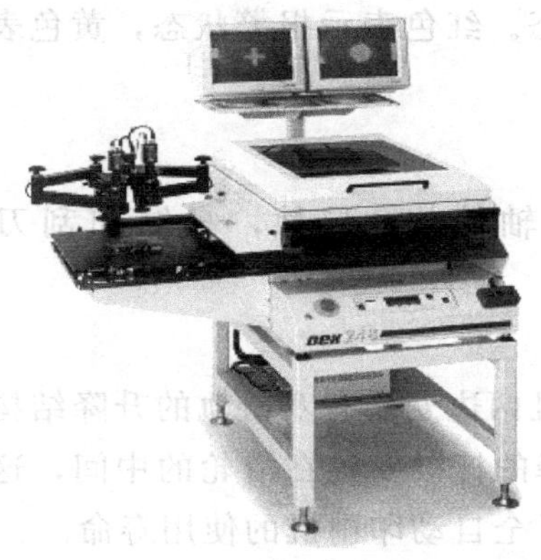

图 2—1—3　视觉半自动印刷机

图 2—1—4　全自动印刷机

二、全自动印刷机的结构

1. 全自动印刷机外部结构

全自动印刷机的外部结构主要包含触摸屏显示器、主电源开关、机器前盖等，如图 2—1—5 所示。

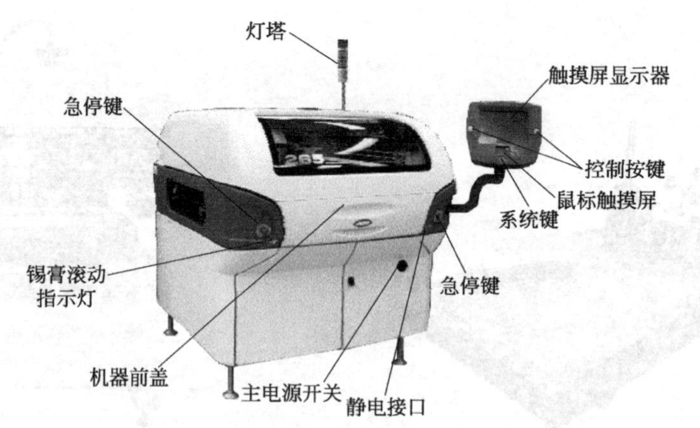

图 2—1—5　全自动印刷机的外部结构

（1）触摸屏显示器：可用手指触摸屏幕上的相关部位以执行相应的功能。

（2）控制按键：用于手动驱动执行相应的动作。当用这两个键执行动作时，要注意屏幕上的提示。

（3）鼠标触摸屏：通过手指在屏幕上滑动来实现鼠标的移动。

（4）系统键：在机器开机或机器的急停键被解除后，按下此键执行机器初始化。

（5）急停键：当机器发生严重故障或遇到紧急情况时，按下此键以保护机器免受破坏。

（6）静电接口：用于释放静电。

（7）主电源开关：设备的主控电源。

（8）机器前盖：设备运行时的安全防护盖。

（9）锡膏滚动指示灯：灯亮时表示锡膏正在印刷中。

（10）灯塔：用三种颜色标示机器当前的工作状态。红色表示报警状态，黄色表示等待运行状态，绿色表示机器正在运行中。

2. 全自动印刷机内部结构

全自动印刷机内部结构主要包括 *X*、*Y*、*Z* 轴结构，导轨，气缸和刮刀等，如图 2—1—6 所示。

（1）*Z* 轴升降结构

全自动印刷机的 *Z* 轴平台采用的是双底座，并且两边安装有双滑轨的升降结构。正是双底座的平稳支撑确保了平台的稳定升降。用于升降的杆被安置在滑轮的中间，这样对于更平稳的升降有保护作用，从而在很大程度上提升了全自动印刷机的使用寿命。

（2）PCB 运输结构

全自动印刷机的运输结构主要包括 PCB 导轨、PCB 夹持装置等，主要用于 PCB 的运输与夹持。同时，还安装有精确的 PCB 运输控制系统，这种系统可以帮助全自动印刷机进行更精确的 PCB 定位工作。

（3）组合式驱动刮刀

全自动印刷机采用的是前后刮刀压力由独立的气缸控制的组合式驱动刮刀。刮刀压钢网的力等同于气缸的压力，且压力大小可调。用气缸控制刮刀压力，能有效保护钢网及刮刀

图 2—1—6　全自动印刷机内部结构

片。电动机控制刮刀与钢网分离，分离速度与距离可调节。

（4）高清晰度的图像处理系统

全自动印刷机采用的是比较先进的图像处理系统，包括高清相机、图像处理模块等。这个系统可以有效去除由于反光而造成的图像不清晰现象，提升了全自动印刷机的图像识别能力，可以实现更精准的定位。

（5）*X*、*Y* 轴运动结构

全自动印刷机的 *X*、*Y* 轴运动结构采用的是高精度的组合双导轨结构，在很大程度上增大了印刷机的平稳度，延长了其使用寿命。

三、全自动印刷机的工作原理

全自动印刷机的工作内容一般有装 PCB、装钢网、加锡膏、运输 PCB、PCB 固定定位、印刷等。全自动印刷机的工作原理是先将 PCB 固定在定位台上，再用印刷机的左右刮刀把锡膏或贴片胶通过钢网漏印于对应焊盘上，然后将漏印均匀的 PCB 通过传输装置输入至贴片机进行自动贴片。全自动印刷机的印刷工作原理如图 2—1—7 所示。

PCB 放在基板支架（工作支架）上，用真空泵或机械方式固定；将已加工有印刷图形的漏印钢网（漏印模板）绷紧在钢网框架上，钢网与 PCB 表面接触，镂空图形网孔与 PCB 上的焊盘对准；把锡膏放在漏印钢网上，刮刀（刮板）从钢网的一端向另一端推进，同时压刮锡膏通过钢网上的镂空图形网孔印刷（沉淀）到 PCB 的焊盘上。一般，采用刮刀单向刮锡膏时，沉积在焊盘上的锡膏可能会不够饱满；而采用刮刀双向刮锡膏，锡膏就比较饱满。

全自动印刷机一般有 A、B 两个刮刀。当刮刀从右向左移动时，刮刀 A 上升，刮刀 B 下降，刮刀 B 压刮锡膏；当刮刀从左向右移动时，刮刀 B 上升，刮刀 A 下降，刮刀 A 压刮锡膏，如图 2—1—7a 所示。两次刮锡膏后，PCB 与钢网脱离（PCB 下降或钢网上升），如图 2—1—7b 所示，完成锡膏印刷过程。锡膏是一种膏状流体，其印刷过程遵循流体动力学的原理。

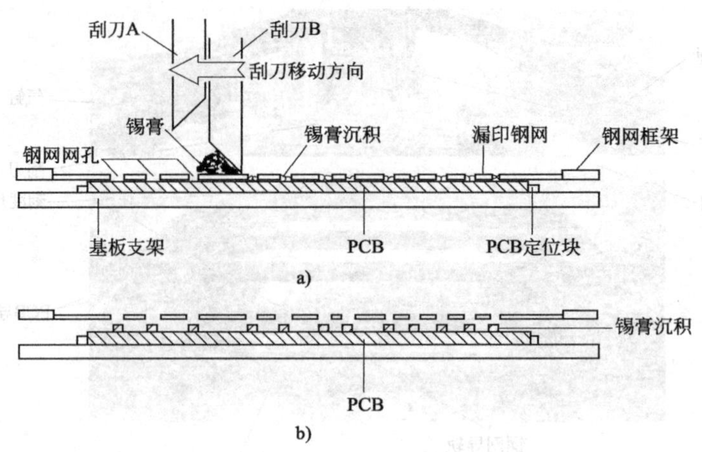

图 2—1—7　全自动印刷机的印刷工作原理
a) 刮锡膏　b) PCB 与钢网脱离

任务实施

一、任务准备

ETS-S450 全自动印刷机，印制电路板，配套钢网、锡膏、酒精、气枪等用品，防静电手套、防静电手环等防护用具。

二、识别印刷机的种类

参考答案

在教师的指导下，查找相关资料，识别表 2—1—1 中所列印刷机，并写出对应印刷机的种类、应用场合及特性。

表 2—1—1　　识别印刷机的种类

序号	图示	种类、应用场合及特性
1		种类： 应用场合： 特性：
2		种类： 应用场合： 特性：

续表

序号	图示	种类、应用场合及特性
3		种类：________ 应用场合：________ 特性：________ ________

三、识别 ETS-S450 全自动印刷机的结构

参考答案

进入实训室，通过观察 ETS-S450 全自动印刷机的结构，完成表 2—1—2 的填写。

表 2—1—2　　认识 ETS-S450 全自动印刷机的结构

序号	图示	部件名称	作用
1			
2			
3			

续表

序号	图示	部件名称	作用
4	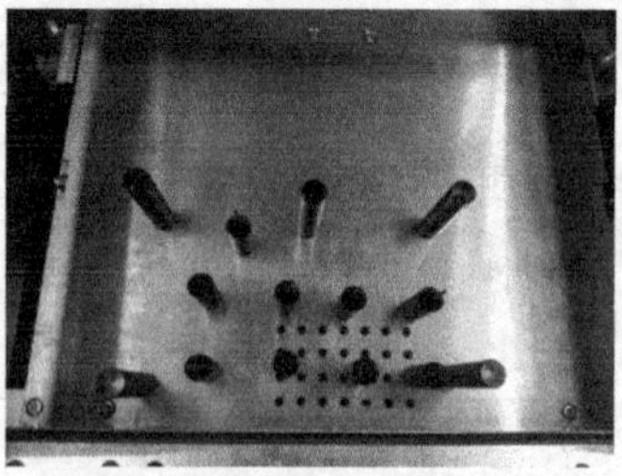		
5	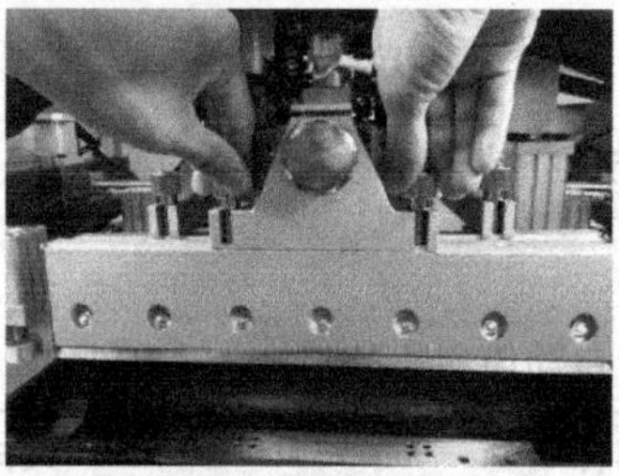		
6	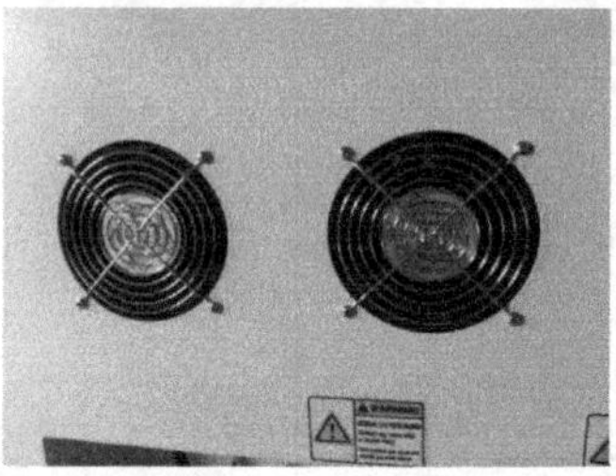		
7	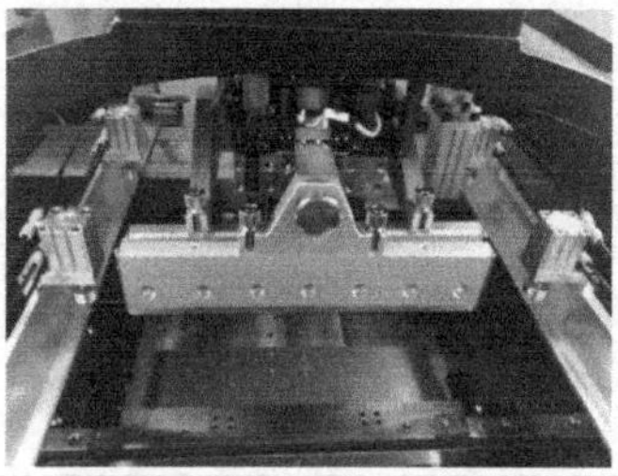		

四、分析 ETS-S450 全自动印刷机的印刷工作原理

进入实训室，观察指导教师操作 ETS-S450 全自动印刷机印刷 PCB 的过程，做好记录；分析表 2—1—3 所列各操作步骤示意图，写出其相应的步骤名称和工作原理。

参考答案

表 2—1—3　　　　　　ETS-S450 全自动印刷机的印刷工作原理分析

序号	操作步骤示意图	步骤名称和工作原理
1	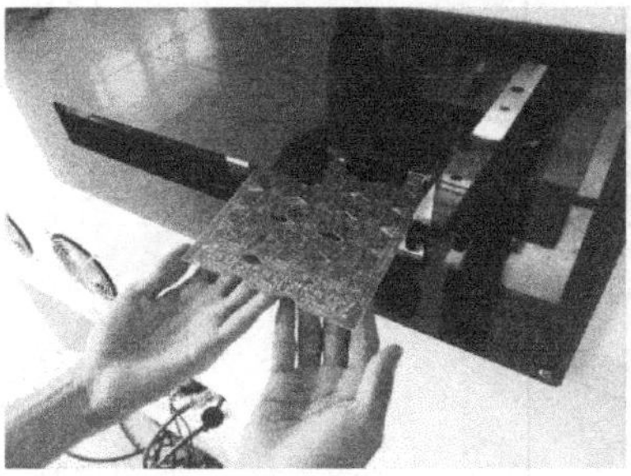	
2		
3		
4	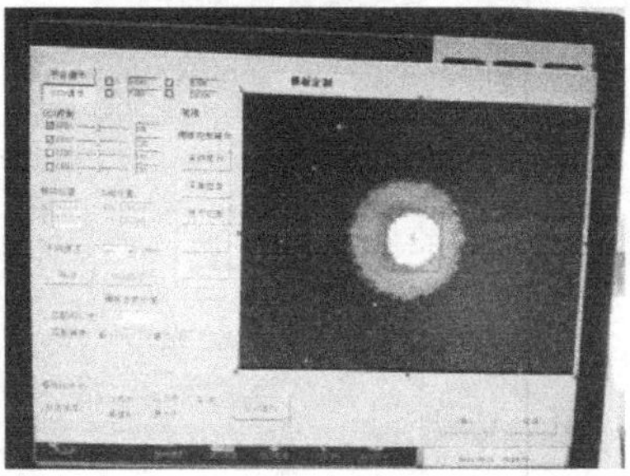	

续表

序号	操作步骤示意图	步骤名称和工作原理
5		
6		
7		
8		

任务评价

对任务的完成情况进行检查，并将结果填入表 2—1—4 所示任务考核评分表内。

表 2—1—4　　任务考核评分表

评价项目	评价标准	配分（分）	自我评价	小组评价	教师评价
职业素养	安全意识、责任意识、服从意识强	5			
	积极参加教学活动，按时完成各项学习任务	5			
	团队合作意识强，善于与人交流和沟通	5			
	自觉遵守劳动纪律，尊敬师长，团结同学	5			
	爱护公物，节约材料，工作环境整洁	5			
专业能力	能正确识别不同种类的印刷机	10			
	能正确识别 ETS-S450 全自动印刷机的各个主要部件	25			
	能说出 ETS-S450 全自动印刷机的印刷步骤并完成工作原理的分析	30			
	能按照实训室安全管理规范进行实训	10			
合计		100			
总评	自我评价×20%＋小组评价×20%＋教师评价×60%＝＿＿＿＿	综合等级	教师（签名）：		

注：学习任务考核采用自我评价、小组评价和教师评价三种方式，结果分为 A（90～100）、B（80～89）、C（70～79）、D（60～69）、E（0～59）五个等级。

知识拓展

锡膏

锡膏也称焊锡膏、焊膏，是一种灰色膏体。锡膏是伴随着 SMT 应运而生的一种新型焊接材料，是由焊锡粉、助焊剂以及其他添加剂等混合而成的膏状混合物。锡膏在常温下有一定的黏性，可将电子元器件初粘在既定位置；在焊接温度下，随着溶剂和部分添加剂的挥发，可将被焊元器件与 PCB 焊盘焊接在一起形成永久连接。锡膏主要用于 SMT 行业中 PCB 表面电阻、电容、IC 等电子元器件的焊接。

1. 助焊剂的主要成分及其作用

（1）活化剂：该成分主要起去除 PCB 铜膜焊盘表层及元器件焊接部位的氧化物质的作用，同时具有降低锡、铅表面张力的功效。

（2）触变剂：该成分主要用于调节锡膏的黏度以及印刷性能，起到在印刷中防止出现拖尾、粘连等现象的作用。

（3）树脂：该成分主要起加大锡膏粘附性的作用，而且有防止焊后 PCB 再度被氧化的功效。该成分对元器件固定有很重要的作用。

（4）溶剂：该成分是焊剂组分的溶剂，在锡膏的搅拌过程中起调节均匀的作用，对锡膏的使用寿命有一定的影响。

2. 焊锡粉的相关特性及品质要求

焊锡粉又称焊料粉，主要由锡铅、锡铋、锡银铜合金组成。概括来讲，焊锡粉的相关特性及品质要求有如下几点。

（1）焊锡粉的颗粒形态对锡膏的工作性能有很大的影响。

（2）各种锡膏中焊锡粉与助焊剂的比例不尽相同，选择锡膏时，应根据所生产产品、生产工艺、焊接元器件的精密程度以及对焊接效果的要求等选择不同的锡膏。

通常在实际使用中，所选用锡膏的焊锡粉含量在 90%左右，即焊锡粉与助焊剂的质量比大致为 90∶10。

普通的印刷工艺多选用焊锡粉含量为 89%～91.5%的锡膏；当使用针头点注式工艺时，多选用焊锡粉含量为 84%～87%的锡膏。

随着锡膏中金属合金含量的减少，回流焊后焊料的厚度减小，为了满足对焊点的焊锡量的要求，通常选用焊锡粉含量为 85%～92%的锡膏。

（3）焊锡粉的“低氧化度”也是非常重要的一个品质要求，这也是焊锡粉在生产或保管过程中应该注意的一个问题。如果不注意这个问题，用氧化度较高的焊锡粉制作锡膏，将在焊接过程中严重影响焊接的品质。

思考与练习

1. 简述全自动印刷机的种类。
2. 简述 ETS-S450 全自动印刷机的结构。
3. 简述全自动印刷机的印刷原理。

任务 2　全自动印刷机的操作与参数设置

学习目标

1. 熟悉全自动印刷机的基本操作步骤。
2. 了解全自动印刷机的参数设置。
3. 能正确操作 ETS-S450 全自动印刷机。

任务引入

全自动印刷机的操作主要包括机台的操作、钢网的操作、添加锡膏、印刷等，参数设置主要包括印刷压力的设定、印刷间隙的调整等。本任务主要学习全自动印刷机的基本操作步骤及相关参数的设置方法，为后续的 SMT 生产线实训打下基础。

相关知识

一、全自动印刷机的操作步骤

不同品牌、不同型号的全自动印刷机的操作步骤会有所差别，但是大体相同。下面以较为常见的 ETS-S450 全自动印刷机为例，介绍全自动印刷机的操作步骤。

1. 设备点检

开机前，先检查设备电源是否正常，检查设备内部是否有残留的 PCB 或其他杂物，确保没有问题即可进行下一步操作。

2. 打开供电电源

开启全自动印刷机供电电源。电源要求：AC 220 V、50 Hz，15 A。

3. 打开机器主电源

将如图 2—2—1 所示主电源开关旋转到“ON”位置，开启机器主电源。

4. 开启机器供气

按照安全操作规范开启设备供气，供气开关如图 2—2—2 所示。注意观察供气气压是否在正常工作气压范围 0.4～0.6 MPa 以内。

图 2—2—1　主电源开关

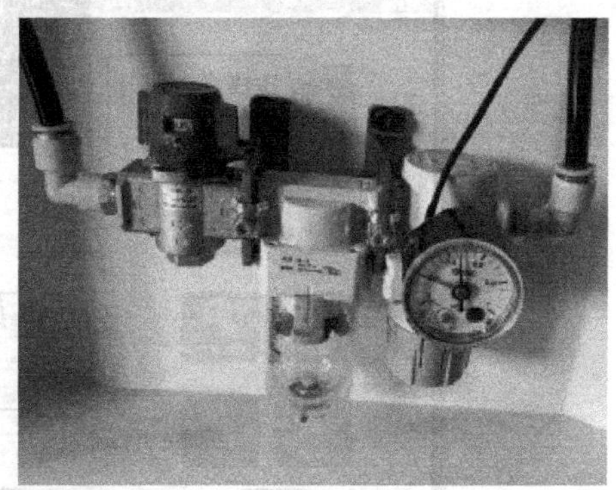

图 2—2—2　红色供气开关

5. 打开控制软件

进入系统后，单击桌面图标进入全自动印刷机控制软件“HTGD”。

6. 设备归零

进入软件后，需要进行设备初始化，所有运行部件将会归零，以确保设备运行时的精确度。操作方法为在弹出的如图 2—2—3 所示对话框中直接单击“开始归零”按钮。

7. 选择权限用户

归零完成后，单击软件左下角的按钮，进入权限管理界面，如图 2—2—4 所示。权限用户类型分为四级，分别是一级权限、二级权限、三级权限和高级管理员，其各自的权限如下。

（1）一级权限：最低权限，操作者使用，可以调用旧程序和进行生产操作。

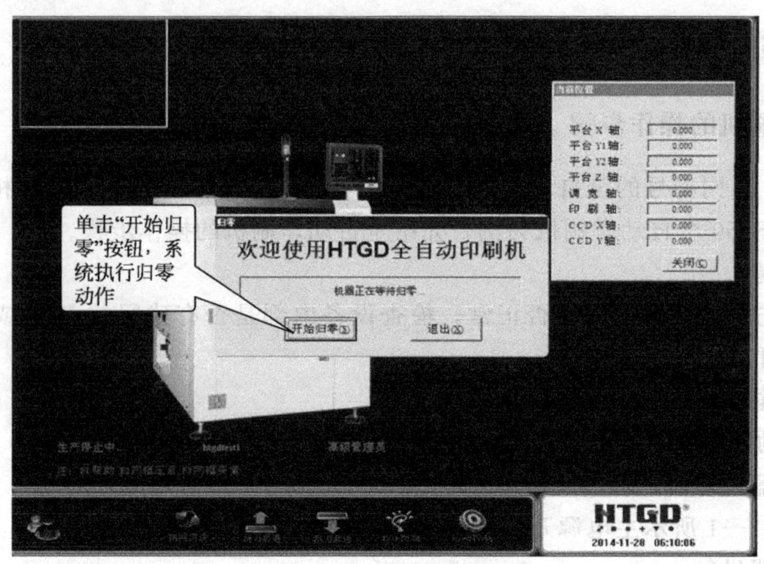

图 2—2—3　设备归零

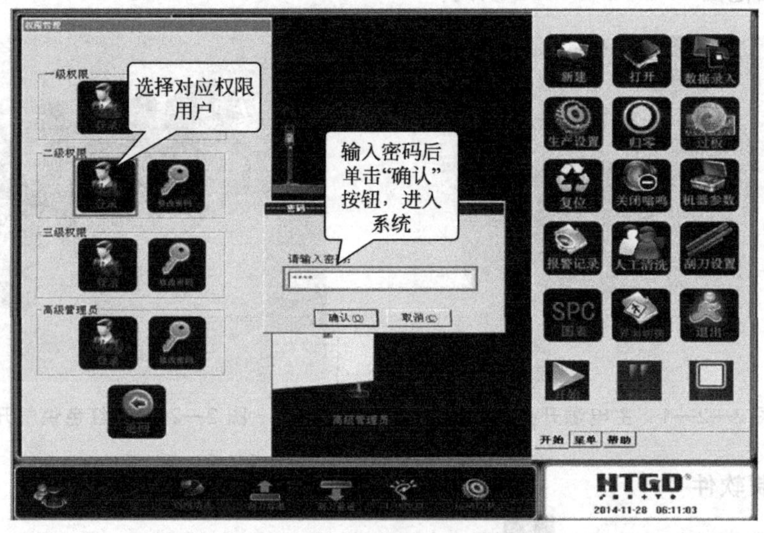

图 2—2—4　权限管理界面

（2）二级权限：技术员权限，具有除机器参数修改与刮刀设置以外的所有权限。默认的登录密码是"htgd"。

（3）三级权限：工程师权限，除了继承二级权限以外，还可以进行部分机器参数的修改和刮刀设置等。默认的登录密码是"htgd"。

（4）高级管理员：拥有最高权限，具备所有功能的使用权及修改权。

权限用户登录要根据实际情况进行操作，按照对应的权限进行登录。需要注意的是切勿越权限使用设备，以免因误操作使设备出现故障。不同权限用户所能操作的内容在软件中会高亮显示，不能操作的内容显示为灰色。

8. 打开程序

选择好权限用户后，单击软件“打开”[打开] 按钮，打开将要进行印刷操作的 PCB 的程序。

9. 调整导轨宽度

打开程序后，弹出“模板设置页 1”界面，如图 2—2—5 所示。检查程序的编号是否与将要进行印刷操作的 PCB 的编号一致，注意不能修改 PCB 印刷程序参数界面的所有参数。核对完毕直接单击“下一步”按钮，弹出如图 2—2—6 所示“警告”界面，确认运输导轨上是否有 PCB；确认完毕单击“确定”按钮，弹出如图 2—2—7 所示导轨宽度调整确认界面，直接单击“确定”按钮，即可进行 PCB 运输导轨宽度的调整。

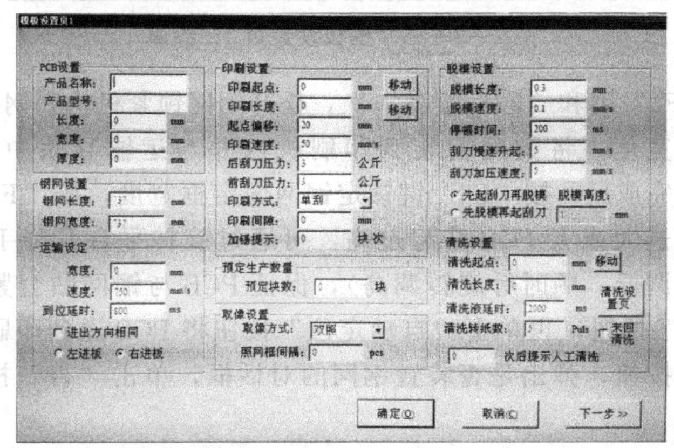

图 2—2—5 “模板设置页 1”界面

图 2—2—6 “警告”界面

图 2—2—7 导轨宽度调整确认界面

10. 放置顶针

导轨宽度调整完毕进入“模板设置页 2”界面，如图 2—2—8 所示。不更改参数，打开安全门，开启机器内部照明灯，将顶针安装到 PCB 升降平台上。安装顶针前应先将 PCB 按照大概位置放置在 PCB 运输导轨上，放置顶针时要求顶针不能顶到 PCB 上有元件的位置，如图 2—2—9 所示。单击“自动定位”按钮，将 PCB 放在印刷机的进板处，PCB 被感应到后会被自动传入印刷机中，然后单击“CCD 回位”按钮，再单击“Z 轴上升”按钮，调整顶针的位置，确保顶针位置无元件。

11. 安装钢网并与 PCB 对位

安装钢网涉及两个按键的操作，分别是键盘上的“F2”键和“F3”键。其中，“F2”键是钢网锁紧/松开切换按键，“F3”键是钢网固定框宽度锁紧/松开切换按键，每按一次都会切换状态。

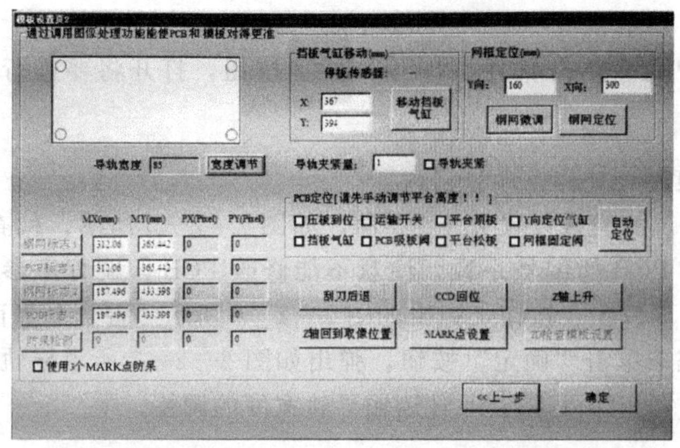

图 2—2—8 “模板设置页 2” 界面

操作时，先按“F2”键和“F3”键各一次，松开钢网锁紧机构和钢网固定框宽度锁紧机构，调节钢网固定框宽度，将钢网安装到印刷机内并与运输导轨中的 PCB 对位，如图 2—2—10 所示。对位完成后，按“F3”键锁定钢网固定框宽度，按“F2”键锁定钢网。若 PCB 与钢网之间缝隙过大或者 PCB 升起过高，可通过旋转平台升降手动调节旋钮调节平台高低（逆时针旋转调低，顺时针旋转调高），保证 PCB 与钢网贴合紧密且不会过高。完成后单击“Z 轴下降”按钮，再单击“自动定位”按钮将 PCB 送到印刷机出板处，将 PCB 拿出。单击“确认”按钮，弹出是否装置钢网的对话框，单击“否”按钮，返回到机器程序主界面。

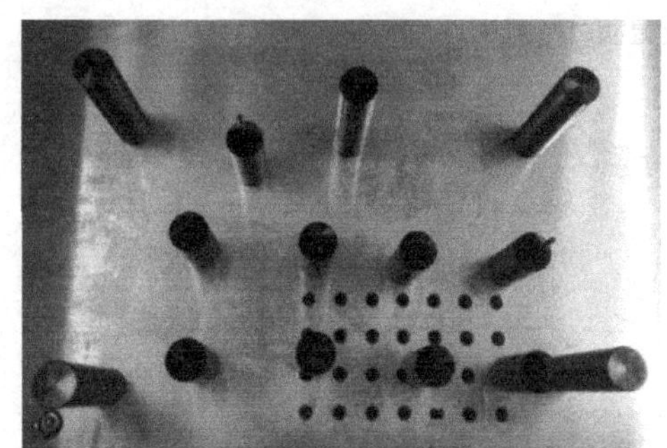

图 2—2—9 安装顶针

图 2—2—10 安装钢网与 PCB 对位

12. 模拟生产

关上安全门，单击“生产设置”按钮，将生产模式切换为“模拟生产”及“不清洗”模式，单击“确认”按钮返回主界面，然后单击“开始”▶按钮，弹出确认生产对话框，再依次单击“确定”→“OK”→“确定”按钮，当显示“PCB 到位，准备放板”时，放入 PCB，然后单击“确定”按钮，此时印刷机进行钢网 MARK 点与 PCB MARK 点自动定位，弹出误差确认对话框后单击“确定”按钮，开始进行模拟生产。观察模拟印刷的位置及行程是否正确，待模拟生产完成并确认无误后单击“停止”■按钮，停止模拟生产。

13. 添加锡膏

将锡膏约 2/3 的量均匀添加于钢网上的印刷起点处，并保证钢网表面到锡膏顶部约

10 mm 厚度，注意不能将锡膏放到钢网的窗口上，如图 2—2—11 所示。

图 2—2—11　添加锡膏

14. 开始生产

锡膏添加完毕，单击“生产设置”按钮，将生产模式切换为“正常生产”及“清洗”模式，单击“确认”按钮返回主界面，然后单击“开始”▶按钮，弹出确认生产对话框，再依次单击“确定”→“OK”→“确定”按钮，当显示“PCB 到位，准备放板”时，放入 PCB，然后单击“确定”按钮，此时印刷机进行钢网 MARK 点与 PCB MARK 点自动定位，弹出误差确认对话框后单击“确定”按钮，开始进行 PCB 印刷生产。印刷完毕，到印刷机出板处将印刷好的 PCB 取出，并检查印刷质量，出现问题应及时停止印刷。

二、全自动印刷机的运行参数

1. 刮刀的夹角

刮刀的夹角是指刮刀的刀尖与钢网接触时形成的夹角，如图 2—2—12a 所示。刮刀的夹角大小影响刮刀对锡膏垂直方向力的大小。刮刀的夹角越小，其垂直方向的分力越大，通过改变刮刀的夹角可以改变所产生的压力。刮刀的夹角如果大于 80°，则锡膏只能保持原状前进而不滚动，此时垂直方向的分力几乎为零，锡膏不会被压入印刷钢网窗口。刮刀夹角的最佳设定应为 45°～60°，此时锡膏有良好的滚动性。有些刮刀已做成一定角度，则无须设定，只要固定好即可。图 2—2—12b 所示为常见刮刀的类型。

2. 刮刀的速度

刮刀的速度快，锡膏所受的力就大。但提高刮刀速度，锡膏压入的时间将变短。如果刮刀速度过快，则可能导致锡膏不能滚动而仅在印刷钢网上滑动。考虑到锡膏压入印刷钢网窗口的实际情况，最大的印刷速度应保证 FQFP（小引脚中心距方形扁平式封装）焊盘锡膏印刷纵横方向均匀、饱满，印刷速度一般为 15～25 mm/s；进行高精度印刷时（元器件的引脚间距≤0.65 mm），印刷速度为 20～50 mm/s。锡膏流进窗口需要时间，这一点在印刷 FQFP 图形时尤为明显。当刮刀沿 FQFP 焊盘一侧运行时，垂直于刮刀的焊盘上锡膏图形比另一侧要饱满，故有的印刷机具有刮刀旋转 45°的功能，以保证 FQFP 印刷时四面锡膏量均匀。

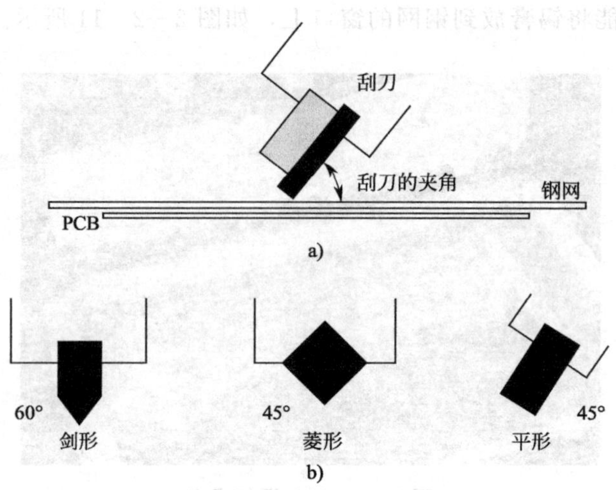

图 2—2—12　刮刀的夹角与类型
a）刮刀的夹角　b）不同类型的刮刀

3. 刮刀的压力

刮刀的压力即通常所说的印刷压力，印刷压力的改变对印刷质量影响非常大。印刷压力不足会引起锡膏刮不干净且易导致 PCB 上锡膏量不足，印刷压力过大又会导致钢网背后的渗漏，故一般对刮刀压力的设定要求如下。

（1）对压缩空气动力的要求是 0.4～0.6 MPa。

（2）对施加压力的要求是在每 50 mm 长度的刮刀上施加约 10 N 的压力。例如，300 mm 长度的刮刀上需施加约 60 N 的压力。理想的刮刀速度与压力应该以正好把锡膏从钢网表面刮干净为准。

4. 刮刀宽度

如果刮刀相对于 PCB 过宽，那么就需要更大的压力、更多的锡膏参与其工作，因而会造成锡膏的浪费。一般刮刀的宽度为 PCB 宽度（印刷方向）加 50 mm 左右为最佳，并要保证刮刀头落在金属模板上。

5. 印刷间隙

印刷间隙是指钢网装夹之后，钢网与 PCB 之间的距离。通常要求保持 PCB 与钢网零距离（早期也要求控制在 0～0.5 mm，但有 FQFP 元件时必须为零距离），部分印刷机还要求 PCB 平面稍高于钢网的平面，调节后钢网的金属模板被略微向上撑起，但此撑起高度不应过大，否则会引起钢网损坏。从刮刀运行动作上看，刮刀在钢网上运行自如，即要求刮刀所到之处锡膏被全部刮走，不留多余的锡膏，同时刮刀不应在钢网上留下划痕。

6. 脱模速度

锡膏印刷后，钢网离开 PCB 的瞬时速度是影响印刷质量的关键参数，其调节能力也是体现印刷机质量好坏的参数，在精密印刷中尤其重要。早期印刷机采用恒速分离；先进的印刷机中，钢网离开锡膏图形时则有一个微小的停留过程，以保证获取最佳的印刷效果。一般印刷完成后，先有一个微小的停顿时间（约 200 ms），再进行分离，并且在工作台开始下落的前 0.3 mm 范围内分离速度可调为 0.1 mm/s 。

任务实施

一、任务准备

ETS-S450 全自动印刷机、贴片小音响 PCB、已回温并搅拌好的锡膏、贴片小音响钢网、钢网清洗液、防静电手套、防静电服装、小刮刀、气枪、无尘纸、擦拭纸等。

二、ETS-S450 全自动印刷机锡膏印刷操作

以 5 人为一小组进入实训室，在教师及实训室管理人员的指导下完成下列任务。

1. 设备点检

先检查设备电源是否正常，再检查设备内部是否有残留的 PCB 或其他杂物。

2. 开启设备

接通印刷机供电电源，打开设备主电源，按照安全操作规范开启设备供气，启动设备。

3. 打开控制软件

进入系统后，打开全自动印刷机控制软件“HTGD”，并将设备归零。

4. 选择权限用户

选择二级权限用户，并输入默认密码“htgd”登录。

5. 打开程序

打开名字为“XIAOYINXIANG”的程序。

提示：教材中涉及的程序可通过职业教育教学资源和数字学习中心网站（http://zyjy. class. com. cn）免费下载。

6. 调整导轨宽度

按要求进行 PCB 运输导轨宽度调整，调整到刚好使贴片小音响 PCB 运输时不出现卡滞。

7. 放置顶针

按要求将顶针准确安装到 PCB 升降平台上，顶针放置时要求顶针不能顶到 PCB 上有元件的位置。

8. 安装钢网并与 PCB 对位

按要求将贴片小音响钢网安装到印刷机内并与运输导轨中的贴片小音响 PCB 对位，钢网安装时要求 PCB 与钢网贴合紧密且钢网上的窗口与 PCB 上对应的焊盘位置一致。

9. 模拟生产

将生产模式切换为“模拟生产”及“不清洗”模式，模拟生产一块贴片小音响 PCB。观察模拟印刷的位置及行程是否正确，模拟生产完成并确认无误后停止模拟生产。

10. PCB 印刷

按要求添加锡膏到钢网上，将生产模式切换为“正常生产”及“清洗”模式，开始进行 PCB 印刷生产，每小组完成两块以上贴片小音响 PCB 的印刷生产操作。印刷完毕到印刷机出板处将印刷好的 PCB 取出，检查印刷质量，并将结果填入表 2—2—1 中。

表 2—2—1　　　　锡膏印刷报表

序号	PCB 型号	使用钢网编号	目测印刷质量情况	操作人	备注

操作提示

在进行印刷机设备操作时，应注意以下事项。

(1) 开机前查看印刷板平台上是否有杂物，防止印刷时顶坏钢网。

(2) 检查外部电压、气压是否正常，急停键是否复位。

(3) 必须一个人操作，严禁两人同时操作设备；操作前要确定机器范围内没有其他障碍物。

(4) 机器工作时，钢网上除锡膏和贴片胶外不能放置其他任何物体。

(5) 操作全自动印刷机时，操作人员必须戴手套，防止皮肤接触锡膏，如果接触到锡膏应立即用酒精擦拭并用肥皂加清水洗净。

(6) 更换刮刀前，要先取下钢网。

(7) 全自动印刷机正常运行时，严禁将身体部位及其他物体放入机器内。

(8) 印刷机头部抬起时，必须安放顶针，方可进行相关操作。

(9) 出现异常情况，应立即按下红色急停键，并通知实训指导教师。

任务评价

对任务的完成情况进行检查，并将结果填入表 2—2—2 所示任务考核评分表内。

表 2—2—2　　　　任务考核评分表

评价项目	评价标准	配分（分）	自我评价	小组评价	教师评价
职业素养	安全意识、责任意识、服从意识强	5			
	积极参加教学活动，按时完成各项学习任务	5			
	团队合作意识强，善于与人交流和沟通	5			
	自觉遵守劳动纪律，尊敬师长，团结同学	5			
	爱护公物，节约材料，工作环境整洁	5			

续表

评价项目	评价标准	配分（分）	自我评价	小组评价	教师评价
专业能力	能按要求完成印刷机的开启及控制软件的启动	10			
	能按要求打开正确的程序	5			
	能根据 PCB 的宽度调整好导轨的宽度	5			
	能按要求放置好顶针	5			
	能按要求安装好钢网，使钢网与 PCB 对位准确	10			
	能完成一块 PCB 的模拟生产操作	5			
	能按要求完成两块 PCB 的印刷	20			
	能按要求完成相关报表的填写	10			
	能按照实训室安全管理规范进行实训	5			
合计		100			
总评	自我评价×20%＋小组评价×20%＋教师评价×60%＝______	综合等级	教师（签名）：		

注：学习任务考核采用自我评价、小组评价和教师评价三种方式，结果分为 A（90～100）、B（80～89）、C（70～79）、D（60～69）、E（0～59）五个等级。

思考与练习

1. 简述全自动印刷机的操作步骤。
2. 简述全自动印刷机的操作注意事项。

任务 3　全自动印刷机的维护与保养

学习目标

1. 熟悉全自动印刷机维护保养的基本内容。
2. 了解全自动印刷机维护保养的步骤及方法。
3. 能对 ETS-S450 全自动印刷机进行简单的维护与保养。

任务引入

全自动印刷机在使用过程中要进行维护与保养，以便更好地发挥它的功能，缩短工作周期，减少人力、物力消耗，延长设备使用寿命。然而不准确、不规范的维护保养操作，不但不能起到好的保养效果，还会使设备损耗加快甚至损坏。本任务将学习在进行全自动印刷机维护与保养时应遵循的维护保养准则，进而掌握正确规范的全自动印刷机维护保养方法。

相关知识

一、全自动印刷机维护保养的基本内容

全自动印刷机维护保养的基本内容及保养周期见表 2—3—1。

表 2—3—1　　全自动印刷机维护保养的基本内容及保养周期

保养项目			保养周期		
机器部位		维护保养内容	每日	每周	每月
工作平台	滚珠丝杆	清理、注油润滑			√
	导轨	清理、注油润滑			√
	传动带	检查张紧度及磨损情况			√
	电缆	检查电缆包覆层有无损坏			√
刮刀系统	滚珠丝杆	清理、注油润滑			√
	导轨	清理、注油润滑			√
	传动带	检查张紧度及磨损情况			√
	电缆	检查电缆包覆层有无损坏			√
钢网清洗装置	清洗纸	用完后更换	√		
	酒精	检查余量并加注酒精	√		
视觉识别装置	滚珠丝杆	清理、注油润滑			√
	导轨	清理、注油润滑			√
	电缆	检查电缆包覆层有无损坏			√
网框固定装置	放置位置	正确固定	√		
	顶面、底面	检查清理及磨损情况	√		
PCB 运输装置	传动带	检查张紧度是否适宜、有无滑脱			√
	停板气缸	检查磨损情况			√
	工作台顶板限位螺钉	检查磨损情况	√		
供气系统	压力表	压力设置	√		
	空气过滤装置	清理、检查工作情况			√
	所有气路	检查漏气情况			√
其他	设备整体	清理		√	

二、全自动印刷机的维护保养步骤与方法

1. 网框固定装置的维护保养

网框固定装置的结构如图 2—3—1 所示，其维护保养步骤如下。

（1）检查用于固定钢网位置的锁紧气缸有无松动。

（2）检查用于固定钢网的气缸有无松动。

（3）对用于调节钢网位置的前导轨与后导轴进行定期清理、润滑。

（4）检查左右支板与平台的平行度，以及两支板的等高度。

图 2—3—1 网框固定装置的结构

2. 钢网清洗装置的维护保养

钢网清洗装置的结构如图 2—3—2 所示，其维护保养步骤如下。

（1）检查酒精是否喷射均匀。酒精喷管的细小喷口极有可能被清洗纸的毛纱堵住，从而导致喷不出酒精或喷洒不均匀，影响清洗效果。当酒精喷管被堵住时，用细小的金属丝（直径为 0.3 mm）轻轻导通即可。

（2）检查清洗胶条是否与钢网完全平行接触。若不是完全平行，则应该调整。如果是一体化清洗结构或不是浮动结构，还应检查两气缸运动是否正常、平衡，有无卡滞现象。如果是导风管式，还应检查是否有卡滞现象，并进行相应调整。

（3）取出胶条，将胶条和各真空管清洗干净，若胶条变形则应更换胶条。

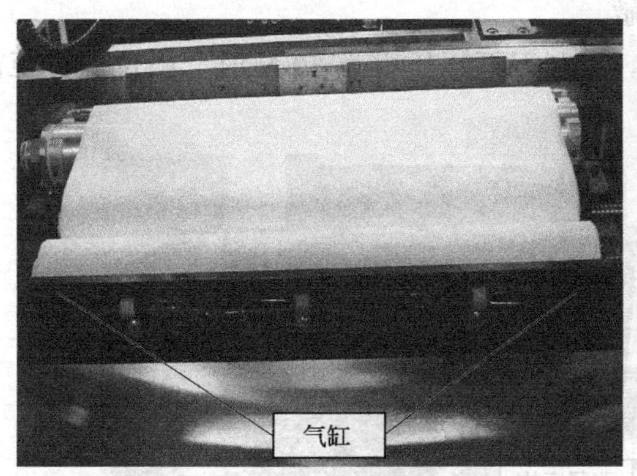

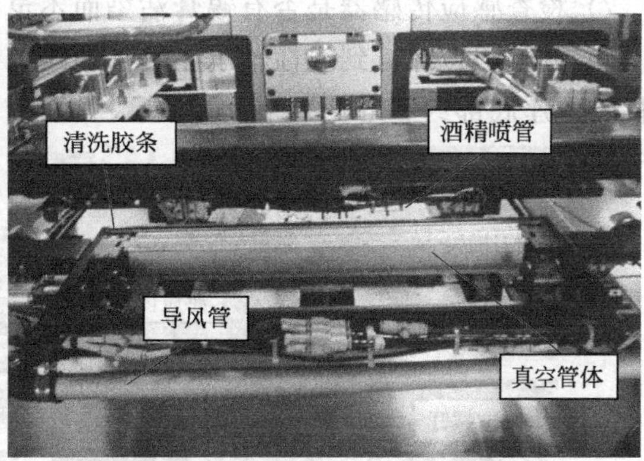

图 2—3—2 钢网清洗装置的结构

需要注意的是，为了节约成本，一些用户会正反面使用清洗纸，SMT 设备公司建议清洗纸最多只能正反面各用一次，不然会由于清洗不干净而严重影响印刷品质。

3. 刮刀系统的维护保养

全自动印刷机的刮刀系统主要由刮刀头、刮刀驱动和 Z 轴驱动三部分组成。

（1）刮刀头

刮刀头的结构如图 2—3—3 所示，其维护保养步骤如下。

1）移动刮刀横梁到适合位置，松开刮刀头上的螺钉 1，取下刮刀架。

2）松开刮刀压板上的螺钉 2，取下刮刀片。

3）用棉布蘸少许酒精，清理干净刮刀压板和刮刀片。

4）重新将刮刀压板及刮刀片装到刮刀头上。

5）如刮刀片磨损严重应更换，更换方法同上。

图 2—3—3　刮刀头的结构

（2）刮刀驱动部分

刮刀驱动部分的结构如图 2—3—4 所示，其维护保养步骤如下。

1）对丝杆和线性轴承进行加油润滑。

2）取下刮刀盖板，检查驱动刮刀上下运动的传动带的张紧力是否合适。

3）检查用于驱动刮刀前后运动的同步带的张紧力是否合适。

4）稍拧松同步带轮张紧座的连接螺栓。

5）根据需要调节张紧座的位置。

6）拧紧同步带轮张紧座上的连接螺栓。

7）检查感应传感器是否有锡膏沾染而不灵敏。

8）调整限位螺钉到线性轴承座底部的距离。当刮刀下压压力为 30 N 时，限位螺钉距离线性轴承座底部约 2 mm。

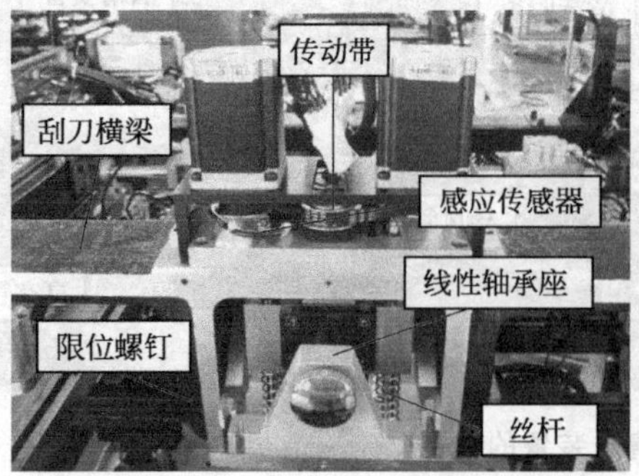

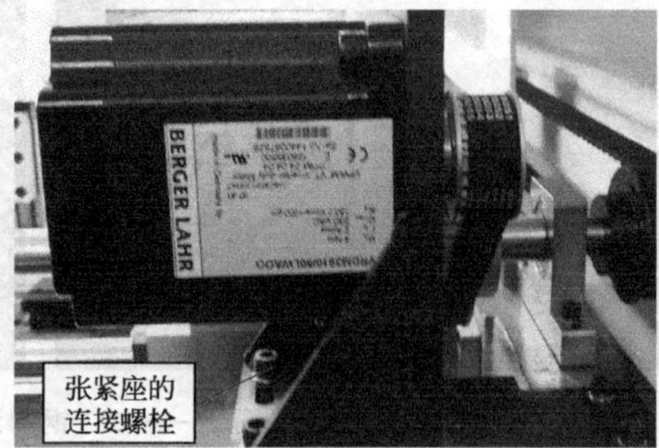

图 2—3—4　刮刀驱动部分的结构

需要注意的是，调整传动带时应避免由张紧力引起的共振现象。

(3) Z 轴驱动部分

Z 轴驱动部分的结构如图 2—3—5 所示，其维护保养步骤如下。

1) 清理机器内部的杂物，如锡膏渣。

2) 清理并润滑升降丝杆和导向导轨，清理各感应传感器。

3) 检查确保 Z 轴安全性的各零件的调节是否合理，如防撞螺母、感应传感器等。

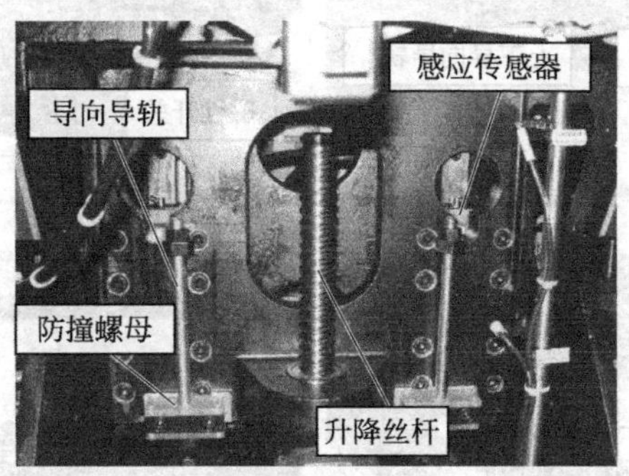

图 2—3—5　Z 轴驱动部分的结构

4. 工作平台的维护保养

工作平台的结构如图 2—3—6 所示，其维护保养步骤如下。

(1) 用干净的棉布蘸少许酒精对顶针、支撑块、工作平台进行清理。

(2) 对 X、Y_1、Y_2 轴的感应器进行清理。注意不要使用氨水、苏打水或苯等擦拭感应器。

(3) 清理并润滑 X、Y_1、Y_2 轴丝杆及导轨。如果是步进电动机，也要清理并润滑电动机导程螺杆。

(4) 需要时调整 X、Y 轴运动方向的同步带，调整方法同刮刀系统的同步带。

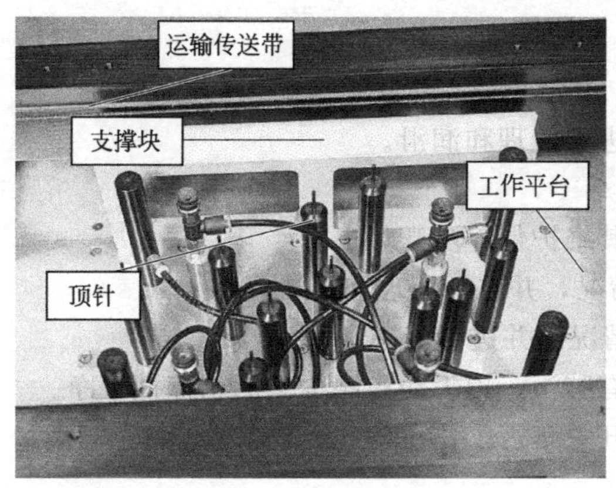

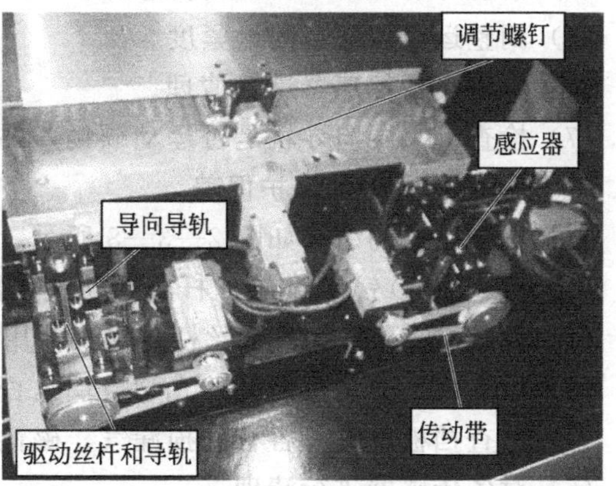

图 2—3—6　工作平台的结构

5. PCB 运输装置的维护保养

PCB 运输装置的结构如图 2—3—7 所示，其维护保养步骤如下。

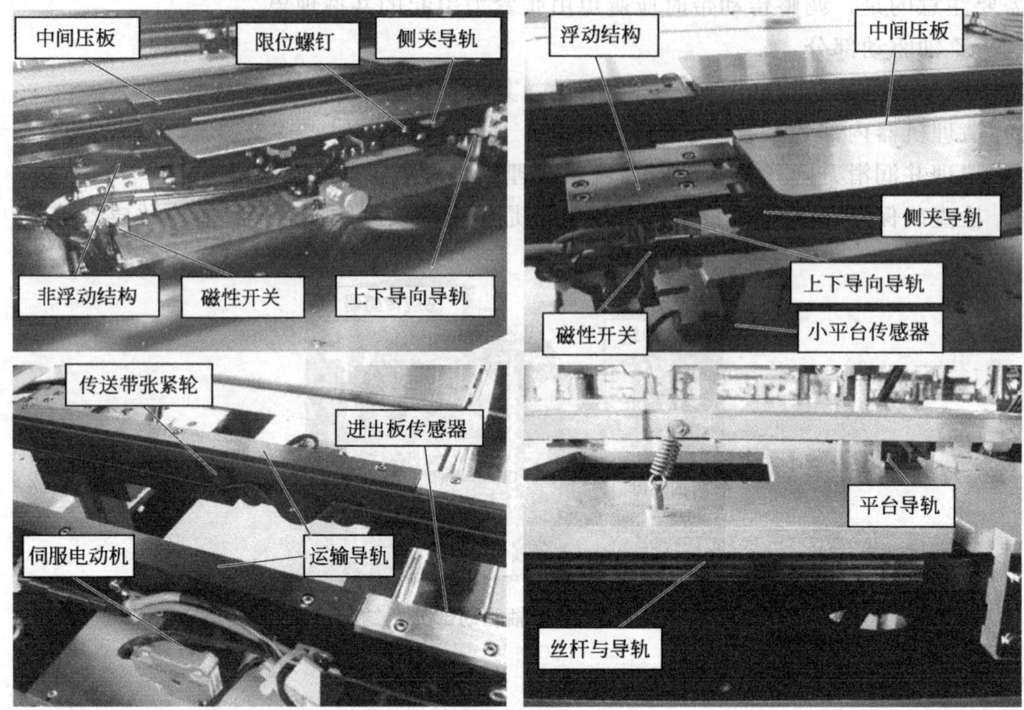

图 2—3—7　PCB 运输装置的结构

（1）检查侧夹机构是否运动平稳，非浮动结构是否有卡滞现象，对侧夹导轨进行清理和润滑。

（2）检查运输导轨用于限位取像的限位螺钉的磨损情况；检查到取像位置时两中间压板的平面度，以及前后运输导轨的平行度。

（3）检查气缸磁性开关是否正常。

（4）检查并清理小平台上的传感器。

（5）调整运输传送带的松紧度。

（6）对进出板传感器进行清理。

（7）检查上下导向导轨是否运动顺畅，并进行清理和润滑。

6. 视觉识别装置的维护保养

视觉识别装置的结构如图 2—3—8 所示，其维护保养步骤如下。

（1）检查 CCD 镜头 Y 轴丝杆与导轨使用情况，并进行清理和润滑。

（2）检查 CCD 镜头 X 轴丝杆与导轨使用情况，并进行清理和润滑。

（3）检查镜头分光棱镜盒的光学玻璃是否有脏污，用无纺布蘸少量酒精擦拭干净。

（4）检查挡板气缸是否有磨损漏气，磁性开关是否工作正常。

（5）对各传感器进行清理。

（6）对 CCD 镜头各轴进行全面的清理。

（7）有必要时，对 X、Y 轴进行校正。

7. 供气系统的维护保养

供气系统的结构如图 2—3—9 所示，其维护保养步骤如下。

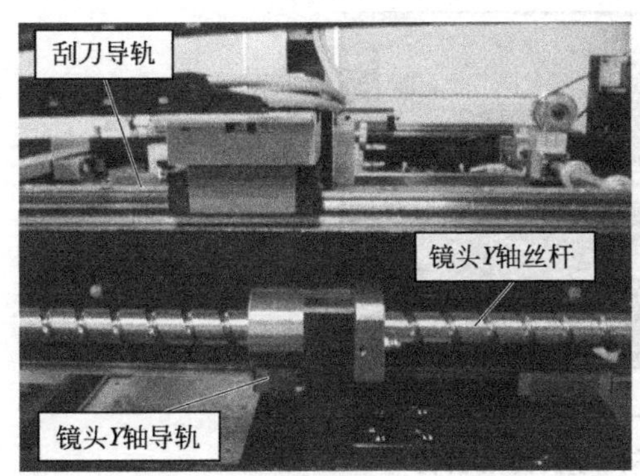

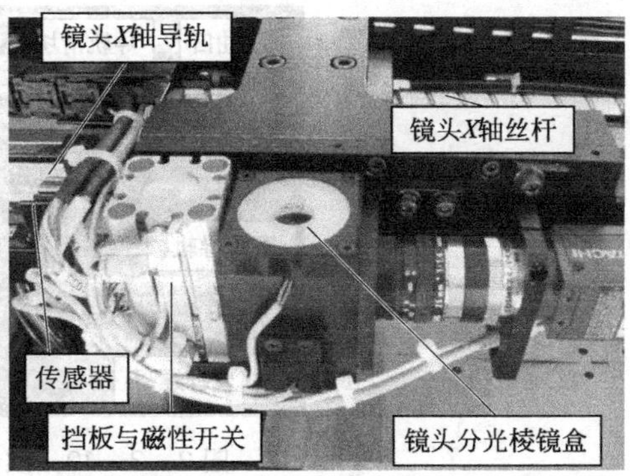

图 2—3—8　视觉识别装置的结构

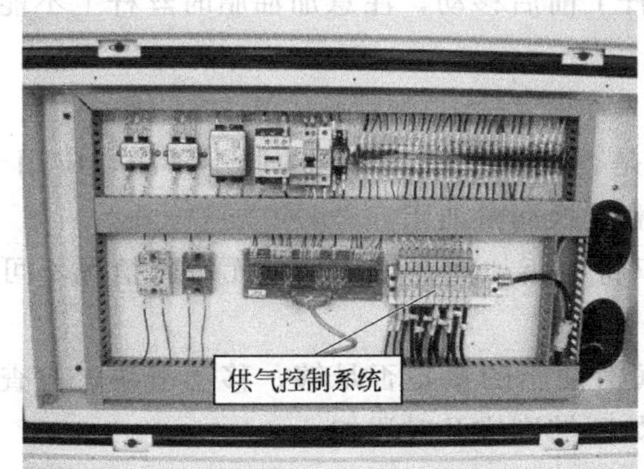

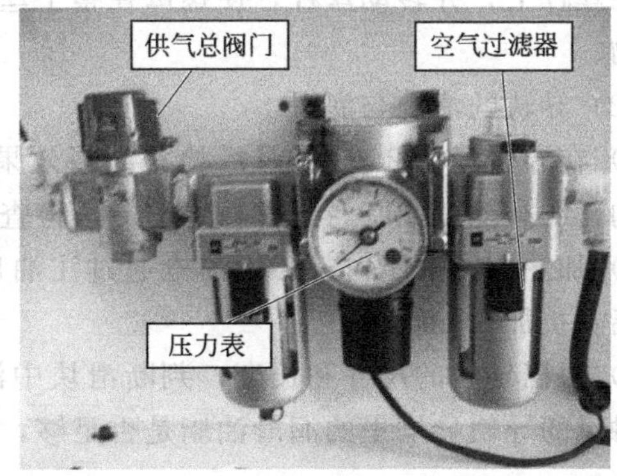

图 2—3—9　供气系统的结构

(1) 检查各气管连接是否良好，特别是用于清洗液运输的管路。

(2) 在机器开始工作前打开机器前面的气动元件柜门。

(3) 检查空气过滤器工作是否正常。

(4) 检查各气动元件及管路有无漏气现象。

(5) 按照气路原理图检查并调整压力表上的压力，使压力符合要求。其中，气路总压力参考值为 0.6 MPa，刮刀压力参考值为 0～1 MPa，网框夹紧压力参考值为 0.5 MPa，真空吸力参考值为 0.4 MPa。

8. 丝杆、导轨的清洗与润滑

全自动印刷机内部各个运动轴都有一套丝杆、导轨传动机构，它们的结构如图 2—3—10 所示，其维护保养步骤如下。

(1) 丝杆的清洗与润滑

1) 在滚珠丝杆运行 2～3 个月后检查润滑效果是否良好。如果润滑油脂不干净，应用干净、干燥的无纺布擦去油脂。通常每年都应该检查和更换润滑油脂。

2) 为了避免润滑油脂被灰尘污染，要将润滑油脂加在单独密封的螺母里。无特殊情况不可将润滑油脂直接加在丝杆上。

3) 根据丝杆的尺寸和长度，判断螺母中润滑油脂的量是否足够。移动螺母，检查与螺母接触过的丝杆沟槽里的润滑油脂是否足够，如不够则应及时添加。

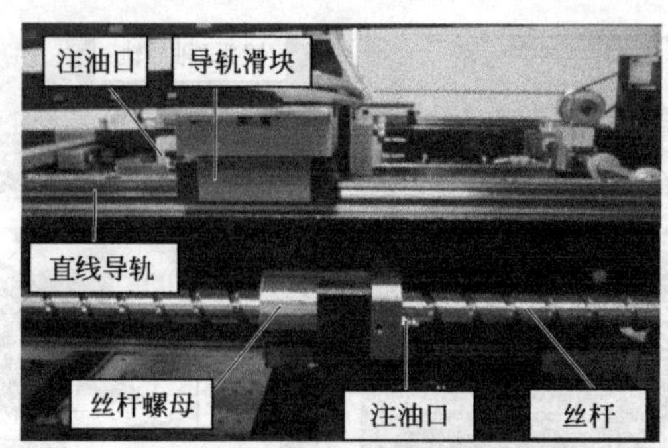

图 2—3—10　丝杆、导轨传动机构

4）若使用的是步进电动机，应用干净、干燥的无纺布擦去被污染的油脂后，直接将油脂涂在丝杆上，并转动丝杆，使螺母在整个丝杆上前后移动，注意加油脂时丝杆上不能有任何异物。

（2）导轨的清洗与润滑

1）在导轨运行 2～3 个月后检查润滑效果是否良好。如果润滑油脂不干净，应用干净、干燥的无纺布擦去油脂。通常每年都应该检查和更换润滑油脂。

2）加注润滑油脂时，要用油枪通过注油口将油脂加注在滑块里。无特殊情况不可将润滑油脂直接加在导轨上。

3）根据导轨的尺寸和长度，判断滑块中润滑油脂的量是否足够。移动滑块，检查与滑块接触过的导轨导槽里的润滑油脂是否足够，如不够则应及时添加。

任务实施

一、任务准备

ETS-S450 全自动印刷机、无尘布、无纺布、棉签、工业酒精、气枪、润滑油脂、维护保养时用的手套、印刷机维护保养工具箱（内有保养时用的成套工具）等。

二、ETS-S450 全自动印刷机的维护与保养

1. 日保养

（1）任务描述

当日工作任务已经完成，现需要根据安排完成 ETS-S450 全自动印刷机的日保养。

（2）任务实施

1）按要求更换用完的清洗纸，并检查酒精余量，不够时加注酒精。

2）按要求清理用完的钢网的顶面和底面，清洗钢网并检查钢网是否有磨损，然后将其放到正确的位置固定好，要求表面无尘、无污渍。

3）认真检查运输导轨用于限位取像的限位螺钉的磨损情况。

4）检查压力表，将压力设置到正确值。

5）日保养完毕后，填写 ETS-S450 设备保养日报表，见表 2—3—2。

表 2—3—2　　ETS-S450 设备保养日报表

保养部位		保养内容	日期	保养人
钢网清洗装置	清洗纸	用完后更换		
	酒精	检查余量并加注酒精		
钢网	放置位置	正确固定		
	顶面、底面	清理及检查磨损情况		
PCB 运输装置	工作台顶板限位螺钉	检查磨损情况		
供气系统	压力表	检查压力并正确设置		

2. 周保养

(1) 任务描述

ETS-S450 全自动印刷机已经满负荷运行一周，根据维护保养计划，现需要对印刷机进行周保养。

(2) 任务实施

1) 用无尘布蘸工业酒精将运输导轨、中间压板、印刷平台、大小顶针、大小支撑块清理干净。

2) 用无尘布蘸工业酒精清理设备外壳。

3) 用无尘布蘸工业酒精清理钢网固定支架及刮刀、刮刀座。

4) 用无尘布蘸工业酒精清理上下镜头。

5) 用无尘布蘸工业酒精清理 X 轴、Y 轴导轨。

6) 用无尘布蘸工业酒精清理各丝杆。

7) 周保养完毕后，填写 ETS-S450 设备保养周报表，见表 2—3—3。

表 2—3—3　　ETS-S450 设备保养周报表

保养内容	日期	保养人
清理运输导轨、中间压板、印刷平台、大小顶针、大小支撑块		
清理设备外壳		
清理钢网固定支架及刮刀、刮刀座		
清理上下镜头		
清理 X 轴、Y 轴导轨		
清理各丝杆		

3. 月保养

(1) 任务描述

ETS-S450 全自动印刷机已完成一个月的生产任务，根据维护保养计划，现需要对印刷机进行月保养。

(2) 任务实施

1) 检查钢网固定支架及刮刀、刮刀座的固定情况，检查平台升起平面度。

2）检查钢网清洗装置的喷洒功能是否正常，必要时用通针测试，在生产中进行清洗并观察清洗效果。

3）检查各紧急开关功能是否正常。

4）清洗完平台和顶针后，检查进板时导轨与 PCB 的平面度、夹紧度和平行度。

5）检查卷纸电动机的联轴器是否松动，若松动则加以固定。

6）进入软件 I/O 设置菜单检测前后刮刀是否到位。

7）检查停板气缸有无磨损，感应信号是否正确。

8）关机重启并归零，进入软件 I/O 设置菜单观察原点信号是否到位。

9）检查运输导轨传动带是否有弹性，必要时更换；检查传动带运转时是否有过松或过紧的情况，若有则调节传动带张紧轮调节螺钉。

10）检查空气过滤器工作是否正常。

11）检查电路是否有短路、气路是否有漏气等现象。

12）检查机器运动范围内是否有多余的气管或导线等异物。

13）给 CCD 镜头 X 轴、Y 轴，刮刀，Z 轴等传动机构加注润滑油。

14）月保养完毕后，填写 ETS-S450 设备保养月报表，见表 2—3—4。

表 2—3—4　　ETS-S450 设备保养月报表

保养内容	日期	保养人
检查钢网固定支架及刮刀、刮刀座的固定情况，检查平台升起平面度		
检查钢网清洗装置的喷洒功能并测试		
检查各紧急开关功能		
检查进板时导轨与 PCB 的平面度、夹紧度和平行度		
检查卷纸电动机的联轴器		
检查前后刮刀到位情况		
检查停板气缸有无磨损，感应信号是否正确		
检查原点信号是否到位		
检查运输导轨传动带张紧度是否合适		
检查空气过滤器工作是否正常		
检查电路、气路有无异常现象		
检查机器运动范围内是否有多余的气管或导线等异物		
给 CCD 镜头 X 轴、Y 轴，刮刀，Z 轴等传动机构加注润滑油		

操作提示

在进行印刷机维护保养操作时，应注意以下事项。

（1）只有接受过专门培训、熟悉所有安全检查规则的人员才有资格维护保养本机器。

（2）粗布和未经同意的清洁液可能损伤、污染机器工作台面和元件塑胶表面，只能使用指定的无尘布和清洁液来擦拭机器，特别是丝杆、导轨及电动机主轴等精密标准件。当以酒精作为清洁液擦拭机台时，用后应立即将机器零部件表面及印刷台面擦拭干净，以免损坏机器。

(3) 使用润滑剂时应检查其性能是否满足润滑要求，以免影响润滑效果（导轨、丝杆、轴承等使用何种牌号的润滑剂都是有规定的，不能随便使用普通油脂，以免损伤精密件）。

(4) 酒精是易燃物，用其擦拭机器时应注意安全。

(5) 维护保养前一定要切断机器的主电源开关。

(6) 在安全装置不能正常工作时，不允许开机。

(7) 禁止操作员穿便服操作机器，处理锡膏时一定要戴防护手套。

(8) 开机前应检查机器是否有损坏，内部是否有工具，零件是否有松动，以免造成机器运行故障或引起设备安全事故。

任务评价

对任务的完成情况进行检查，并将结果填入表 2—3—5 所示任务考核评分表内。

表 2—3—5　　任务考核评分表

评价项目	评价标准	配分（分）	自我评价	小组评价	教师评价
职业素养	安全意识、责任意识、服从意识强	5			
	积极参加教学活动，按时完成各项学习任务	5			
	团队合作意识强，善于与人交流和沟通	5			
	自觉遵守劳动纪律，尊敬师长，团结同学	5			
	爱护公物，节约材料，工作环境整洁	5			
专业能力	能按要求完成 ETS-S450 设备的日保养操作	20			
	能按要求完成 ETS-S450 设备的周保养操作	20			
	能按要求完成 ETS-S450 设备的月保养操作	20			
	能按要求完成相关报表的填写	10			
	能按实训室安全管理规范进行实训	5			
合计		100			
总评	自我评价×20%＋小组评价×20%＋教师评价×60%＝________	综合等级	教师（签名）：		

注：学习任务考核采用自我评价、小组评价和教师评价三种方式，结果分为 A（90～100）、B（80～89）、C（70～79）、D（60～69）、E（0～59）五个等级。

思考与练习

1. 简述全自动印刷机日保养项目及注意事项。
2. 对全自动印刷机进行维护保养过程中需要注意哪些问题？

任务4　锡膏厚度检测仪的操作与维护

学习目标

1. 了解锡膏厚度检测仪的基本原理和结构。
2. 掌握锡膏厚度检测仪的使用操作方法。
3. 了解锡膏厚度检测仪的维护保养内容。

任务引入

SMT不断朝着微型化、精细化发展，针对锡膏印刷质量的检测设备也在不断地更新，锡膏厚度检测仪（SPI）就是其中之一。锡膏厚度检测仪的主要功能就是检测锡膏印刷的品质，包括体积、面积、高度、XY向偏移、形状、桥接等。SPI的广泛应用，能确保良好的锡膏印刷质量，大幅降低成品不良率，从而提高SMT生产的整体质量。本任务将通过学习了解锡膏厚度检测仪的原理、结构以及维护保养等相关知识，掌握锡膏厚度检测仪的操作方法，进一步提高对锡膏印刷工艺的理解。

相关知识

一、锡膏厚度检测仪的原理与结构

锡膏厚度检测仪的种类繁多，这里以使用较为广泛的KY-8030为例进行介绍，其工作原理如图2—4—1所示。

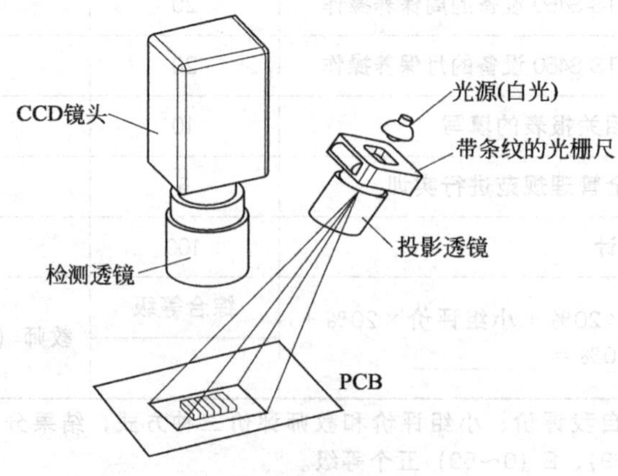

图2—4—1　锡膏厚度检测仪工作原理

锡膏厚度检测仪的LED光源发射出白光，通过带有条纹的玻璃片（光栅尺）进行透射后，以一定的倾角通过投影透镜投射到已印刷好锡膏的PCB上，锡膏厚度不同将会出现不同的光投射影像，CCD镜头将图像获取并传输到计算机影像处理器中，通过软件计算出被测PCB的锡膏厚度。

锡膏厚度检测仪的外部结构如图2—4—2所示。

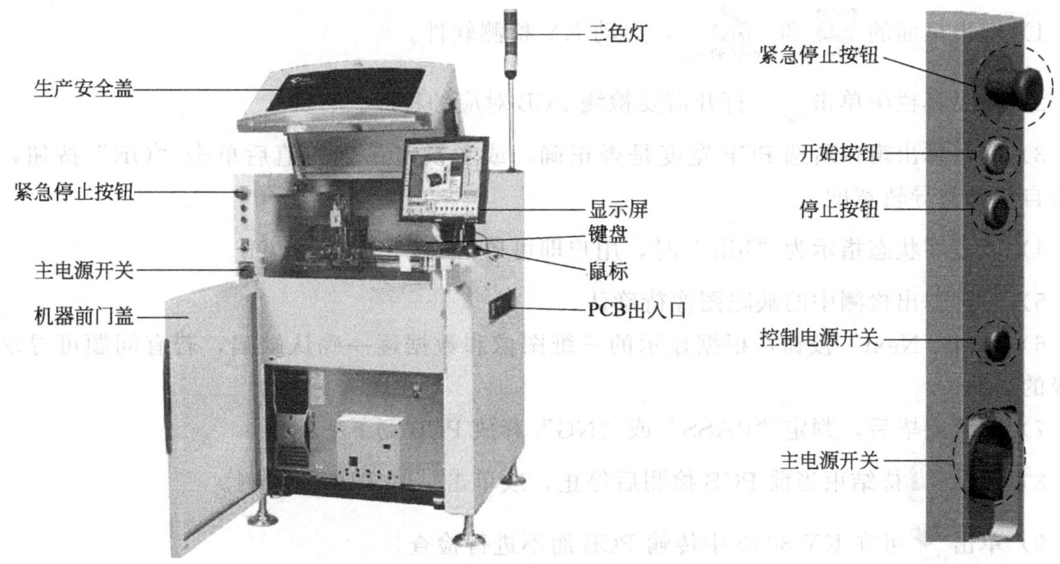

图2—4—2　锡膏厚度检测仪的外部结构

锡膏厚度检测仪的内部结构如图2—4—3所示。

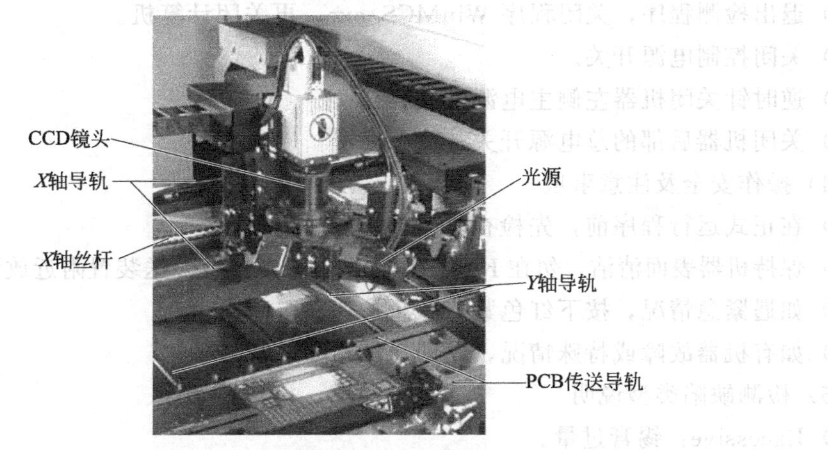

图2—4—3　锡膏厚度检测仪的内部结构

二、锡膏厚度检测仪的使用操作方法及维护保养内容

1. 锡膏厚度检测仪的使用操作方法

（1）开机步骤

1）开机前仔细检查机器内部和外部是否正常，确保无障碍物（开机点检）。

2）确认机器安全盖紧闭后，检查机器压力表示数是否为0.3～0.5 MPa。

3）释放紧急停止按钮。

4）打开机器后部的总电源开关（位于机器背面左下部）。

5）顺时针打开机器左侧的主电源开关（红色旋钮）。

6）打开计算机电源开关。

（2）机器操作步骤

1）双击桌面的  和  ，启动 KY 检测软件。

2）在工具栏中单击，打开需要检测 PCB 对应的程序。

3）确认弹出窗口所选 PCB 宽度是否正确，或者设定正确的值后单击“OK”按钮，系统会自动调整导轨宽度。

4）待程序状态指示为“Idle”时，用户即可单击开始检测 PCB。

5）系统弹出检测中的缺陷图像待确认。

6）单击“Next”按钮，根据显示的三维图像和数据逐一确认缺陷，若有问题可寻求上一级的帮助。

7）确认完毕后，判定“PASS”或“NG”释放 PCB 到下一站。

8）单击待结束当前 PCB 检测后停止，或单击立即停止检测。

9）单击可在 KY-8030 中传输 PCB 而不进行检查。

（3）关机步骤

1）确认机器内无 PCB。

2）退出检测程序，关闭程序 WinMCS. exe，再关闭计算机。

3）关闭控制电源开关。

4）逆时针关闭机器左侧主电源开关。

5）关闭机器后部的总电源开关。

（4）操作安全及注意事项

1）在正式运行程序前，先检查机器是否有障碍物。

2）保持机器表面清洁，勿在 KY-8030 设备安全盖上或传送装置附近放置液体或重物。

3）如遇紧急情况，按下红色紧急停止按钮。

4）如有机器故障或特殊情况，立即通知指导教师处理。

（5）检测缺陷类型说明

1）Excessive：锡膏过量。

2）Insufficient：锡膏不足。

3）Position：锡膏偏位。

4）Bridging：锡膏桥连。

5）Coplanarity：不共面（柔性 PCB）。

6）Shape：锡膏外形不良（拉尖、塌陷等）。

7）U. Height：锡膏高度过高。

8）L. Height：锡膏高度不足。

2. 锡膏厚度检测仪的维护保养内容

锡膏厚度检测仪的维护保养内容见表 2—4—1。

表 2—4—1　　锡膏厚度检测仪的维护保养内容

保养位置	保养内容	保养方法	保养频率	保养责任人
机器外壳	机器外壳清理	软干布擦拭	每日	操作员
机器平台	机器平台清理	软干布擦拭	每日	操作员
显示器	显示器清理	软干布擦拭	每日	操作员
键盘及鼠标	键盘及鼠标清理	软干布擦拭	每日	操作员
X 轴	滚珠丝杆注油	清理、加润滑油润滑	每月	工程师
	线性导轨注油	清理、加润滑油润滑	每月	工程师
Y 轴	滚珠丝杆注油	清理、加润滑油润滑	每月	工程师
	线性导轨注油	清理、加润滑油润滑	每月	工程师
散热风扇	计算机和机器的风扇清理	软干布擦拭	每月	工程师
线性导轨	导轨清理与注油	清理、加润滑油润滑	每年	工程师
计算机	备份参数	备份	每年	工程师

任务实施

一、任务准备

KY-8030 锡膏厚度检测仪、ETS-S450 全自动印刷机、贴片小音响 PCB、锡膏、贴片小音响钢网、钢网清洗液、防静电手套、小刮刀、气枪、无尘布等。

二、KY-8030 锡膏厚度检测仪的使用与操作

进入 SMT 实训室，在教师及实训室管理人员的指导下完成下列任务。

（1）开机前点检。

（2）按安全操作规范开机并启动 KY 检测软件。

（3）载入名字为“XIAOYINXIANG”的程序。

（4）调整导轨宽度。

（5）开始检测已使用印刷机印刷好锡膏的 PCB 并确认检测缺陷。

（6）完成 5 块 PCB 的锡膏检测，并填写锡膏检测故障信息报表，见表 2—4—2。

表 2—4—2　　锡膏检测故障信息报表

PCB 序号	故障点元件	故障描述	SPI 检测结果	人工复核结果

操作提示

在进行 SPI 设备操作时，应注意以下事项。

(1) 禁止两人同时操作设备。

(2) 切勿越权使用设备，非设备管理人员切勿调整设备参数，以免对设备造成损坏。

(3) 设备归零时必须确保机器内没有任何东西，如 PCB、铁块等。

(4) 做好静电防护工作，作业时要戴防静电手套和防静电手环。

(5) 机器运转时，遇到紧急状况应按下紧急按钮。

(6) 机器运转时，严禁操作人员倚靠在机器上。

(7) 发现设备运行异常时，应及时告知实训室管理人员或指导教师。

任务评价

对任务的完成情况进行检查，并将结果填入表 2—4—3 所示任务考核评分表内。

表 2—4—3　　任务考核评分表

评价项目	评价标准	配分（分）	自我评价	小组评价	教师评价
职业素养	安全意识、责任意识、服从意识强	5			
	积极参加教学活动，按时完成各项学习任务	5			
	团队合作意识强，善于与人交流和沟通	5			
	自觉遵守劳动纪律，尊敬师长，团结同学	5			
	爱护公物，节约材料，工作环境整洁	5			
专业能力	能按要求完成 SPI 设备的点检操作	5			
	能按要求完成 SPI 设备的开启及控制软件的启动	10			
	能按要求载入正确的程序	10			
	能根据待测 PCB 调整好导轨的宽度	5			
	能按要求完成 5 块 PCB 的锡膏检测	30			
	能按要求完成 SPI 锡膏检测故障信息报表的填写	10			
	能按实训室安全管理规范进行实训	5			
合计		100			
总评	自我评价 × 20% + 小组评价 × 20% + 教师评价 × 60% = ________	综合等级	教师（签名）：		

注：学习任务考核采用自我评价、小组评价和教师评价三种方式，结果分为 A（90～100）、B（80～89）、C（70～79）、D（60～69）、E（0～59）五个等级。

思考与练习

1. 简述 KY-8030 锡膏厚度检测仪的操作步骤。
2. 简述锡膏厚度检测仪的原理。

课题三　贴片机操作与维护

任务 1　贴片机供料器的操作与维护

学习目标

1. 了解贴片机供料器的种类。
2. 熟悉贴片机供料器的基本结构。
3. 掌握贴片机供料器的使用操作方法。
4. 了解贴片机供料器的维护保养方法。

任务引入

贴片机供料器也叫飞达（供料器英文 Feeder 的音译），SMT 行业内一般称为供料器、送料器或喂料器。供料器是贴片机最主要的配件，同时也是贴装技术中影响贴装能力和生产效率的重要部件。供料器的作用是在上面安装贴片元件，为贴片机提供元件进行贴装。本任务主要学习贴片机供料器的相关知识，从而掌握贴片机供料器的使用操作方法。

相关知识

一、贴片机供料器的种类及结构

1. SMT 贴片机供料器的种类

SMT 贴片机是根据指令到指定的位置拾取供料器中的元器件。不同种类的贴装元器件采用不同的包装，而不同的包装需要不同的供料器，因此贴片机供料器的种类很多。以下是目前市场上主流的 SMT 贴片机供料器种类。

（1）托盘式供料器

托盘式供料器可以分为单层结构和多层结构，图 3—1—1 所示为一款多层结构托盘式供料器。单层结构托盘式供料器是直接安装在贴片机供料器架上，占用多个槽位，适用于托盘式料不多的情况；多层结构托盘式供料器有多层自动传送托盘，占用空间小，结构紧凑，适用于托盘式料比较多的情况。较大规模的 IC 集成电路元件多为托盘式料。

图 3—1—1　多层结构托盘式供料器

在使用托盘式料时，要注意保护管脚外露的元器件，以防其在运输和使用过程中造成机械和电气性能的损坏。在托盘中使用 TQFP、PQFP、BGA、TSOP 和 SSOP 元器件时，托盘尺寸可以达到 150 mm×330.2 mm，高度 25.4 mm。在实际使用中，托盘式供料器不仅可以供贴片机拾取元器件，也可以作为贵重元器件的抛料站。

（2）带式供料器

带式供料器是贴片机供料器中最常用的一种，如图 3—1—2 所示。传统结构有轮式、爪式、气动式以及多间距电动式，现已发展为高精度电动式。与传统结构相比，高精度电动式供料器的传送精度更高、送料速度更快、结构更加紧凑、性能更加稳定，大大提高了生产效率。

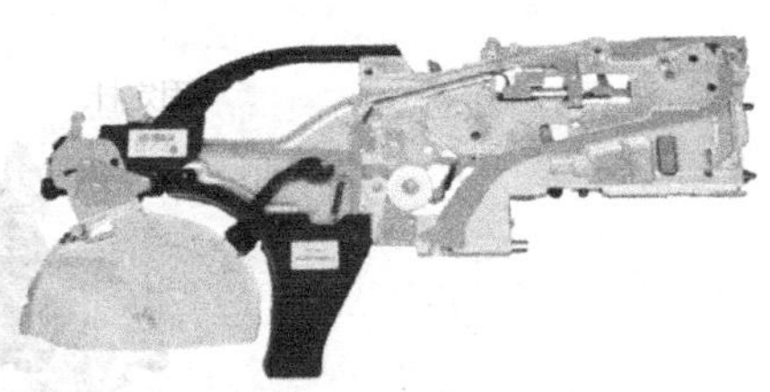

图 3—1—2 带式供料器

带状料的基本宽度有 8 mm、12 mm、16 mm、24 mm、32 mm、44 mm 和 52 mm 等多种类型，间距有 2 mm、4 mm、8 mm、12 mm 和 16 mm 等，卷轴直径尺寸有 7 in 和 13 in 两种。

图 3—1—3 所示为不同品牌贴片机的带式供料器。

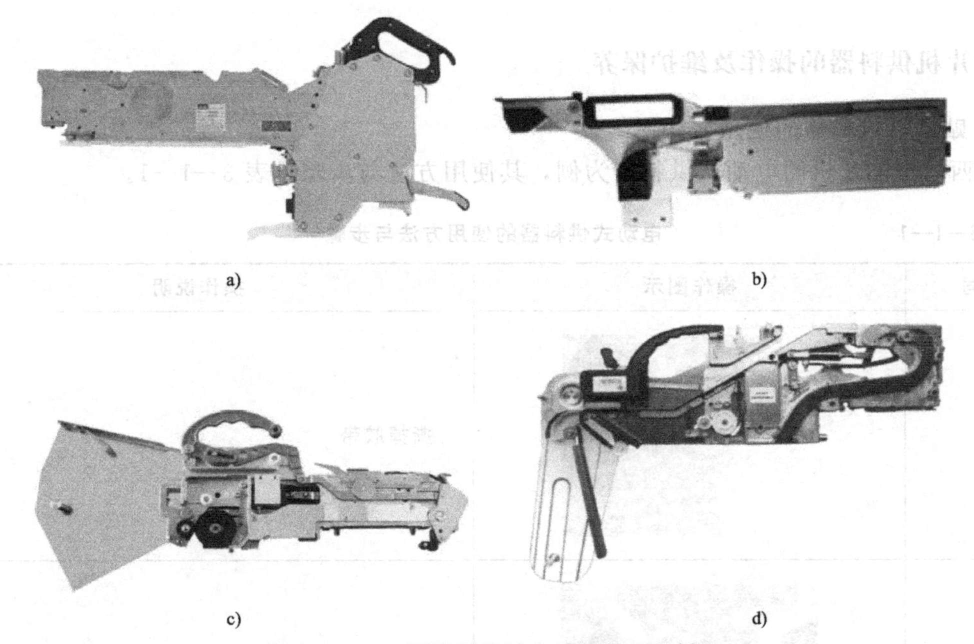

a) b) c) d)

图 3—1—3 不同品牌贴片机的带式供料器

a）JUKI 贴片机电动式供料器 b）FUJI 贴片机气动式供料器
c）YAMAHA 贴片机气动式供料器 d）SAMSUNG 贴片机电控气动式供料器

（3）振动式供料器

振动式供料器又称为散料盒式供料器，如图 3—1—4 所示。其工作方式是将元器件自由地装入成形的塑料盒或袋内，利用振动式供料器或送料管把元器件依次送入贴片机，这种方式通常适用于 MELF、PLCC 和 SOIC 等元器件以及外形较小半导体元器件的供料。振动式供料器的稳定

图 3—1—4 振动式供料器

性和规范性较差，生产效率较低。

2. SMT 贴片机供料器的结构

不同品牌型号贴片机供料器的形状有一定差异，但它们的结构基本一致。

以 SAMSUNG 贴片机的 SM 系列电控气动式供料器为例，其结构如图 3—1—5 所示。

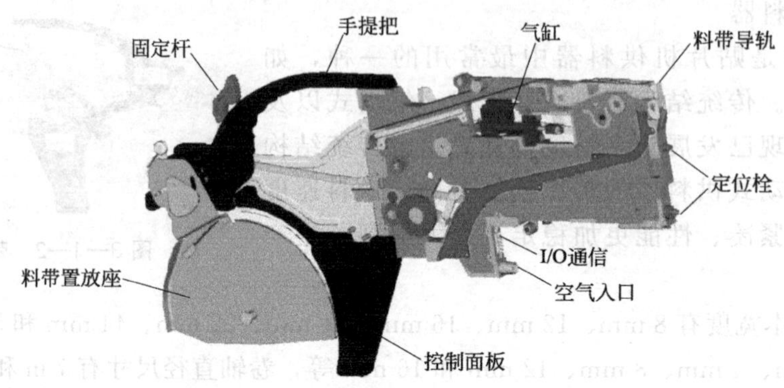

图 3—1—5　电控气动式供料器结构

二、贴片机供料器的操作及维护保养

1. 贴片机供料器的使用方法

以西门子贴片机的电动式供料器为例，其使用方法与步骤见表 3—1—1。

表 3—1—1　电动式供料器的使用方法与步骤

序号	操作图示	操作说明
1		撕掉胶带
2		取下并分离出部分封料带
3		剪掉已清空物料的料带材料

续表

序号	操作图示	操作说明
4		将准备好的料盘放置在料车中
5	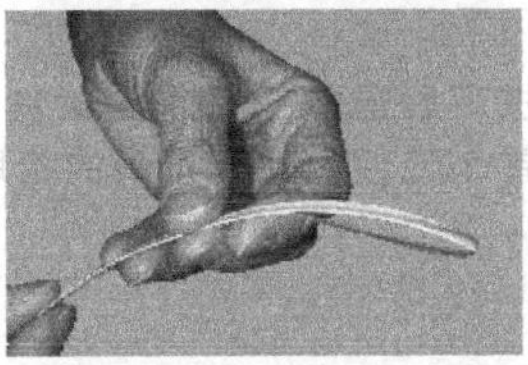	将分离出的封料带弯折
6	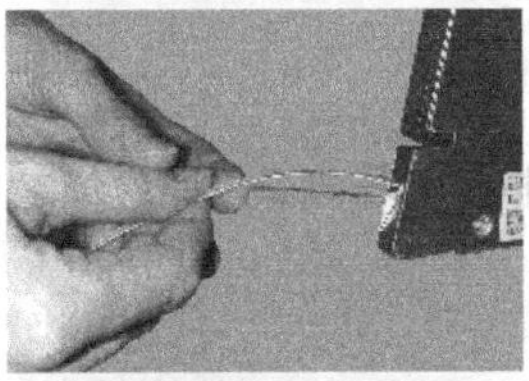	将料带滑进料带导槽
7	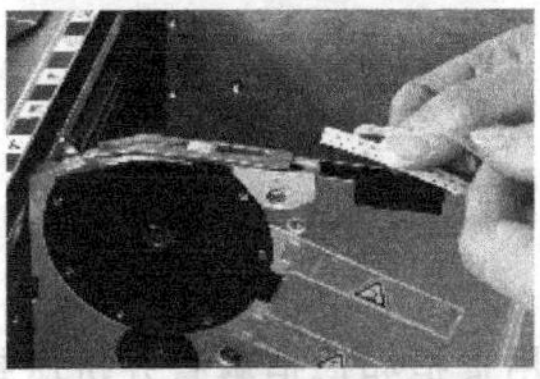	料带在供料器组件前端出现后，将分离出的封料带弯折
8	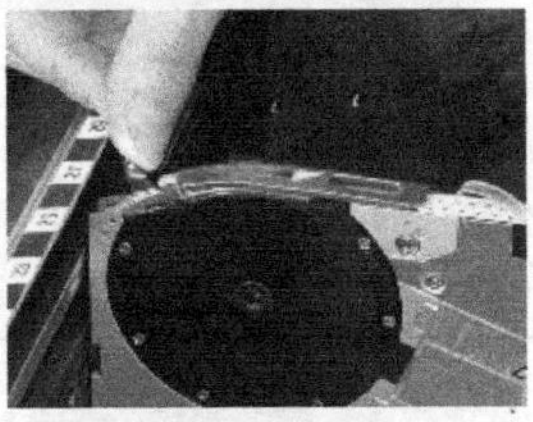	按住控制杆，将料带向前滑动到头
9	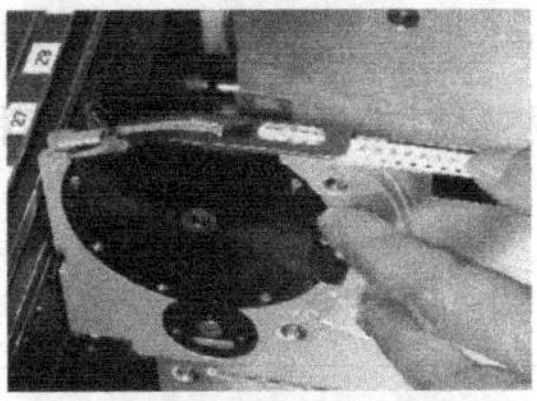	将拾取窗口下的料带滑动到头后再按下前进按钮
10	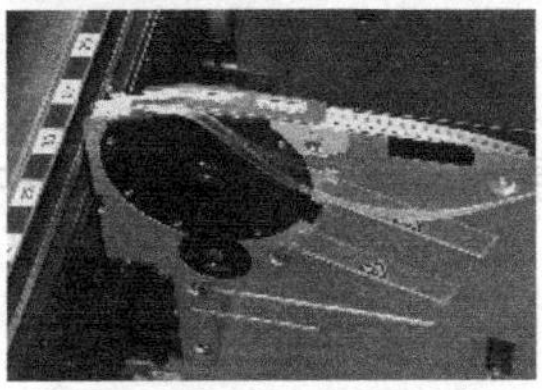	将分离出的封料带滑动到拾取窗口一侧

续表

序号	操作图示	操作说明
11	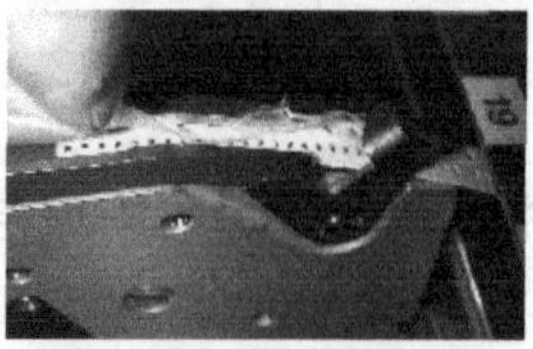	牵引封料带，绕过料带提升装置，并环绕拾取窗口
12		按下后退按钮，直到封料带到达移除边界，此时首个元件应处于正确的拾取位置
13	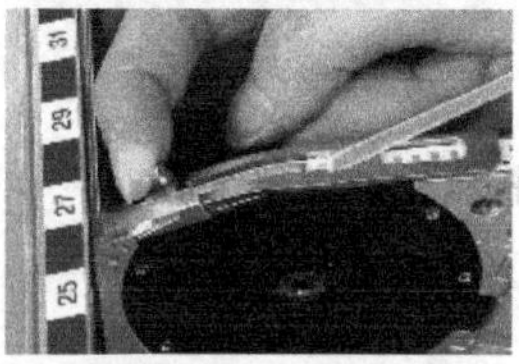	将控制杆向后拉回到位置
14	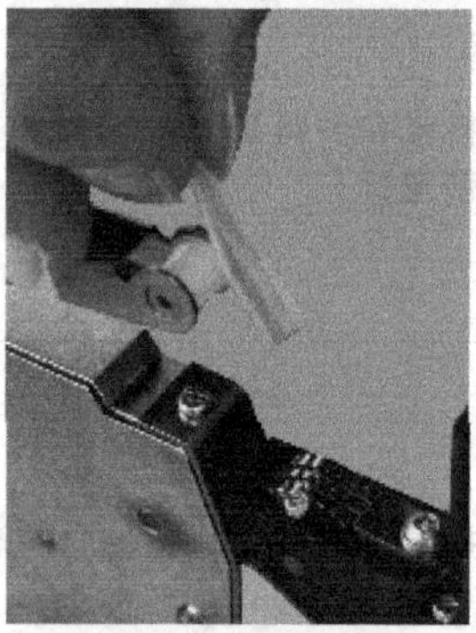	用食指和拇指拿着并挤压封料带末端
15	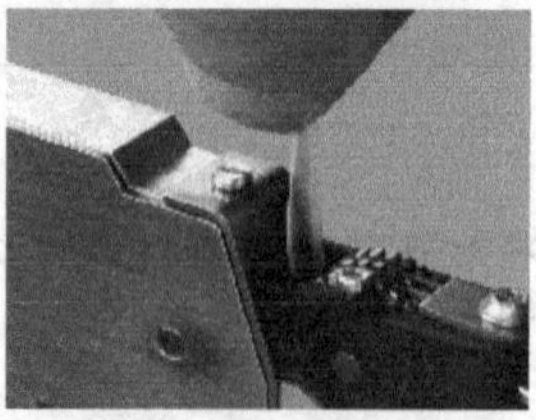	将封料带滑进导槽，然后按下封料带按钮
16		封料带拉紧时，将自动引出并停止工作

续表

序号	操作图示	操作说明
17		使用前滑动导块，将供料器组件小心地放入元件料台上的占位卡槽
18		沿占位卡槽小心地垂直滑动供料器组件，直到前对中销锁定入位
19	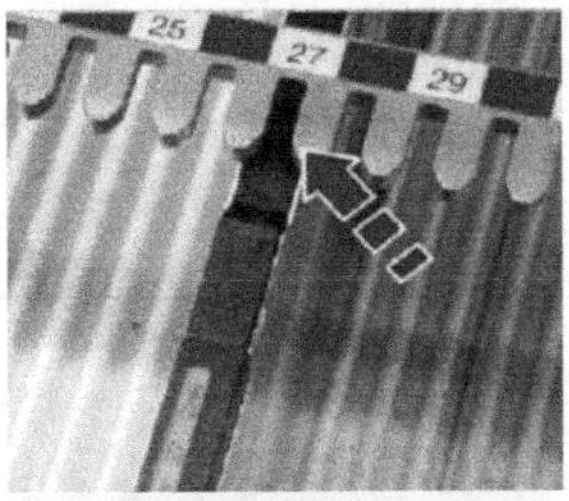	后对中销必须处于对中条的正确位置
20		供料器组件自动记录，状态显示屏迅速闪动，供料器安装完毕

2. 贴片机供料器的维护保养

在贴片机运行中，贴片机供料器的使用较为频繁，定期保养和清理供料器可以降低供料器的故障频率，提高贴片机生产效率。常规的贴片机电动式供料器的维护保养方法见表 3—1—2。

表 3—1—2　　常规的贴片机电动式供料器的维护保养方法

序号	操作图示	操作说明
1		打开废料仓盖

续表

序号	操作图示	操作说明
2		拉出封料带
3		用剪刀剪断封料带或用集成在供料器上的刀片切断封料带
4		打开元件收集盒
5		清空元件收集盒

任务实施

一、任务准备

贴片机供料车、SAMSUNG 电控气动式 8 mm 供料器、编带包装物料、剪刀、接料带、防静电手套、软毛刷子、无尘纸、擦拭纸等。

二、SAMSUNG 电控气动式供料器的操作与维护保养

1. SAMSUNG 电控气动式供料器的操作

在教师的指导下，按以下步骤在供料车上进行上料操作。

(1) 领取编带包装物料。

(2) 将供料器安装到供料车上。

(3) 将料带插入 SAMSUNG 电控气动式 8 mm 供料器。

(4) 安装封料带。

(5) 夹紧并调整好封料带。

(6) 手动调整供料窗口。

(7) 按照上述步骤完成 5 盘不同物料的上料操作，并完成表 3—1—3 上料操作报表的填写。

（8）上料完毕，将安装在供料器上的物料卸下。

表 3—1—3　　上料操作报表

序号	物料型号	物料数量	上料时的抛料数量	操作人	备注

2. SAMSUNG 电控气动式供料器的维护保养

在教师的指导下，按照以下步骤对 SAMSUNG 电控气动式供料器进行维护保养。

（1）按操作规程从贴片机中卸下供料器。

（2）清除供料器上的废带。

（3）清空供料器元件托盘。

（4）清除掉落在供料器平台上的元件。

任务评价

对任务的完成情况进行检查，并将结果填入表 3—1—4 所示任务考核评分表内。

表 3—1—4　　任务考核评分表

评价项目	评价标准	配分（分）	自我评价	小组评价	教师评价
职业素养	安全意识、责任意识、服从意识强	5			
	积极参加教学活动，按时完成各项学习任务	5			
	团队合作意识强，善于与人交流和沟通	5			
	自觉遵守劳动纪律，尊敬师长，团结同学	5			
	爱护公物，节约材料，工作环境整洁	5			
专业能力	能按要求完成物料的上料操作	30			
	能按要求完成物料的卸料操作	20			
	能按要求完成供料器的维护保养操作	15			
	能按要求完成相关报表的填写	5			
	能按实训室安全管理规范进行实训	5			
合计		100			
总评	自我评价×20%＋小组评价×20%＋教师评价×60%＝＿＿＿＿＿	综合等级	教师（签名）：		

注：学习任务考核采用自我评价、小组评价和教师评价三种方式，结果分为 A（90～100）、B（80～89）、C（70～79）、D（60～69）、E（0～59）五个等级。

思考与练习

1. 写出 SAMSUNG 电控气动式供料器的上料、卸料操作步骤。
2. 简述供料器的主要结构。

任务 2　认识全自动贴片机

学习目标

1. 了解贴片机的种类。
2. 熟悉全自动贴片机的结构。
3. 掌握全自动贴片机的工作原理。

任务引入

贴片机就是将贴片类电子元器件贴装在 PCB 上的设备，其应用领域非常广，主要集中在电子类产品的生产过程中，如计算机、电视、手机等电子产品。全自动贴片机是用来实现高速、高精度全自动贴放元器件的设备，是整个 SMT 生产中最关键、最复杂的设备。贴片机已从早期的低速机械贴片机发展为高速自动光学对中贴片机，并向多功能、柔性连接模块化发展。

目前，市面上出现较多的贴片机品牌有松下 Panasonic（日本）、富士 FUJI（日本）、雅马哈 YAMAHA（日本）、重机 JUKI（日本）、西门子 SIEMENS（德国）、环球 Universal（美国）、索尼 SONY（日本）、三星 SAMSUNG（韩国）、安比昂 Assembleon（荷兰）等。

本任务将通过学习了解贴片机的种类及相关特点，熟悉全自动贴片机的结构和工作原理，为后续的全自动贴片机操作与维护打下基础。

相关知识

一、贴片机的种类

目前世界上有很多贴片机生产厂家，生产的贴片机已达数百种。贴片机的分类没有固定的规定，习惯上有下列几种。

1. 按贴装速度分类

（1）中速贴片机：贴装速度为 3 000～9 000 片/h 的贴片机。

（2）高速贴片机：贴装速度为 9 000～40 000 片/h 的贴片机。

（3）超高速贴片机：贴装速度大于 40 000 片/h 的贴片机。

2. 按功能分类

（1）高速/超高速贴片机：主要用于贴装体积较小的元件，速度快。

（2）多功能贴片机：也称为泛用机，主要用于贴装体积较大的元件、大型器件和异型器件，速度较慢。

3. 按组装架结构分类

按组装架结构分类，贴片机可分为拱架式贴片机、转塔式贴片机、复合式贴片机和大规模平行系统四种。

（1）拱架式贴片机

拱架式（又称动臂式）贴片机是最传统的贴片机，具有较好的灵活性和精度，适用于大部分元件，但其速度无法与复合式贴片机、转塔式贴片机和大规模平行系统相比。高精度贴片机一般都是这种类型。图 3—2—1 所示为一款拱架式贴片机。拱架式贴片机分为单臂式和多臂式两种。单臂式贴片机是最早发展起来的现在仍然使用的多功能贴片机。在单臂式贴片机基础上发展起来的多臂式贴片机可将工作效率成倍提高，如美国 Universal 公司的 GSM2 贴片机就有两个动臂安装头，可分别交替对两块 PCB 同时进行安装。绝大多数贴片机厂商均推出了采用这一结构的高精度贴片机和中速贴片机，如美国 Universal 公司的 AC72、荷兰 Assembleon 公司的 AQ-1、日本 HITACHI 公司的 TIM-X、日本 FUJI 公司的 QP-341E 和 XP 系列、日本 Panasonic 公司的 BM221、韩国 SAMSUNG 公司的 CP60 系列、日本 YAMAHA 公司的 YV 系列、日本 JUKI 公司的 KE 系列。

（2）转塔式贴片机

转塔式贴片机主要应用于大规模的计算机板卡、移动电话、家电等产品的生产，这是因为在这些产品中，阻容元件特别多、装配密度大，很适合采用这一机型进行生产。国内相当多的电器生产商都采用转塔式贴片机，以满足高速组装的要求。生产转塔式贴片机的厂商主要有 Panasonic、HITACHI、FUJI 公司。图 3—2—2 所示为一款转塔式贴片机。转塔的概念是使用一组移动的供料器，转塔从这里吸取元件，然后把元件贴放在位于移动工作台上的 PCB 上面。转塔式贴片机由于拾取元件动作和贴片动作同时进行，使贴片速度大幅度提高。这种结构的高速贴片机应用非常普遍，而且历经十余年的发展，技术已非常成熟，如 FUJI 公司的 CP842E 贴片机的贴装速度可达 0.068 s/片。但是这种贴片机受机械结构所限，其贴装速度已达到一个极限值，不可能再大幅度提高。转塔式贴片机的不足之处是只能贴装带状料。

图 3—2—1　拱架式贴片机（三星 SM411）

图 3—2—2　转塔式贴片机（富士 CP842E）

（3）复合式贴片机

复合式贴片机是从拱架式贴片机发展而来，它集合了转塔式和拱架式贴片机的特点，在动臂上安装有转盘。图 3—2—3 所示为一款复合式贴片机。由于复合式贴片机可通过增加动臂数量来提高速度，具有较大灵活性，因此发展前景比较好。例如，SIEMENS 公司推出的 HS60 贴片机就安装有 4 个旋转头，贴装速度高达 60 000 片/h；Universal 公司也推出了带有 30 个吸嘴的旋转头，称为“闪电头”，两个这样的旋转头安装在贴片平台上，可实现每小时贴片 60 000 片。从严格意义上说，复合式贴片机仍属于动臂式结构。

（4）大规模平行系统

大规模平行系统（又称模组机）是使用一系列小的单独贴装单元（也称为模组），每个单元安装有独立的贴片头和元器件对中系统，如图 3—2—4 所示。生产大规模平行系统的厂商主要有 Assembleon 公司，其生产的 AX-5 贴片机最多可有 20 个贴片头，实现了每小时 15 万片的贴装速度，堪称业界第一；但就每个贴片头而言，贴装速度在每小时 7 500 片左右，仍有大幅度提高的可能。这种机型主要适用于规模化生产，如手机生产。FUJI 公司也推出了采用类似结构的 NXT 型超高速贴片机，通过搭载可以更换的贴片头，同一台贴片机既可以是高速机也可以是泛用机，几乎可以进行所有贴装元器件的贴装，从而使设备的初期投资及增加设备投资降低到最低程度。每个贴片头可吸取有限的带式供料器上的物料，贴装 PCB 的一部分，PCB 以固定的间隔时间在机器内部推进。各个单元贴片机单独运行速度较慢，但它们连续或平行地运行会有很高的产量。

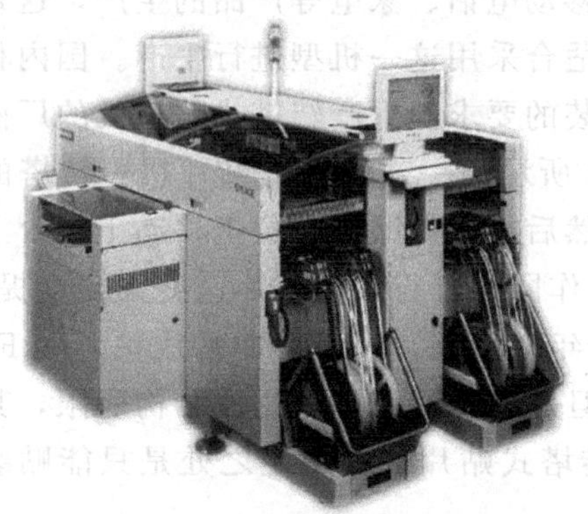

图 3—2—3　复合式贴片机（西门子 HS60）

图 3—2—4　大规模平行系统（富士 NXT 模组机）

二、全自动贴片机的结构

全自动贴片机的种类繁多，但它们的结构大同小异。全自动贴片机是由计算机控制，集光、机、电、气为一体的高精度自动化设备。以拱架式贴片机为例，其结构主要由机架、供料器、PCB 承载和传动系统、贴片头、贴片头驱动系统、光学对中系统、传感器和计算机控制系统组成。图 3—2—5 所示为贴片机内部结构示意图。

1. 机架

贴片机机架如图 3—2—6 所示，是用来安装和支撑各种部件的。机架是贴片机的基础，所有的传动、定位、传送机构均牢固地固定在机架上面，贴片机的供料器也安装在上面，因此，机架应有足够的力学强度和刚度。

2. 供料器

供料器是能容纳各种包装形式的元器件并将元器件传送到取料部位的一种储料供料部

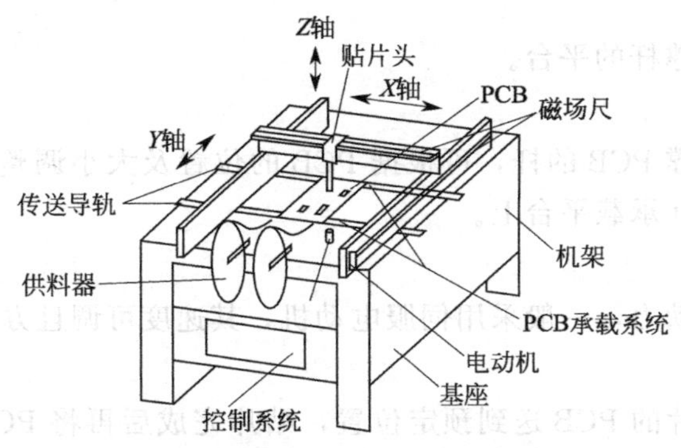

图 3—2—5 贴片机内部结构

件，元器件以编带、管式、托盘或散装等包装形式放到相应的供料器上，如图 3—2—7 所示。供料器的作用是将片式元器件 SMC/SMD 按照一定规律和顺序提供给贴片头以便准确方便地拾取，它在贴片机中占有较多的数量和位置，也是选择贴片机和安排贴片工艺的重要依据。

图 3—2—6 贴片机机架

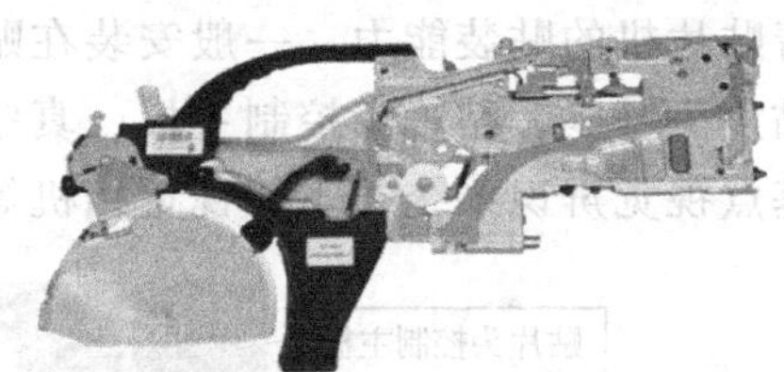

图 3—2—7 贴片机供料器

3. PCB 承载和传动系统

PCB 承载和传动系统包括承载平台、磁性支撑杆、传动电动机、传送机构、导轨调宽机构等，如图 3—2—8 所示。该系统主要用于传送和定位 PCB。

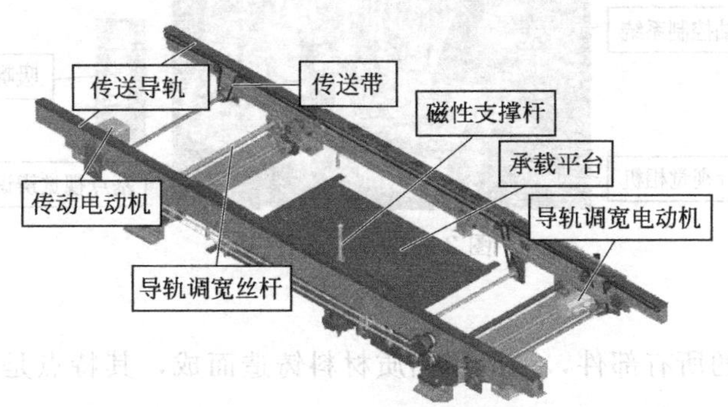

图 3—2—8 PCB 承载和传动系统

（1）承载平台

是用于放置磁性支撑杆的平台。

（2）磁性支撑杆

是带磁性的用于支撑 PCB 的杆，可根据 PCB 的位置及大小调整支撑位置。因其带有磁性，所以可以稳定吸附在承载平台上。

（3）传动电动机

主要为传送带提供动力，一般采用伺服电动机，其速度可调且方向可反转。

（4）传送机构

其作用是将需要贴片的 PCB 送到预定位置，贴片完成后再将 PCB 送出贴片机进入下道工序，主要由传送带和传送导轨组成。传送带是安放在导轨上的超薄型传动带线传送系统，由传动带线和传动带轮组成。通常传动带轮安置在导轨边缘。传动带线通常分为 A、B、C 三段，在 B 区传送部位设有 PCB 夹紧机构，在 A、C 区装有红外传感器；更先进的贴片机还带有条形码阅读器，它能识别 PCB 的进入和送出，记录 PCB 数量。

（5）导轨调宽机构

其作用是对导轨宽度进行调节，主要由导轨调宽电动机和导轨调宽丝杆组成。

4. 贴片头

贴片头也称为贴装头，其基本功能是从供料器取料部位拾取贴片元件，并经检查、定位和方位校正后贴放到 PCB 的指定位置。它是贴片机上最复杂、最关键的部件，和供料器一起决定着贴片机的贴装能力，一般安装在贴装区上方，可配置一个或多个真空吸嘴。贴片头一般由贴片头基座、贴片头控制主板、真空吸嘴模组、气动模组、θ 轴控制系统、Z 轴控制系统、基点视觉辨识系统、飞行视觉相机等组成，如图 3—2—9 所示。

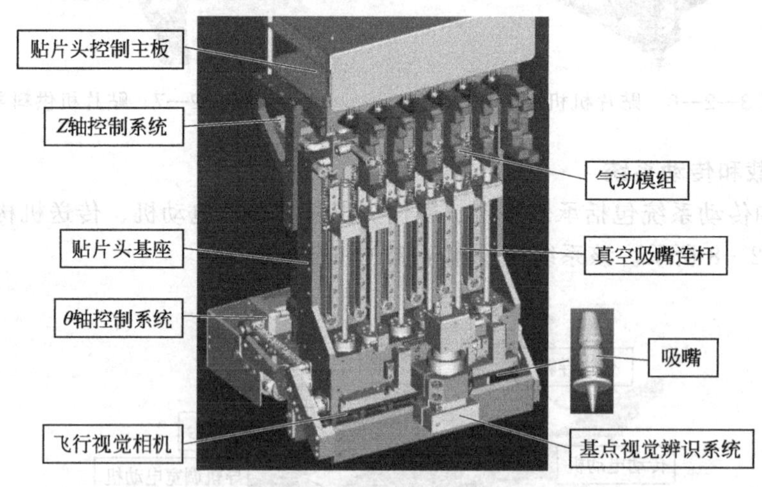

图 3—2—9 贴片头

（1）贴片头基座

用于承载贴片头的所有部件，一般用铝质材料铸造而成，其特点是质量小、硬度高、精度高。

（2）贴片头控制主板

即贴片头所有动作执行的控制核心，一般每一个控制系统都会在主板上配备相应的伺服控制单元。

(3) 真空吸嘴模组

用于完成物料的拾取、角度调整、贴放等动作，主要由真空吸嘴连杆和吸嘴组成。真空吸嘴连杆是吸嘴连接气动模组的连接杆，用于气传递及动作传递。吸嘴用于直接接触贴片元件，可根据元件的尺寸大小更换不同型号的吸嘴，以适应不同元件抓取力度的调整。吸嘴一般用抗磁化材料（如陶瓷等）制作而成，主要是为了防止吸嘴因出现磁化或吸附静电等现象而损坏电子元件。

(4) 气动模组

主要通过多个电磁阀控制供气的开合状态，使真空吸嘴模组可切换真空吸力吸取元件和吹气贴装元件状态。

(5) θ 轴控制系统

用于调整元件贴装角度，一般调整范围为±180°，主要由 θ 轴伺服电动机、传动带、齿轮等组成。

(6) Z 轴控制系统

用于调整吸嘴高度，包括贴装高度及移动高度，主要由 Z 轴伺服电动机、传动带、齿轮等组成。

(7) 基点视觉辨识系统

用于对基准点的识别，包括基板基准点、供料器基准点、换嘴站基准点等设备内部有基准标记的点的识别，识别的结果将用于自动对中。其主要由高速 CCD 镜头、透镜等组成。

(8) 飞行视觉相机

用于吸嘴上吸取的小体积元件的识别，使贴片头在移动的过程中也可以实现视觉校正，主要由高速 CCD 镜头、透镜、挡板组成。飞行视觉相机的数量一般与贴片头真空吸嘴模组数量相配套。

5. 贴片头驱动系统

贴片头驱动系统也称为 X-Y 定位控制系统，是评价贴片机精度的主要指标，由传动机构和伺服系统组成。其总体结构如图 3—2—10 所示。

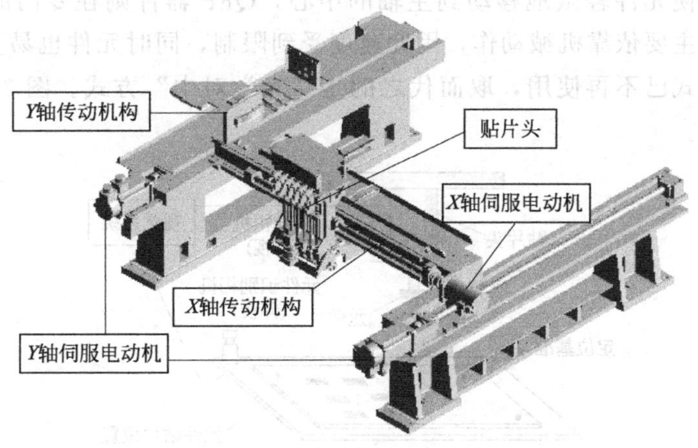

图 3—2—10　贴片头驱动系统的总体结构

(1) 传动机构

主流贴片机的传动机构主要有滚珠丝杆导轨传动机构和直线电动机导轨传动机构，如图3—2—11所示。

对于滚珠丝杆导轨传动机构来说，随着贴片速度的提高，X-Y传动机构的运行速度也随之提高，从而使滚珠丝杆出现发热现象，其热量的变化会影响贴装精度。而直线电动机导轨传动机构的X-Y传动系统在导轨内设有冷却装置，在高速贴片机中采用无摩擦线性电动机和空气轴承导轨传动，运行速度更快，发热量更小，贴装精度更高。

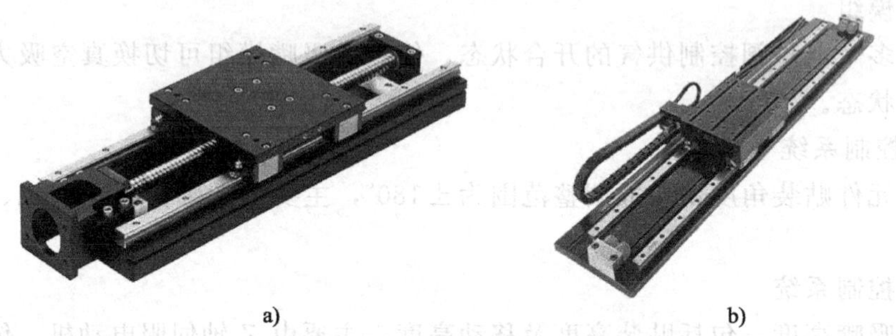

图 3—2—11　贴片机的传动机构

a) 滚珠丝杆导轨传动机构　b) 直线电动机导轨传动机构

(2) 伺服系统

贴片头驱动系统一般由交流伺服电动机驱动，因此也称为贴片头驱动伺服系统。伺服系统包含交流伺服电动机和伺服驱动板。伺服驱动板接收来自各位置传感器和交流伺服电动机的运转信息并进行综合处理后，得出贴片头的位置信息反馈给计算机控制系统，同时又可接收来自计算机的控制信号控制交流伺服电动机转动，对贴片头进行准确的移动定位。

6. 光学对中系统

贴片机的光学对中是指贴片机在吸取元件时要保证吸嘴吸在元件中心，使元件的中心与贴片头主轴的中心线保持一致，因此，首先遇到的是对中问题。早期贴片机的元件对中是用机械方法来实现的（称为“机械对中”）。当贴片头吸取元件后，在主轴提升时，拨动四个爪把元件抓一下，使元件轻微地移动到主轴的中心，QFP 器件则在专门的对中台上进行对中。这种对中方法主要依靠机械动作，因此速度受到限制，同时元件也易受到损坏，目前这种“机械对中”方式已不再使用，取而代之的是“光学对中”方式。图 3—2—12 所示为贴片机光学对中系统。

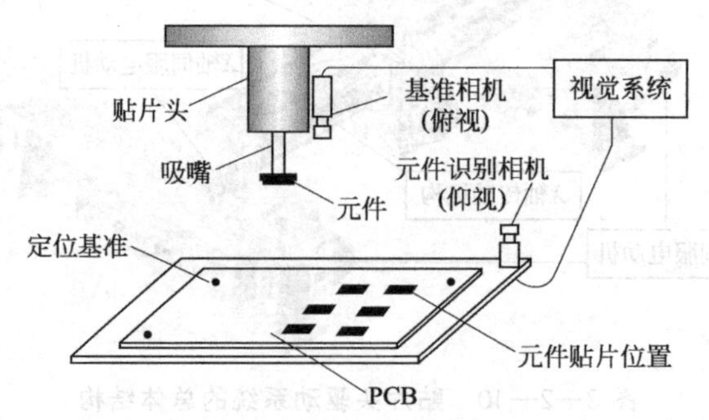

图 3—2—12　贴片机光学对中系统

（1）光学对中系统原理

贴片头吸取元件后，CCD相机对元件成像，并转化成数字图像信号，经计算机分析出元件的几何尺寸和几何中心，然后与控制程序中的数据进行比较，计算出吸嘴中心与元件中心的误差 ΔX、ΔY 和 $\Delta\theta$，并及时反馈至控制系统进行修正，保证元件引脚与PCB焊盘重合。

（2）光学对中系统的组成

光学对中系统由光源、CCD相机、显示器以及数/模转换与图像处理系统组成，即CCD相机在给定的视野范围内将实物图像的光强度分布转换成模拟电信号，模拟电信号再通过A/D转换器转换为数字量，经图像处理系统处理后再转换为模拟图像，最后由显示器显示出来。

7. 传感器

贴片机中装有多种传感器，如压力传感器、负压传感器和位置传感器等。它们像贴片机的眼睛一样，时刻监视着机器的正常运转。传感器运用越多，表示贴片机的智能化水平越高。贴片机内部各种传感器的功能如下。

（1）压力传感器

贴片机中，包括各种气缸和真空发生器，均对空气压力有一定的要求，低于设备要求的压力时，机器就不能正常运转。压力传感器始终监视着压力变化，一旦异常即报警，提醒操作者及时处理。

（2）负压传感器

贴片机的吸嘴靠负压吸取元件，它由负压发生器（射流真空发生器）和真空传感器组成。负压不够，吸嘴将吸不住元件；供料器没有元件或元件卡在料包中不能被吸起时，吸嘴也将吸不到元件。这些情况的出现会影响机器正常工作。而负压传感器始终监视负压变化，当出现吸不到或吸不住元件的情况时，它能及时报警，提醒操作者更换供料器或检查吸嘴负压系统是否堵塞。

（3）位置传感器

PCB的传输定位、贴片头和工作台运动的实时检测、辅助机构的运动等，都对位置有严格要求，这些位置信息的获取需要通过各种形式的位置传感器来实现。

（4）图像传感器

贴片机工作状态的实时显示，主要采用CCD图像传感器，它能采集各种所需的图像信号，包括PCB位置、器件尺寸，并经计算机分析处理，使贴片头完成调整与贴片工作。

（5）激光传感器

激光传感器已广泛地应用在贴片机中，它能帮助判断器件引脚的共面性。当被测器件运行到激光传感器的监测位置时，激光传感器发出的光束照射到IC引脚并反射到激光读取器上，若反射回来的光束长度与发射光束相同，则器件共面性合格；若不相同，则可能是由于引脚上翘，使反射光光束变长，激光传感器从而识别出该器件引脚有缺陷。同样，激光传感器还能识别器件的高度，以缩短生产准备时间。

（6）区域传感器

贴片机工作时，为了确保贴片头能安全运行，通常在贴片头的运动区域内设置传感器，运用光电原理监控运行空间，以防外来物体带来伤害。

（7）贴片头压力传感器

随着贴片速度及精度的不断提高，对贴片头将元件贴放在 PCB 上的“吸放力”的要求也越来越高，这就是通常所说的“Z 轴软着陆功能”。它是通过霍尔压力传感器及伺服电动机的负载特性来实现的。在元件放置到 PCB 上的瞬间会受到振动，其振动力能及时传送到控制系统，通过控制系统的调控再反馈到贴片头，从而实现“Z 轴软着陆功能”。具有该功能的贴片头在工作时，给人的感觉是平稳轻巧，且元件两端浸在锡膏中的深度大体相同，这对防止出现“立碑”等焊接缺陷也是非常有利的。不带压力传感器的贴片头，则会出现错位甚至飞件现象。

8. 计算机控制系统

贴片机的计算机控制系统通常采用两级计算机控制。一级采用常规的民用计算机配置相应的专用连接板卡，主要实现编程和人机对话；二级采用专业的 PLC 控制系统，主要完成机构运动的控制。

三、全自动贴片机的工作原理

1. 拱架式贴片机的工作原理

拱架式贴片机的工作原理如图 3—2—13 所示。元件供料器、基板（PCB）是固定的，贴片头（安装有多个真空吸嘴）在供料器与基板之间来回移动，将元件从供料器取出，经过对元件位置与方向的调整后，贴放于基板上。贴片头安装于拱架式贴片机的 X-Y 坐标移动横梁上。

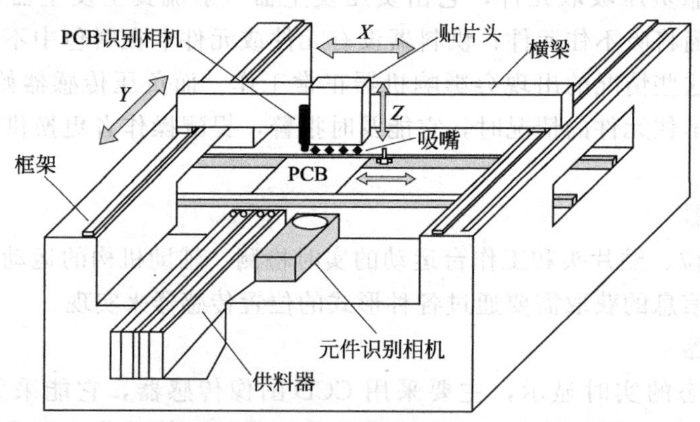

图 3—2—13　拱架式贴片机的工作原理

拱架式贴片机对元件位置与方向的调整方法有以下几种。

（1）机械对中调整位置、吸嘴旋转调整方向。这种方法能达到的精度有限，很多机型已不再采用。

（2）激光识别、X-Y 坐标系统调整位置，吸嘴旋转调整方向。这种方法可实现飞行过程中的识别，但不能用于 BGA 球栅阵列器件。

（3）相机识别、X-Y 坐标系统调整位置，吸嘴旋转调整方向。一般相机固定，贴片头飞行划过相机上空进行成像识别，比激光识别用时多一点，但可识别任何元件，也有实现飞行过程中识别的相机识别系统。

这种形式由于贴片头来回移动的距离长，所以速度受到限制。一般采用多个真空吸嘴同时取料（多达十几个）并采用双梁系统来提高速度，即在一个梁上的贴片头取料的同时，另一个梁上的贴片头贴放元件，速度几乎比单梁系统快一倍。但是实际应用中，同时取料的条件较难达到，而且不同类型的元件需要换用不同的真空吸嘴，而换吸嘴有时间上的延误。

拱架式贴片机的优势在于：系统结构简单，精度高，适用于各种大小、形状的元件，甚至异型元件；供料器有带状、管状、托盘等形式，既适用于中小批量生产，又可多台机组合用于大批量生产。

2. 转塔式贴片机的工作原理

转塔式贴片机的工作原理如图 3—2—14 所示。元件供料器放于单坐标移动的料车上，基板（PCB）放于 *X-Y* 坐标系统移动的工作台上，贴片头安装在转塔上。工作时，料车将元件供料器移动到取料位置，贴片头上的真空吸嘴在取料位置取元件，经转塔转动到贴片位置（与取料位置成 180°），在转动过程中经过对元件位置与方向的调整，将元件贴放于基板上。

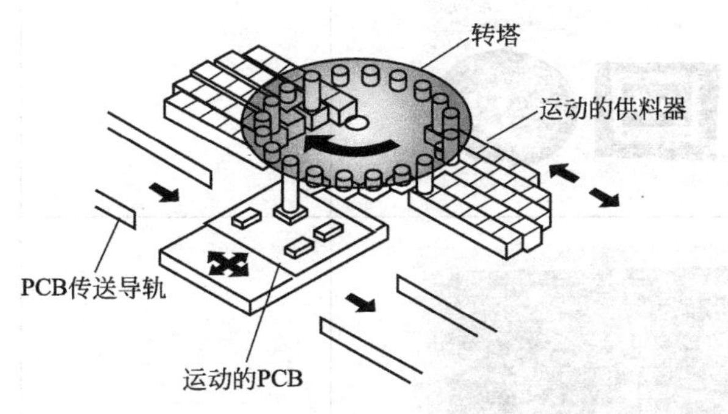

图 3—2—14　转塔式贴片机的工作原理

转塔式贴片机对元件位置与方向的调整方法：相机识别、*X-Y* 坐标系统调整位置，吸嘴旋转调整方向。相机固定，贴片头飞行划过相机上空，进行成像识别。一般转塔上安装有十几到二十几个贴片头，每个贴片头上安装 2～4 个真空吸嘴（较早机型）或 5～6 个真空吸嘴（现有机型）。由于转塔的特点，将动作细微化，选换吸嘴、供料器移动到位、取元件、元件识别、角度调整、工作台移动（包含位置调整）、贴放元件等动作都可以在同一时间周期内完成，所以实现了真正意义上的高速度。目前，最快的贴装速度为 0.08～0.10 s/片。

该机型的速度优势明显，适用于大批量生产，但其只能用带状包装的元件，如果是密脚、大型的集成电路（IC），只有托盘包装，则无法完成，因此还有赖于其他机型来共同合作。这种设备结构复杂，造价昂贵，一般是拱架式贴片机的三倍以上。

任务实施

一、任务准备

三星 SM168 贴片机、防静电手套、防静电手环、笔、笔记本等。

二、认识三星 SM168 全自动贴片机

参考答案

在教师的指引下，进入 SMT 实训室，观察三星 SM168 全自动贴片机后，完成表 3—2—1 的填写。

表 3—2—1　　认识三星 SM168 全自动贴片机的结构

序号	图示	部件名称	作用
1			
2	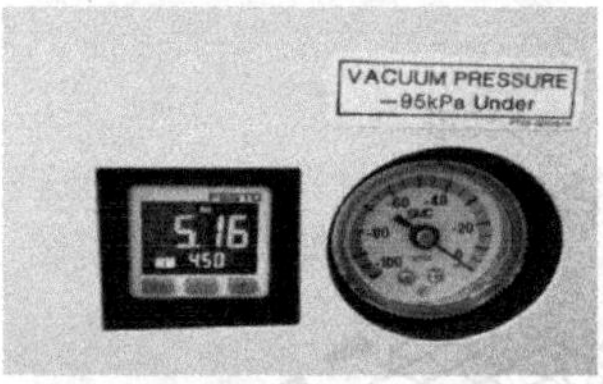		
3			
4	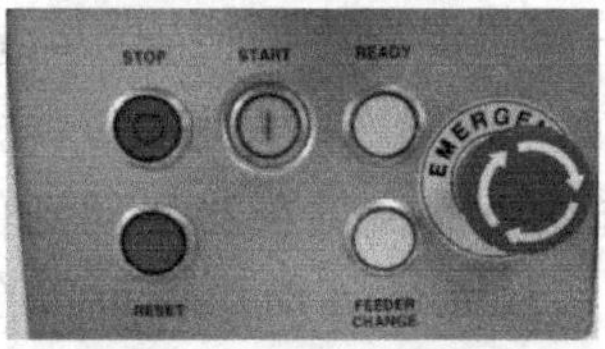		
5			
6	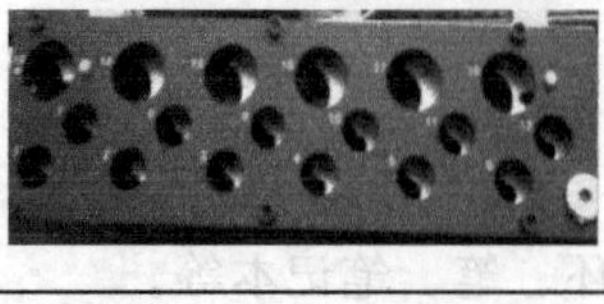		

续表

序号	图示	部件名称	作用
7			
8			
9			
10	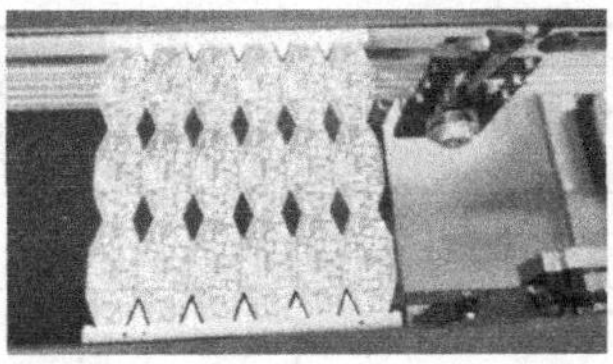		
11	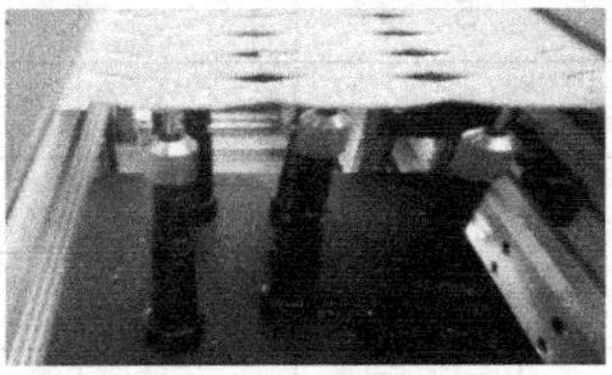		
12			

三、分析三星 SM168 全自动贴片机的工作原理

在教师的指导下，分析三星 SM168 全自动贴片机的工作原理，并完成全自动贴片机工作原理框图的绘制。

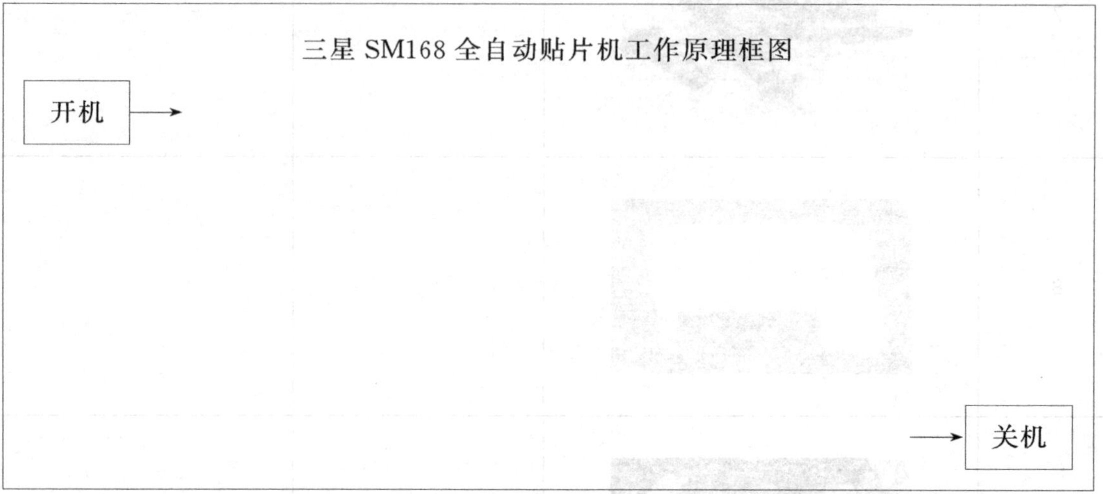

任务评价

对任务的完成情况进行检查，并将结果填入表 3—2—2 所示任务考核评分表内。

表 3—2—2　　任务考核评分表

评价项目	评价标准	配分（分）	自我评价	小组评价	教师评价
职业素养	安全意识、责任意识、服从意识强	5			
	积极参加教学活动，按时完成各项学习任务	5			
	团队合作意识强，善于与人交流和沟通	5			
	自觉遵守劳动纪律，尊敬师长，团结同学	5			
	爱护公物，节约材料，工作环境整洁	5			
专业能力	能说出 SMT 贴片机的种类	10			
	能识别 SM168 贴片机的各个主要部件	40			
	能分析 SM168 贴片机的工作原理	20			
	能按实训室安全管理规范进行实训	5			
合计		100			
总评	自我评价×20%＋小组评价×20%＋教师评价×60%＝＿＿＿＿	综合等级	教师（签名）：		

注：学习任务考核采用自我评价、小组评价和教师评价三种方式，结果分为 A（90～100）、B（80～89）、C（70～79）、D（60～69）、E（0～59）五个等级。

知识拓展

三星贴片机吸嘴的选择

三星贴片机吸嘴型号与吸嘴孔直径的对应关系见表 3—2—3。

表 3—2—3　　三星贴片机吸嘴型号与吸嘴孔直径的对应关系

吸嘴型号	CN020	CN030	CN040	CN065	CN140	CN220	CN400	CN750	CN110
吸嘴孔直径（mm）	0. 18	0. 28	0. 38	0. 65	1. 4	2. 2	4. 0	7. 5	11

选择吸嘴的原则如下。

（1）吸嘴孔的直径不能比元件最小尺寸大。

（2）吸嘴孔的直径不能比元件最小尺寸小太多，一般的比例为 1∶1. 2 至 1∶1. 7，以最接近于该元件最小尺寸为佳。

例如，长 3. 2 mm、宽 2. 0 mm 的元件，根据以最接近于该元件最小尺寸为最佳的原则，应选择吸嘴 CN140（3. 2 mm/2. 0 mm）。

三星贴片机吸嘴型号与元件封装尺寸的对应关系见表 3—2—4。

表 3—2—4　　三星贴片机吸嘴型号与元件封装尺寸的对应关系

吸嘴型号	CN020	CN030	CN040	CN065	CN140	CN220	CN400	CN750	CN110
元件封装尺寸（英制）	0201	0402	0402 0603	0402、0603、0805、1206、二极管、三极管	用于贴装 IC 或大体积的异型元件，根据尺寸的大小选择				

在实际使用过程中，可参考表 3—2—4 所列对应关系选择合适的吸嘴型号，以保证贴片机的最佳工作状态。

思考与练习

1. 写出拱架式贴片机的主要结构及其作用。
2. 简述拱架式贴片机的工作原理。

任务 3　全自动贴片机的操作与参数设置

学习目标

1. 熟悉全自动贴片机的基本操作步骤。
2. 了解全自动贴片机的基本参数设置。

任务引入

前面任务学习了全自动贴片机的工作原理与结构，对全自动贴片机有了初步的认识。本任务主要学习全自动贴片机的操作及参数设置，进一步掌握全自动贴片机运行的相关技能。全自动贴片机的操作及参数设置，是全自动贴片机运行过程控制的关键点，对全自动贴片机能否正常运行起着至关重要的作用。本任务模拟真实生产情况，按照客户任务要求完成贴片小音响 PCB 贴装生产中全自动贴片机的操作及参数设置。

相关知识

目前市面上的全自动贴片机很多，不同厂家、不同品牌的贴片机在操作上可能会有所差别，但它们的操作步骤基本相同，如图 3—3—1 所示。本任务以较为典型的三星 SM168 贴片机为例，介绍贴片机的基本操作步骤。

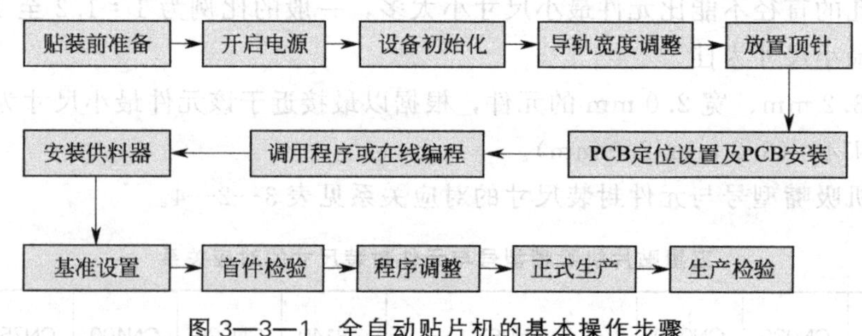

图 3—3—1　全自动贴片机的基本操作步骤

1. 贴装前准备

（1）准备相关产品工艺文件。

（2）根据产品工艺文件的贴装明细表领料（PCB、元器件），并进行核对。

（3）对已经开启包装的 PCB，根据开封时间的长短及是否受潮或污染等具体情况，进行清洗和烘烤处理。

（4）开封后检查元器件。检查元器件是否出现受潮等现象。

（5）按元器件的规格及类型选择合适的供料器，并正确安装元器件编带供料器。装料时，必须将元器件的中心对准供料器的拾片中心。

（6）检查设备状态。检查气源气压是否达到设备要求，一般为 0.5～0.7 MPa，并检查贴片机内部供气气压是否达到设备要求，一般为 0.45～0.55 MPa，如图 3—3—2 所示。然后检查并确保传送导轨上、贴片头移动范围内、自动换吸嘴站（ANC）周围、托盘架上没有任何障碍物。

2. 开启电源

打开主电源开关，如图 3—3—3 所示，即将开关打到“ON”位置。

3. 设备初始化

等待机器开启完毕并自动打开控制软件后，单击图 3—3—4 所示“搜索原点”图标使贴片机的所有轴回归原点位置。

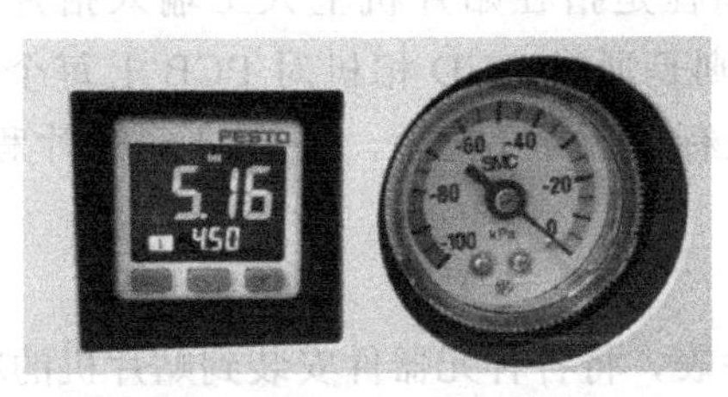

图 3—3—2　气压表

图 3—3—3　主电源开关

4. 导轨宽度调整

根据 PCB 的宽度，调整贴片机传送导轨宽度，如图 3—3—5 所示。传送导轨宽度应大于 PCB 宽度 1 mm 左右，并保证 PCB 在传送导轨上滑动自如。

图 3—3—4　“搜索原点”图标

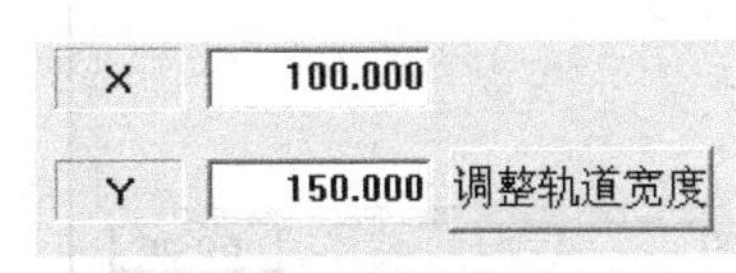

图 3—3—5　调整导轨宽度

5. 放置顶针

根据 PCB 厚度和外形尺寸安放 PCB 支撑顶针，以保证贴片时 PCB 上受力均匀、不松动，如图 3—3—6 所示。若为双面贴装 PCB，A 面贴装完毕后，必须重新调整 PCB 支撑顶针的位置，以保证 B 面贴片时 PCB 支撑顶针避开 A 面已经贴装好的元器件。

6. PCB 定位设置及 PCB 安装

（1）按照操作规程设置 PCB 定位方式，一般有针定位和边定位两种方式，如图 3—3—7 所示。

（2）采用针定位时应按照 PCB 定位孔的位置安装并调整定位针的位置，要使定位针恰好在 PCB 的定位孔中间，使 PCB 上下自如。

（3）若采用边定位，必须根据 PCB 的外形尺寸调整限位器和顶块的位置。

（4）设置完毕后装上 PCB，进行后续操作。

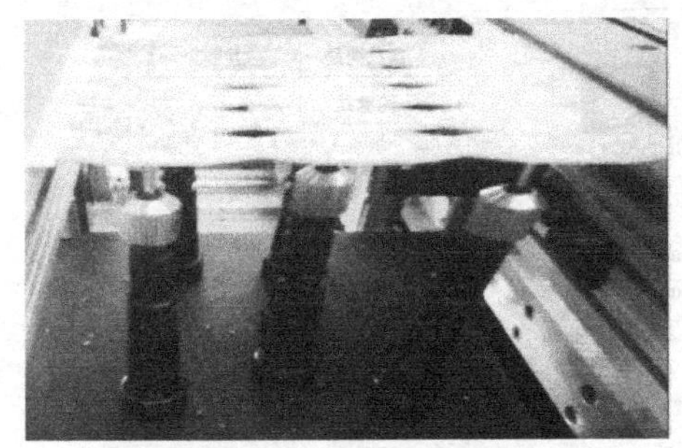
图 3—3—6　放置 PCB 顶针

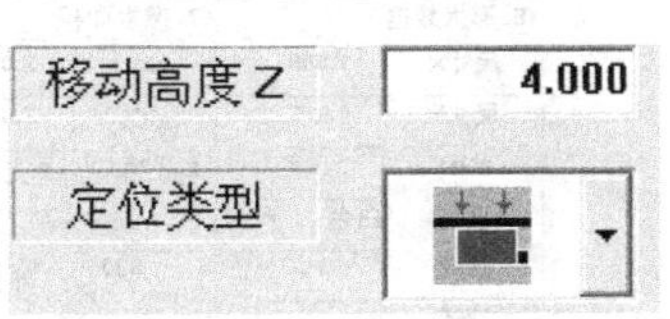

图 3—3—7　PCB 定位设置

7. 调用程序或在线编程

对于已经完成离线编程的产品，可直接调用生产程序，如图 3—3—8 所示。对于没有 CAD 坐标文件的产品，可采用在线编程。在线编程是指在贴片机上人工输入拾片和贴片程序。拾片程序完全由人工编制并输入，贴片程序则是通过 CCD 相机对 PCB 上每个贴片元器件贴装位置的精确摄像，自动计算元器件中心坐标（贴装位置），并记录到贴片程序表中，然后通过人工优化而成。

8. 安装供料器

（1）按照离线编程或在线编程编制的拾片程序表，将各种元器件安装到贴片机的料站上。

（2）安装供料器时必须按照要求安装到位，如图 3—3—9 所示。

（3）安装完毕，必须由检验人员检查，确保正确无误后才能进行试贴和生产。

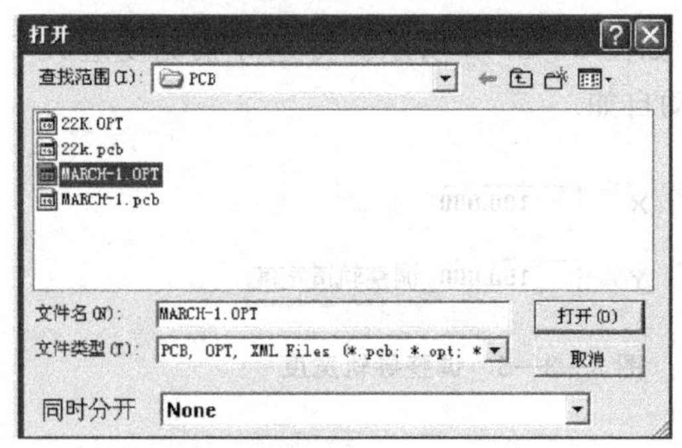

图 3—3—8 调用生产程序

图 3—3—9 安装供料器

9. 基准设置

自动贴片机贴装时，元器件的贴装坐标是以 PCB 的某一个顶角（一般为左下角或右下角）为原点计算的。而 PCB 加工时会存在一定的加工误差，因此在高精度贴装时必须对 PCB 进行基准校正。基准校正是通过在 PCB 上设计基准标志（MARK 点）和贴片机的光学对中系统进行校正的。基准标志设置参数如图 3—3—10 所示。

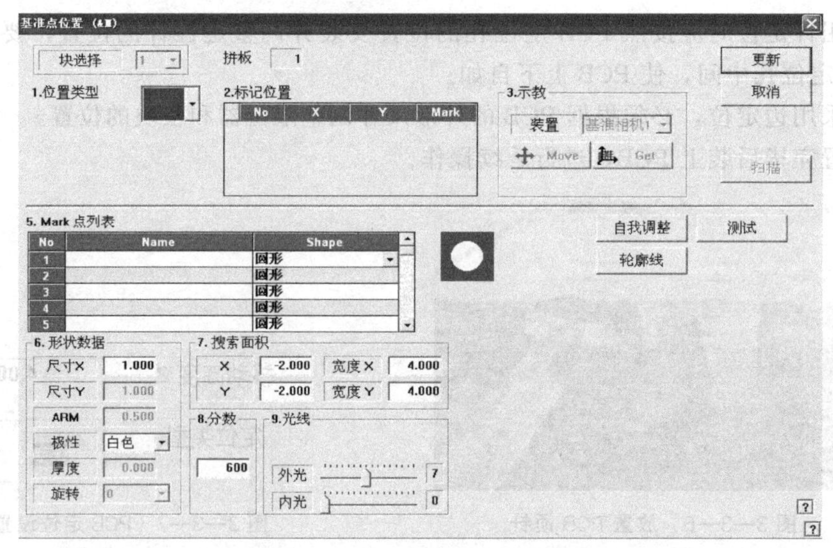

图 3—3—10 基准标志设置

10. 首件检验

(1) 程序试运行：一般采用不贴装元器件（空运行）方式，若试运行正常，则可正式贴装。

(2) 首件试贴：调出程序文件，按照操作规程试贴装一块 PCB。

(3) 首件检验：采用目视检验或自动光学检测设备检测各元器件位号上元器件的规格、方向、极性是否与工艺文件（或表面组装样板）相符，元器件有无损坏、引脚有无变形，元器件的贴装位置偏离焊盘是否超出允许范围等，如图 3—3—11 所示。

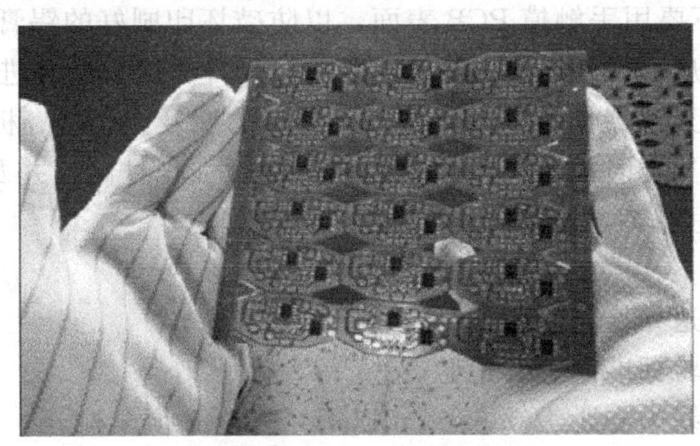

图 3—3—11　首件检验

11. 程序调整

根据首件试贴和检验结果调整程序或重做 CCD 图像。

(1) 如检查出元器件的规格、方向、极性有错误，应按照工艺文件修正程序。

(2) 若 PCB 的元器件贴装位置有偏移，可用以下几种方法调整。

1) 若 PCB 上所有元器件的贴装位置都向同一方向偏移，则应通过修正 PCB 标志点的坐标值来解决。即将 PCB 标志点的坐标向元器件偏移方向移动，移动量与元器件贴装位置偏移量相等，应注意每个 PCB 标志点的坐标都要等量修正。

2) 若 PCB 上个别元器件的贴装位置有偏移，可估计一个偏移量在程序表中直接修正个别元器件的贴片坐标值，也可以通过示教的方式重新得出正确的坐标。

(3) 若出现拾件不良，可按以下方法进行检查并处理。

1) 拾片高度不合适，可能是由于元件厚度或 Z 轴高度设置错误，检查后按实际值修正即可。

2) 拾片坐标不合适，可能是由于供料器的供料中心没有调整好，应重新调整供料器。

3) 编带供料器的塑料薄膜没有撕开，一般是由于卷带没有安装到位或卷带轮松紧不合适，应重新调整供料器。

4) 吸嘴堵塞或吸嘴端面有脏物，应清洗吸嘴；吸嘴有裂纹造成漏气，应更换吸嘴；吸嘴型号不合适，若孔径太大会造成漏气，若孔径太小会造成吸力不够，应更换合适的吸嘴。

5) 气压不足或气路堵塞，应检查气路是否漏气、增加气压或疏通气路。

(4) 若出现频繁弃元件或丢元件，可按以下方法进行检查并处理。

1) 图像处理不正确，应重照图像；元器件引脚变形，应检查元器件；元器件本身的尺寸、形状与颜色不一致，对于管装和托盘包装的元器件可将弃件集中起来，重新取图像。

2）由于吸嘴型号不合适、真空吸力不足等原因造成贴片在途中飞件，应检查确认吸嘴型号，并检查真空吸力是否正常。

3）吸嘴端面有锡膏或其他脏物造成漏气，应清洗吸嘴。

4）吸嘴端面有损伤或有裂纹造成漏气，应更换吸嘴。

12. 正式生产

按照操作规程进行生产，贴装过程中应注意以下问题。

（1）拿取 PCB 时不要用手触摸 PCB 表面，以防破坏印刷好的锡膏。

（2）报警显示时，应立即按下“STOP”按键，查看错误信息并进行处理。

（3）贴装过程中补充元器件时一定要注意元器件的型号、规格、极性和方向。

（4）贴装过程中，要随时注意废料槽中的弃料是否堆积过高，并及时进行清理，避免弃料高于槽口而损坏贴片头。

13. 生产检验

（1）生产少量产品送专检检验合格后再批量贴装。

（2）检验方法与检验标准同首件检验。

（3）有细间距（引线中心距为 0.65 mm 以下）时，必须全检。

（4）无细间距时，可按每 50 块抽取 1 块 PCB、每 200 块抽取 3 块 PCB、每 500 块抽取 5 块 PCB、每 1 000 块抽取 8 块 PCB 的取样规则抽检。

任务实施

一、任务准备

空气压缩机、空气干燥机、印刷机、SM168 贴片机、供料器、供料车、锡膏、贴片小音响钢网、贴片小音响 PCB、防静电手套、防静电手环等。

二、三星 SM168 全自动贴片机的操作

进入实训室，在教师及实训室管理人员的指导下完成下列任务。

（1）贴装前准备：按要求完成贴装前的准备工作，并完成表 3—3—1 的填写。

表 3—3—1　　贴装前准备工作记录表

序号	操作项目	完成情况
1	工艺文件准备	
2	领取物料	
3	PCB 检查及处理	
4	供料器安装元件	
5	气压检查	空气压缩机气压：________ 内部供气气压：________
6	安全检查	

(2) 开启电源：按要求开启贴片机电源。

(3) 设备初始化：单击“搜索原点”图标使贴片机的所有轴回归原点位置。

(4) 调整导轨宽度：根据贴片小音响 PCB 的宽度，调整贴片机传送导轨宽度，并保证贴片小音响 PCB 在传送导轨上滑动自如。

(5) 放置顶针：根据贴片小音响 PCB 的厚度和外形尺寸安放 PCB 支撑顶针，要求贴片时 PCB 上受力均匀、无松动，且应避开已经贴装好的元器件。

(6) PCB 定位设置及 PCB 安装：将定位方式设置为边定位，然后将贴片小音响 PCB 装入贴片机中，夹紧定位。

(7) 调用程序：调用程序名为“XIAOYINXIANG”的贴片机程序。

(8) 安装供料器：按照程序中元件站位表，将相应元器件安装到贴片机的对应料站上，并进行检查。

(9) 基准设置：按要求进行贴片机 PCB 基准点设置，一般要求选择 PCB 的两个对角 MARK 点（左下角和右上角或者右下角和左上角）作为 PCB 基准点。

(10) 首件检验：先空运行一次程序，待试运行正常后，正式贴装一块贴片小音响 PCB，并采用目视检测手段对贴装质量进行检查，完成表 3—3—2 的填写。

表 3—3—2　　首件检验记录表

序号	检验项目	检验结果
1	元件规格	
2	元件极性、方向	
3	元件有无损坏	
4	元件引脚	
5	贴装位置	

(11) 程序调整：根据首件试贴和检验结果调整程序或重做 CCD 图像，确保程序在正式生产前无明显重大故障出现，并完成表 3—3—3 的填写。

表 3—3—3　　程序更改记录表

程序名		程序版本	
序号	更改内容	更改原因	
1			
2			
3			
4			
5			
6			

(12) 正式生产：按照操作规程进行生产，完成 5 块贴片小音响 PCB 的贴装。

(13) 生产检验：按要求完成 5 块贴片小音响 PCB 的生产检验，并完成表 3—3—4 的填写。

表 3—3—4　　　　贴片机生产检验报表

PCB 板序号	检验结果
1	
2	
3	
4	
5	

操作提示

在进行 SM168 全自动贴片机操作时，应注意以下事项。

(1) 禁止两人同时操作设备。

(2) 在贴片机运行时，严禁将贴片机的前后安全门打开。

(3) 设备归零时必须确保机器内没有任何异物，如 PCB、顶针、料盒等。

(4) 贴片机运行时，严禁将手伸入机器内部，以免对身体或贴片机造成严重伤害。

(5) 做好静电防护工作，作业时要戴防静电手套和防静电手环。

(6) 机器运转时，严禁操作人员倚靠在机器上，遇到紧急状态应按下紧急停止按钮。

(7) 发现设备运行异常时，应及时向实训指导教师报告。

(8) 操作员不得进入“管理者”或以上级别的权限，更不得更改贴片机任何参数。

任务评价

对任务的完成情况进行检查，并将结果填入表 3—3—5 所示任务考核评分表内。

表 3—3—5　　　　任务考核评分表

评价项目	评价标准	配分（分）	自我评价	小组评价	教师评价
职业素养	安全意识、责任意识、服从意识强	5			
	积极参加教学活动，按时完成各项学习任务	5			
	团队合作意识强，善于与人交流和沟通	5			
	自觉遵守劳动纪律，尊敬师长，团结同学	5			
	爱护公物，节约材料，工作环境整洁	5			
专业能力	能按要求完成贴装前的准备	8			
	能按要求完成 SM168 贴片机的启动及初始化	5			
	能按要求正确调整导轨宽度并完成顶针放置	5			
	能按要求完成 PCB 的安装定位	5			
	能按要求正确调用生产程序	5			

续表

评价项目	评价标准	配分（分）	自我评价	小组评价	教师评价
专业能力	能按要求正确安装供料器	5			
	能正确设置基准标志和获取元器件的视觉图像	8			
	能完成首件试贴并按要求进行检验	8			
	能根据首件试贴检验结果调整程序或重做视觉图像	8			
	能按操作规程进行生产并正确进行生产检验	8			
	能按要求完成相关报表的填写	5			
	能按实训室安全管理规范进行实训	5			
合计		100			
总评	自我评价×20%＋小组评价×20%＋教师评价×60%＝______	综合等级	教师（签名）：		

注：学习任务考核采用自我评价、小组评价和教师评价三种方式，结果分为A（90～100）、B（80～89）、C（70～79）、D（60～69）、E（0～59）五个等级。

知识拓展

贴片机的运行参数

贴片机的主要作用是准确地把各种元器件贴装到PCB上，由计算机及视觉系统进行控制，贴片的基本原理是通过真空吸嘴从供料器中拾取元件，由识别装置进行元件形状、尺寸的校准，然后按照程序中设置的位置坐标贴装元件，整个贴装过程是由计算机控制相对应的程序来完成的。

贴片机运行的主要程序参数包括基板的外形尺寸及定位方式（基板数据库）、基板识别方式（MARK点数据库）、元件的外形尺寸和形状（部品数据库）、元件的位置坐标程序（贴装数据库）和拼板数据库（连板数据库）。

以三星贴片机为例，各部分程序编辑参数主要有以下内容。

1. 基板数据库（BOARD）

主要包括客户名称、板的名称、原点坐标、示教［包括亮度调节、选择基准相机、移动相机（MOVE）、坐标获取（GET）］、PCB板的外形尺寸、基板的厚度、PCB的定位方式。

2. MARK点数据库

主要包括MARK点的位置类型、标记位置、MARK点示教、MARK点的形状尺寸、MARK点识别类型、基板材料类型、PCB板的亮度选择。贴片机的视觉系统都是以计算机为主的实时图像识别系统，相机检测出给定范围内MARK点的光强度分布信号，经数字信号电路处理变成数字图像信号，然后分成一定数量的网络像元，每个像元的值就给出了MARK点的平均亮度。MARK点的识别分为两种方式：一种是灰度识别（即灰度分辨率识别），是用图像多级亮度来表示分辨率，规定在多大的离散值时贴片机能辨别给定的测量光强度，一般采用256级；另一种是二级化识别，即覆盖原始图像的栅网大小。

3. 部品数据库

主要包括元器件部品代码编号，外形尺寸（包括形状尺寸及误差范围、元件管脚的数量、管脚间距及误差、元件管脚缺脚的数量、电极尺寸），吸取元件的补偿值，吸取检测参数，贴片头参数（包括吸嘴选择、吸取的速度等），供料器参数（包括供料器供给角度、元件包装形式、供料器进给次数、供料器类型），识别方式等级（CLASS）、类型（TYPE）及相机（CAM）选择。

4. 贴装数据库

主要包括贴装位置（如 R1、C1、IC1 等），元件 *X*、*Y* 坐标，元件贴装角度（*Z* 和 *R*），元件料号（PART）与规格（DESCRIPTION），供料器类型，吸嘴（NZ），贴片头（HEAD），循环（CS），跳过（SK）。

5. 拼板数据库

主要包括拼板的 *X*、*Y* 坐标，角度（*R*）和是否跳过（SK），点示教，顺序选择，设置规则类型的拼板，增加值。

思考与练习

写出三星 SM168 全自动贴片机的操作步骤。

任务 4　全自动贴片机的维护与保养

学习目标

1. 熟悉全自动贴片机维护保养的基本内容。
2. 了解全自动贴片机维护保养的步骤及方法。

任务引入

全自动贴片机经过长时间运行后，机器相关部位会出现磨损、变形、老化，各部件之间磨损会出现微小偏差等现象，机器的原始参数也可能会出现变化，这样会导致参数无法适应机器现状，机器的贴装精度也会受到很大的影响，因此必须定时对机器进行维护和保养，对相关的参数进行校正，保证全自动贴片机在最佳状态下运行，提高产品的品质。本任务将学习全自动贴片机维护及保养的基本内容，从而熟悉全自动贴片机的维护保养操作。

相关知识

一、全自动贴片机维护保养的基本内容

全自动贴片机维护保养的基本内容见表 3—4—1。

表 3—4—1　　　全自动贴片机维护保养的基本内容

周期	序号	保养项目	保养方法	备注
日保养	1	吸嘴	检查、清扫及更换	更换周期为两年
	2	废料盒	清扫	设备使用后
	3	供料器和供料器基座	清扫	设备使用后
	4	贴装区工作台	清扫	设备使用后
	5	贴片机安全盖	清扫	设备使用后
	6	空气过滤器	检查及更换	更换周期为一年
周保养	7	飞行相机镜片	清扫	
	8	散热风扇过滤棉	清扫	
	9	真空过滤器	检查及更换	更换周期为半年
月保养	10	PCB 传输传感器	检查及清扫	
	11	贴片头机械部件	清扫及注油	注油周期为三个月
	12	X、Y 轴导轨和丝杆	清扫及注油	注油周期为四个月
	13	导轨调宽机构中的导轨和丝杆	清扫及注油	注油周期为两个月

二、日维护保养

日保养是以 24 h 或以一个工作日为周期对机器进行保养，主要包括以下内容。

1. 吸嘴的检查及清扫

吸嘴是全自动贴片机中与元器件接触的部件，在日常使用过程中可能出现沾染污物、堵塞、破裂损坏等现象，对吸嘴的日常检查及清扫，可防止因吸嘴堵塞及破裂产生的 PCB 不良，保证贴装质量。

吸嘴清扫及维护工具和材料主要有清洗液、气枪、吸嘴用润滑油、喷射用圆瓶、内径疏通用别针、空气喷射器等。

清扫和维护吸嘴时应先停止设备所有的运行，然后将贴片头手动移动到贴片机的前面区域，以方便操作，再手动卸下贴片头和自动换嘴站（ANC）上的吸嘴。

2. 废料盒的清扫

废料盒主要用于放置废弃部件（NG 部件），经过长时间的生产后，废料盒可能会出现过满的情况，及时清扫废料盒，可以防止废料盒内废弃部件充溢流入设备内部。

清扫废料盒的工具主要有无尘布和单面刷。操作时先停止设备所有的运行，然后将贴片头手动移动到贴片机的后面区域，接着将废料盒取出，倒出废弃部件清空废料盒后再将废料盒装回机器内部原来的位置，完成后即可继续进行生产。

3. 供料器及供料器基座的清扫

供料器及供料器基座是装载物料的位置，使用过程中可能出现物料散落在供料器或者供料器基座的情况，因此要及时清扫供料器及供料器基座，防止供料器安装错误及接口接触不良。

清扫供料器及供料器基座的主要工具是刷子。操作时先停止设备所有的运行，然后将贴片头手动移动到贴片机的后面区域，将供料器从供料器基座中取出，用刷子清扫供料器连接器以及供料器基座（见图 3—4—1），清扫完毕重新将供料器安装回基座对应的站位中。

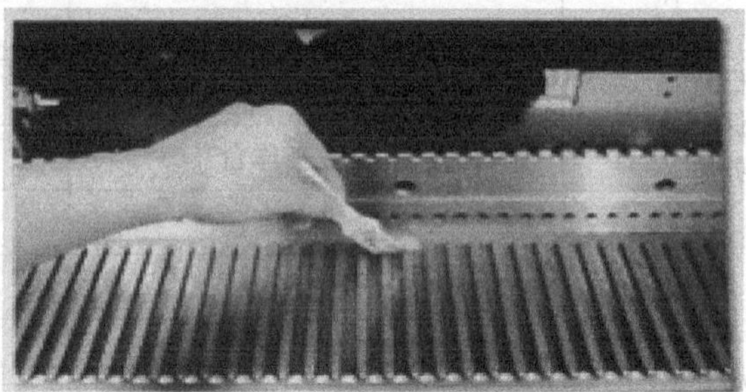

图 3—4—1　供料器及供料器基座的清扫

4. 贴装区工作台的清扫

贴装区工作台也是生产过程中容易残留累积废料的区域，因此也要及时进行清扫。清扫时主要用到超细无尘布和清洗液（通常是工业酒精）。操作时先停止设备所有的运行，将贴片头手动移动到贴片机的后面区域，然后将顶针拆下，用超细无尘布擦拭工作台，完成后重新将顶针安装回原来位置，如图 3—4—2 所示。

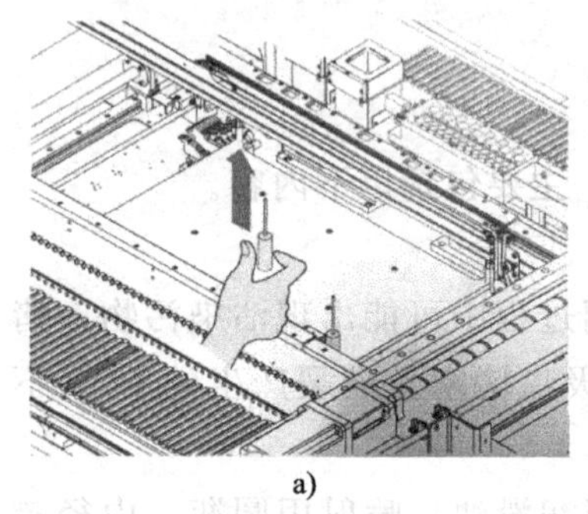

a)

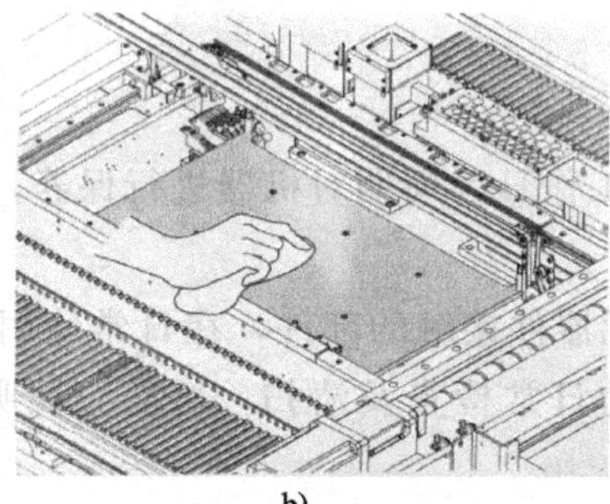

b)

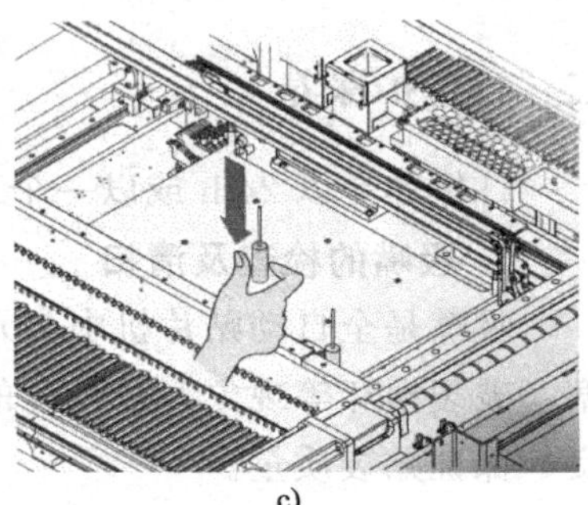

c)

图 3—4—2　贴装区工作台的清扫

a）拆卸顶针　b）清扫工作台　c）安装顶针

5. 贴片机安全盖的清扫

贴片机安全盖一般安装在贴片机操作区上方，用于机器运行中的合盖保护。安全盖一般是透明盖子，使用过程中因沾染灰尘和指纹等会影响操作人员观察贴片机内部运行，因此需要定期对安全盖进行清扫。清扫的方法是先停止设备的运行，然后使用无尘布擦拭安全盖表面，去除其表面污渍。

6. 空气过滤器的检查

空气过滤器是位于贴片机进气口的部件，主要起过滤气源杂质的作用。在使用过程中，因空气洁净度不高或使用时间较长等原因，空气过滤网有可能积累较多的杂质，使过滤网失效，导致不洁净的空气进入贴片机内部，对贴片机的精密部件造成影响，因此需要定期检查空气过滤网，及时更换失效的空气过滤网，保证贴片机正常运行。

更换空气过滤网的操作步骤是：先停止设备所有的运行，切断设备的供气源，再打开设备背面右下角的护门，拉下空气过滤器，顺时针方向转动，按住容器闭锁按键，将过滤装置分离，然后更换过滤网，更换完毕按拆卸的逆序重新将空气过滤器进行组装，如图 3—4—3 所示。

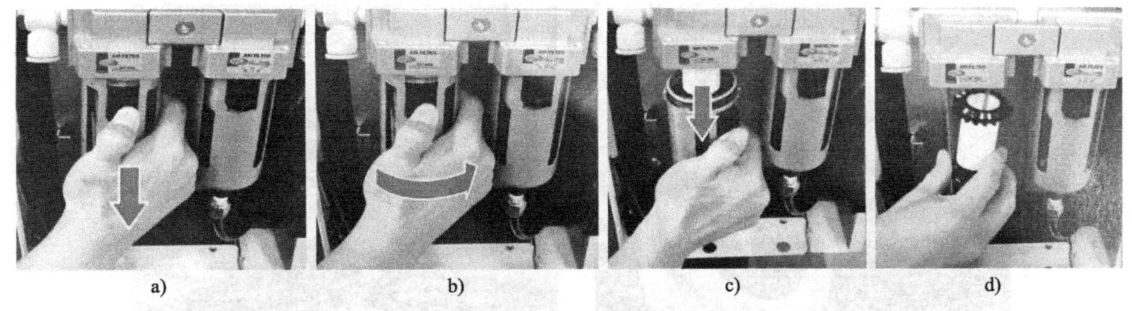

a) b) c) d)

图 3—4—3 空气过滤网的更换

a) 拉下空气过滤器 b) 顺时针转动 c) 分离过滤装置 d) 更换过滤网

需要注意的是，更换空气过滤器或空气分离器时如果不切断供气源进行作业，会有受伤的危险。务必在切断供气源的情况下进行操作。

三、周维护保养

1. 飞行相机镜片清扫

飞行相机是安装在贴片头上用于识别吸嘴上元件的部件，在运行过程中其镜片可能出现灰尘等污渍，影响飞行相机的识别效果，因此需要定期对镜片进行清扫。清扫时使用的工具和材料主要有气枪、酒精、棉签等。操作时，先停止设备所有的运行，将贴片头手动移动到贴片机的前面区域，使用气枪清扫相机镜片上的灰尘；如果没有完全清除杂质，就用棉签蘸少量酒精对镜片进行擦拭，如图 3—4—4 所示。

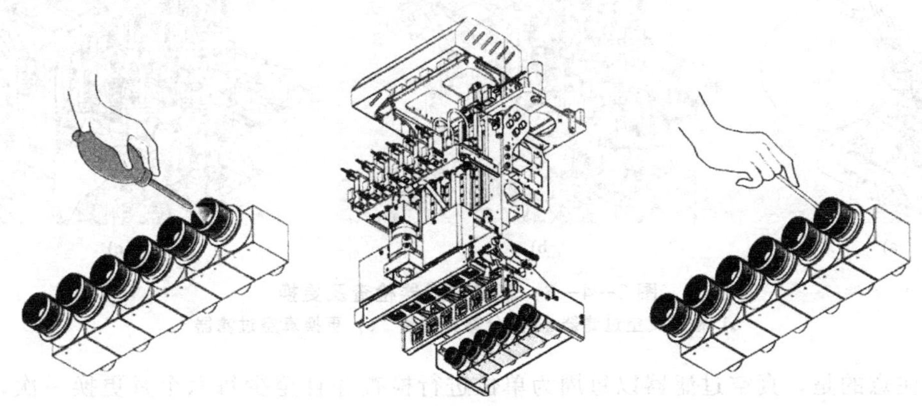

图 3—4—4 飞行相机镜片清扫

2. 散热风扇过滤棉清扫

贴片机运行过程中难免会发热，需要及时将内部的热量散去，因此设备外壳周围安装有散热风扇。散热风扇一般要安装过滤棉，主要是为了防止灰尘进入设备内部使设备使用寿命缩短。设备在使用一段时间后过滤棉会积累一定的灰尘，影响散热效果，因此需要定期对其进行清扫或更换。清扫时一般使用真空清扫器。操作时，先停止设备所有的运行，按照顺序拆卸机器各部位散热风扇的过滤棉并使用真空清扫器进行清扫，如图 3—4—5 所示。若过滤棉破损则需进行更换。清扫完成后重新将过滤棉安装回原来位置。

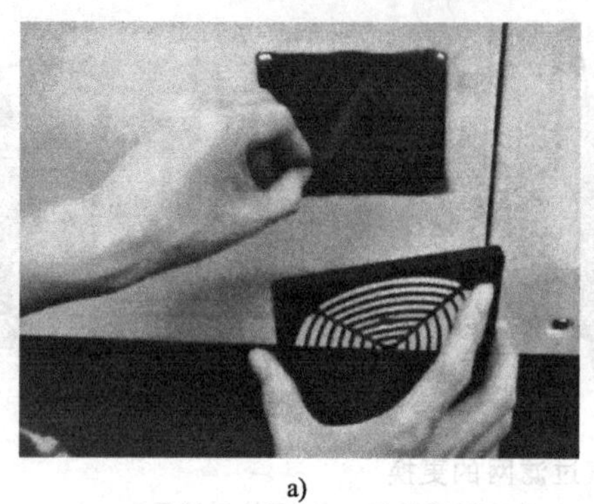
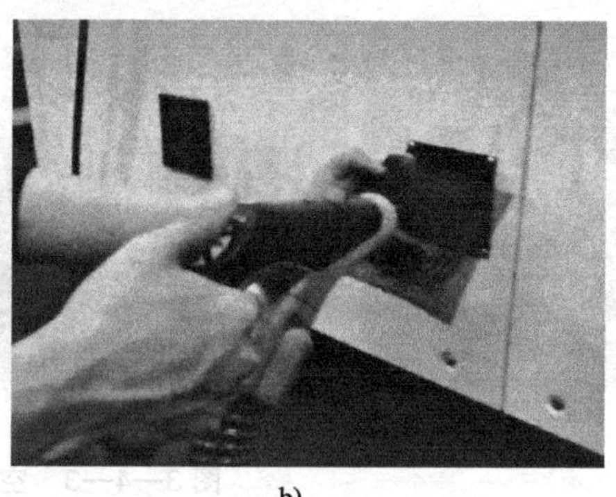

a) b)

图 3—4—5 散热风扇过滤棉清扫

a）拆卸过滤棉 b）清扫过滤棉

3. 真空过滤器检查及更换

真空过滤器是安装在贴片头上的部件，用于过滤贴片头产生真空时空气中的杂质，确保贴片头内部空气管道洁净，保证贴片机正常运行。设备在使用一段时间后，真空过滤器会积累一些杂质，影响贴片头的真空效果，因此需要定期对贴片头真空过滤器进行检查及更换。操作时，先停止设备所有的运行，将贴片头手动移动到贴片机的前面区域，检查各贴片头真空过滤器颜色是否变深，若出现较明显颜色变化，则先将真空管分离后，再将真空过滤器向上取出并进行更换，如图 3—4—6 所示。

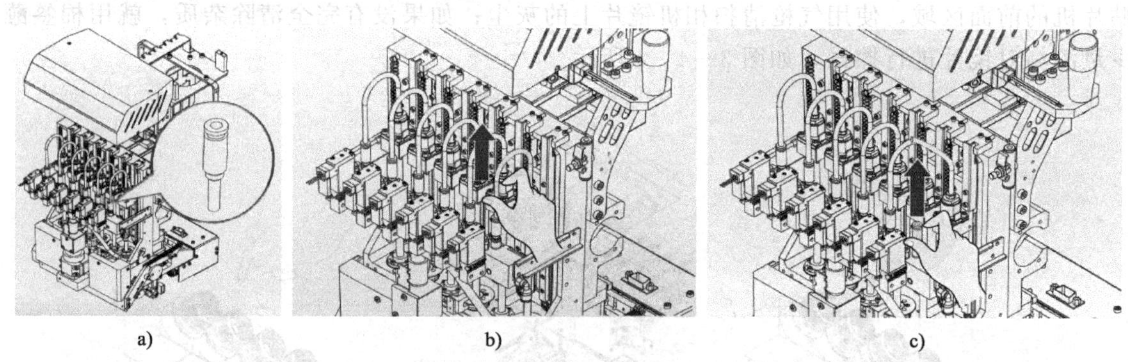

a) b) c)

图 3—4—6 真空过滤器检查及更换

a）检查真空过滤器 b）分离真空管 c）更换真空过滤器

需要注意的是，真空过滤器以每周为单位进行检查并且至少每六个月更换一次，如此才能正常地形成可以吸附元器件的真空。同时，位于真空过滤器底部的真空转换电磁阀是消耗品，为了让电磁阀稳定地发挥其功能，建议每两年更换一次。

四、月维护保养

1. PCB 传输传感器检查及清扫

PCB 传输传感器是指在机器 PCB 传送导轨上用于检测 PCB 是否存在的传感器，其对掌握贴片机内部 PCB 情况起关键作用。PCB 传输传感器在使用过程中会沾染灰尘或其他杂物，需要定期对其进行检查及清扫。操作时，先停止设备所有的运行，将贴片头手动移动到贴片机的后面区域，检查确认 PCB 传输传感器的工作是否正常（手放置在传感器上部时红色 LED 闪烁为正常），使用棉签蘸清洗液依次对各传输传感器感应窗口进行清理，并使用无尘布擦拭干净，如图 3—4—7 所示。

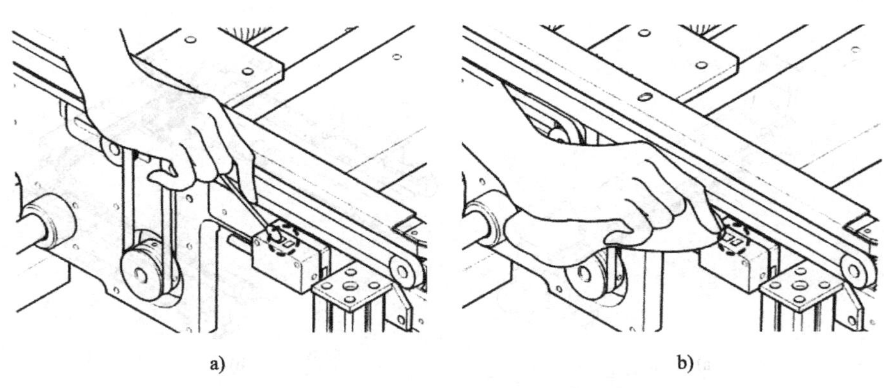

图 3—4—7　PCB 传输传感器的清扫
a）棉签蘸清洗液清理　b）无尘布擦拭

2. 贴片头机械部件清扫及注油

贴片头机械部件主要是指各贴片头的升降运行部件，经过一段时间运行后，其表面会沾染灰尘，润滑度会下降，从而导致设备部件出现磨损，为了保证其运行的准确性和稳定性，需要定期对贴片头机械部件进行清扫及注油操作。对贴片头机械部件进行清扫及注油操作用到的工具和材料主要有注油器、超细无尘布、小刷子、润滑油等。操作时，先停止设备所有的运行，将贴片头手动移动到贴片机的后面区域，从主轴的真空过滤器中分离出真空管，用超细无尘布清扫丝杆，然后用小刷子将润滑油涂抹在丝杆上，如图 3—4—8 所示。

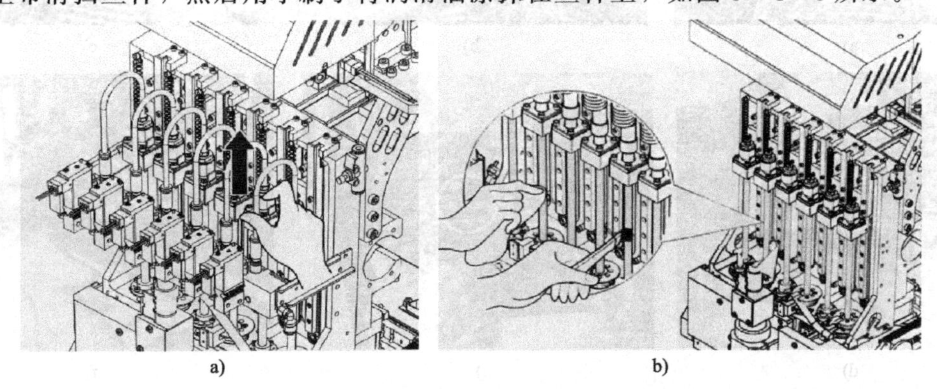

图 3—4—8　贴片头机械部件清扫及注油
a）分离真空管　b）清扫丝杆及涂抹润滑油

3. *X*、*Y* 轴导轨和丝杆清扫及注油

贴片头 *X*、*Y* 轴导轨和丝杆是贴片机重要的运行部件，对机器运行的精度、稳定性起着至关重要的作用。经过一段时间运行后，导轨和丝杆表面会沾染灰尘，润滑度会下降，从而导致导轨和丝杆出现磨损，精确度和稳定度下降，因此需要定期对 *X*、*Y* 轴导轨和丝杆进行清扫及注油操作。对 *X*、*Y* 轴导轨和丝杆进行清扫及注油操作用到的工具和材料主要有注油

器、超细无尘布、小刷子、润滑油等。

对 X、Y 轴导轨和丝杆进行清扫及注油的操作步骤如下：先停止设备所有的运行，将贴片头手动移动到贴片机的前面区域，用超细无尘布清扫 X 轴及 Y 轴导轨和丝杆（见图 3—4—9），然后使用注油器向 X、Y 轴导轨和丝杆加注润滑油（见图 3—4—10）。清扫及注油完成后对设备进行暖机操作（一般为 3 min），使注入各运行部件的润滑油充分铺展及润滑。

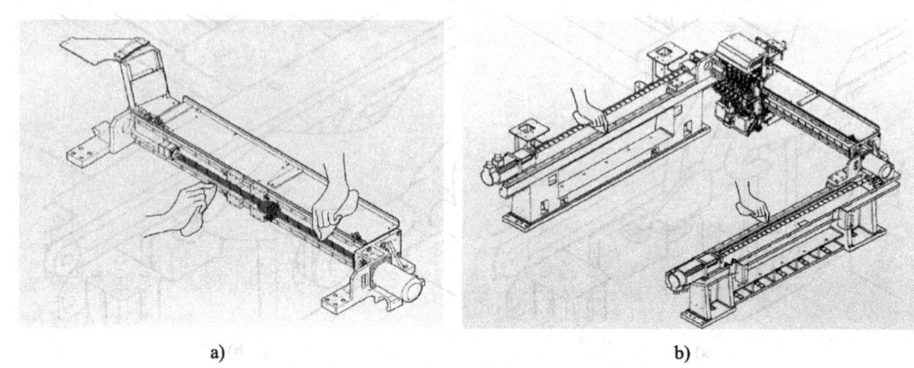

a) b)

图 3—4—9 X、Y 轴导轨和丝杆的清扫

a）X 轴导轨及丝杆的清扫 b）Y 轴导轨及丝杆的清扫

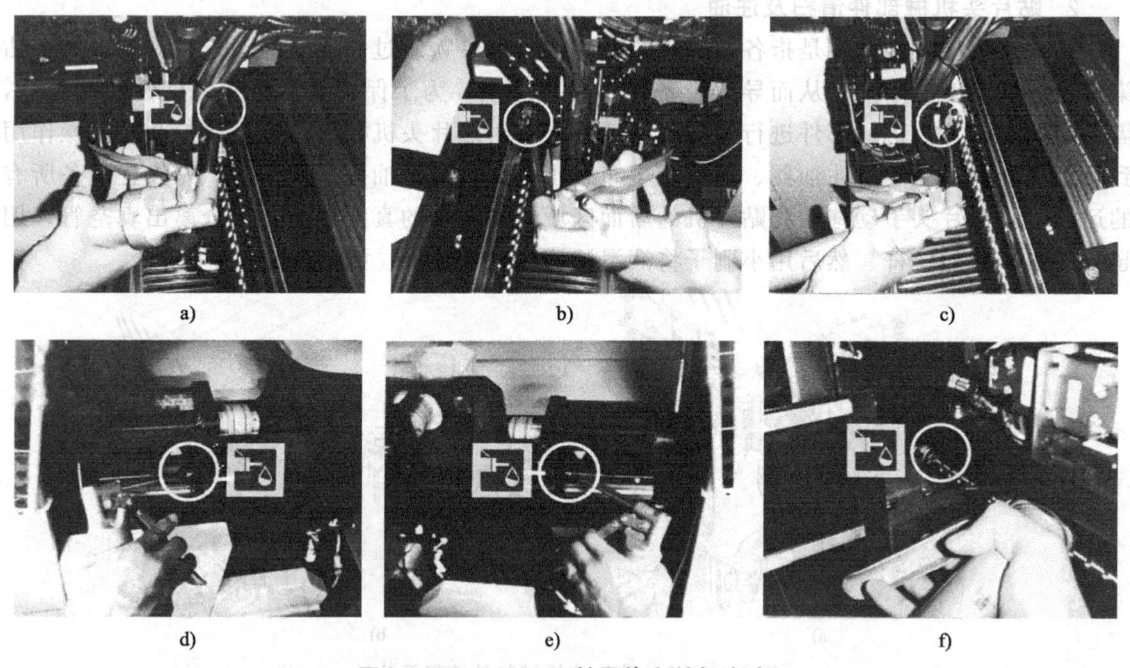

a) b) c)

d) e) f)

图 3—4—10 X、Y 轴导轨和丝杆注油

a）X 轴上导轨注油 b）X 轴丝杆注油 c）X 轴下导轨注油 d）Y 轴左丝杆注油 e）Y 轴右丝杆注油 f）Y 轴导轨注油

4. 导轨调宽机构中导轨和丝杆的清扫及注油

导轨调宽机构中的导轨和丝杆是用于调整导轨宽度的运行部件，经过一段时间运行后，表面会沾染灰尘，润滑度会下降，从而导致设备部件出现磨损，影响导轨宽度的调整精度，因此需要定期对导轨调宽机构中的导轨和丝杆进行清扫及注油操作。对导轨调宽机构中的导

轨和丝杆进行清扫及注油操作用到的工具和材料主要有注油器、超细无尘布、小刷子、润滑油等。操作时，先停止设备所有的运行，将贴片头手动移动到贴片机的后面区域，手动调节传送导轨宽度为最大值，使用超细无尘布清除丝杆和导轨上的灰尘，使用小刷子在丝杆和导轨上涂敷润滑油，然后使用注油器通过导轨注油孔注入润滑油，如图 3—4—11 所示。为了使润滑油全部均匀分布，手动调节传送导轨宽度从最大值到最小值，来回往返 3～4 次。

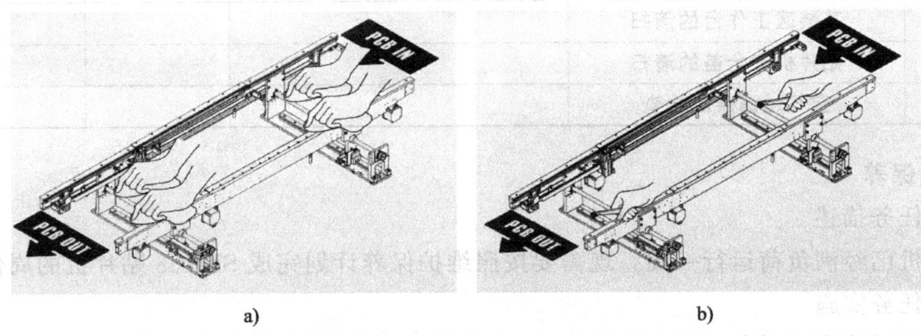

a)　　b)

图 3—4—11　导轨调宽机构中导轨和丝杆的清扫及注油
a) 导轨调宽机构清扫　b) 导轨调宽机构注油

任务实施

一、任务准备

三星 SM168 贴片机、清洗液、气枪、吸嘴用润滑油、内径疏通用别针、无尘布、小刷子、超细无尘布、酒精、棉签、真空清扫器、注油器、导轨丝杆专用润滑油等。

二、三星 SM168 全自动贴片机的维护与保养

进入实训室，在教师及实训室管理人员的指导下完成下列任务。

1. 日保养

(1) 任务描述

现当日工作任务已经完成，需按照维护保养计划完成 SM168 贴片机的日保养。

(2) 任务实施

1) 吸嘴的检查及清扫：完成吸嘴的检查，若出现需要清扫的吸嘴则进行吸嘴清扫操作。要求全部吸嘴无堵塞、无污渍。

2) 废料盒的清扫：完成废料盒的清扫，要求废料盒内无残留物料。

3) 供料器及供料器基座的清扫：完成供料器及供料器基座的清扫，要求供料器及供料器基座无散落物料。

4) 贴装区工作台的清扫：完成贴装区工作台的清扫，要求工作台无残余物料，无灰尘。

5) 贴片机安全盖的清扫：完成贴片机安全盖的清扫，要求安全盖无灰尘、手印等污渍。

6) 空气过滤器的检查：完成贴片机进气口空气过滤器的检查，若出现明显失效情况，则进行更换操作。

7) 日保养完毕，填写贴片机设备保养日报表，见表 3—4—2。

表 3—4—2　　　　贴片机设备保养日报表

序号	保养项目	完成情况	日期	保养人
1	吸嘴的检查及清扫			
2	废料盒的清扫			
3	供料器及供料器基座的清扫			
4	贴装区工作台的清扫			
5	贴片机安全盖的清扫			
6	空气过滤器的检查			

2. 周保养

（1）任务描述

贴片机已经满负荷运行一周，现需要按照维护保养计划完成 SM168 贴片机的周保养。

（2）任务实施

1）飞行相机镜片清扫：完成飞行相机镜片的清扫，要求镜片无灰尘、无污渍、表面无破损。

2）散热风扇过滤棉清扫：完成散热风扇过滤棉的清扫，要求过滤棉无灰尘、无破损。

3）真空过滤器检查及更换：完成贴片机各吸嘴真空过滤器的检查，若出现明显变色失效则进行更换操作。要求所有吸嘴真空值均在正常范围内。

4）周保养完毕，填写贴片机设备保养周报表，见表 3—4—3。

表 3—4—3　　　　贴片机设备保养周报表

序号	保养项目	完成情况	日期	保养人
1	飞行相机镜片清扫			
2	散热风扇过滤棉清扫			
3	真空过滤器检查及更换			

3. 月保养

（1）任务描述

贴片机已完成一个月的生产任务，根据维护保养计划，现需要对 SM168 贴片机进行月保养。

（2）任务实施

1）PCB 传输传感器检查及清扫：完成 PCB 传输传感器的检查及清扫，要求传感器无灰尘、无污渍，传感器工作正常。

2）贴片头机械部件清扫及注油：完成贴片头机械部件的清扫及注油，要求贴片头所有机械部件表面无灰尘，润滑均匀、良好。

3）*X*、*Y* 轴导轨和丝杆清扫及注油：完成 *X*、*Y* 轴导轨和丝杆的清扫及注油，要求导轨和丝杆无灰尘，润滑均匀、良好。

4）导轨调宽机构中导轨和丝杆的清扫及注油：完成导轨调宽机构中导轨和丝杆的清扫及注油，要求导轨和丝杆无灰尘，润滑均匀、良好。

5）月保养完毕，填写贴片机设备保养月报表，见表 3—4—4。

表 3—4—4　　贴片机设备保养月报表

序号	保养项目	完成情况	日期	保养人
1	PCB 传输传感器检查及清扫			
2	贴片头机械部件清扫及注油			
3	*X*、*Y* 轴导轨和丝杆清扫及注油			
4	导轨调宽机构中导轨和丝杆的清扫及注油			

操作提示

在进行贴片机设备维护保养操作时，应注意以下事项。

（1）进行贴片机清理和润滑时要先停止设备运行。

（2）清理设备表面或内部部件时，应用酒精或专用清洁剂擦拭，勿用带腐蚀性的液体擦拭，以免造成设备表面或部件损坏。

（3）月保养包括周保养的相关内容，周保养也包括日保养的相关内容。

（4）遇到紧急情况应按下紧急停止按钮。

任务评价

对任务的完成情况进行检查，并将结果填入表 3—4—5 所示任务考核评分表内。

表 3—4—5　　任务考核评分表

评价项目	评价标准	配分（分）	自我评价	小组评价	教师评价
职业素养	安全意识、责任意识、服从意识强	5			
	积极参加教学活动，按时完成各项学习任务	5			
	团队合作意识强，善于与人交流和沟通	5			
	自觉遵守劳动纪律，尊敬师长，团结同学	5			
	爱护公物，节约材料，工作环境整洁	5			
专业能力	能按要求完成贴片机设备日保养操作	25			
	能按要求完成贴片机设备周保养操作	15			
	能按要求完成贴片机设备月保养操作	15			
	能按要求完成相关报表的填写	10			
	能按实训室安全管理规范进行实训	10			
合计		100			
总评	自我评价×20%＋小组评价×20%＋教师评价×60%＝	综合等级	教师（签名）：		

注：学习任务考核采用自我评价、小组评价和教师评价三种方式，结果分为 A（90～100）、B（80～89）、C（70～79）、D（60～69）、E（0～59）五个等级。

思考与练习

写出三星 SM168 全自动贴片机日保养内容及注意事项。

课题四　回流焊机操作与维护

任务 1　认识回流焊机

学习目标

1. 了解回流焊机的种类。
2. 熟悉回流焊机的结构。
3. 熟悉回流焊机的工作原理。

任务引入

回流焊机是应用于表面组装技术生产线上的焊接设备，主要用于完成已印刷好锡膏并贴装好贴片元件的 PCB 的回流焊接，实现贴片元件与 PCB 之间的电气连接和机械连接。回流焊机是整个 SMT 生产线中对焊接质量影响最大的关键设备，对回流焊机实现良好的过程控制，对于减少焊接不良品，降低生产成本，提高焊接质量尤为重要。要有效地对回流焊机实现良好的过程控制，就需要对回流焊机的结构、工作原理等有较为深入的认识。本任务将学习回流焊机的基本结构与工作原理，为后续学习回流焊机设备的操作与维护保养方法奠定基础。

相关知识

一、回流焊机的种类

1. 按加热技术分类

目前主流的回流焊机加热方式有两种，即 PCB 整体加热和 PCB 局部加热。这两种加热方式又有不同的分类，如图 4—1—1 所示。

（1）热板传导回流焊机

热板传导回流焊机依靠输送带或推板下的热源加热，通过热传导的方式加热基板上的元件，用于采用陶瓷（氧化铝）基板厚膜电路的单面组装，陶瓷基板只有贴放在输送带上才能得到足够的热量，其结构简单，价格便宜。国内的一些厚膜电路厂在 20 世纪 80 年代初曾引进过此类设备。

（2）红外回流焊机

红外回流焊机也多为输送带式，但输送带仅起支托、传送基板的作用，其主要依靠红外线热源以辐射方式加热，炉膛内的温度比前一种方式均匀，网孔较大，适于对双面组装的基

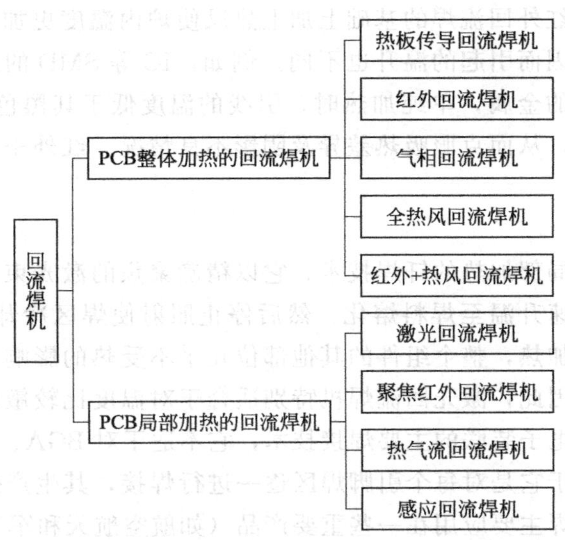

图4—1—1 按加热技术分类的回流焊机种类

板进行回流焊接加热。红外回流焊机是回流焊机的基本型。

（3）气相回流焊机

气相回流焊又称气相焊（Vapor Phase Soldering，VPS）或凝热焊（Condensation Soldering），是利用饱和蒸气遇冷转变为液态时所释放出的汽化潜热进行加热的钎焊技术，其加热原理是有相变的热对流。VPS焊接中，液态传热介质先被加热沸腾，产生出大量的饱和蒸气，炉子上方与左右都有冷凝管，将蒸气限制在炉膛内，遇到温度低的待焊PCB组件时放出汽化潜热，使锡膏熔化后焊接元器件与焊盘。汽化潜热释放对SMA（表面贴装组件）的物理结构和几何形状不敏感，可使组件均匀加热到焊接温度，焊接温度保持一定，无须采用温控手段来满足不同温度焊接的需要。VPS的气相中是饱和蒸气，含氧量低，热转化率高，但由于溶剂成本高，并且是典型臭氧层损耗物质，因此应用上受到极大的限制，现今基本不再使用这种有损环境的回流焊接方法。

（4）全热风回流焊机

全热风回流焊机通过热风的层流运动传递热能，利用加热器与风扇使炉内空气不断升温并循环，待焊件在炉内受到炽热气体的加热，从而实现焊接。全热风回流焊机具有加热均匀、温度稳定的特点，但PCB的上、下温差及沿炉长方向的温度梯度不容易控制，一般不单独使用。自20世纪90年代起，随着SMT应用的不断扩大与元器件的进一步小型化，设备开发制造商纷纷改进加热器的分布、空气的循环流向，并增加温区至8～10个，使之能进一步精确控制炉膛各部位的温度分布，以便于温度曲线的理想调节。全热风回流焊机经过不断改进与完善，目前已成为使用最为广泛的SMT焊接设备。

（5）红外＋热风回流焊机

红外＋热风回流焊机按30％红外线、70％热风作为热载体进行加热。红外＋热风回流焊机有效地结合了红外回流焊和热风回流焊的长处，是21世纪较为理想的加热方式。它充分利用了红外线辐射穿透力强的特点，热效率高、节电，同时又有效地克服了红外回流焊的温差和遮蔽效应，弥补了热风回流焊对气体流速要求过快而造成的影响。

这类回流焊机是在红外回流焊的基础上加上热风使炉内温度更加均匀。不同材料及颜色吸收的热量是不同的，因而引起的温升也不同。例如，IC 等 SMD 的封装是黑色的酚醛或环氧树脂，而引线是白色的金属，单纯加热时，引线的温度低于其黑色的 SMD 本体。加上热风后可使温度更加均匀，从而克服吸热差异及阴影不良情况。红外＋热风回流焊机曾使用得很普遍。

(6) 激光回流焊机

激光回流焊是一种局部加热的钎焊技术。它以精确聚焦的激光束光斑照射焊区，使焊区在吸收了激光能量后迅速升温至焊料熔化，然后停止照射使焊区冷却、焊料凝固形成焊点。由于只对焊区进行局部加热，整个组件的其他部位几乎不受热的影响，焊接时激光的照射时间通常只有数百毫秒，因此，激光回流焊机特别适合于对温度比较敏感的元器件的焊接。但是激光回流焊技术并非电子装联的主要焊接技术，它不适于对 BGA、PLCC 等引脚遮挡的元器件进行焊接；而且由于它是对每个引脚焊区逐一进行焊接，其生产效率也比整体回流焊技术低。目前，激光回流焊主要应用在一些重要产品（如航空航天和军工产品）的装联中。

(7) 聚焦红外回流焊机

聚焦红外回流焊机主要是利用红外线热源以聚焦方式进行局部加热，一般适用于返修工作站进行返修或局部焊接。

(8) 热气流回流焊机

热气流回流焊是在特制的加热头中通过空气或氮气，利用热气流进行焊接的方法。热气流回流焊机需要针对不同尺寸的焊点加工不同尺寸的喷嘴，速度比较慢，一般用于返修或新品开发。

(9) 感应回流焊机

感应回流焊机是在加热头中安装变压器，利用电感涡流原理对焊件进行焊接。这种焊接方法没有机械接触，加热速度快；缺点是对位置敏感，温度不易控制，有过热的危险，静电敏感器件不宜使用。

2. 按结构分类

(1) 台式回流焊机

台式回流焊机是小型回流焊机的一种，是可以摆放在操作台面上的回流焊机。它采用全封闭式设计，内置高效保温材料并有高效密封条，保温效果好，耐热，耐腐蚀，易于清理，可有效降低功耗，节省电能。台式回流焊机适合于中小批量 PCB 的组装生产，性能稳定，价格低廉。图 4—1—2 所示为一款台式回流焊机。

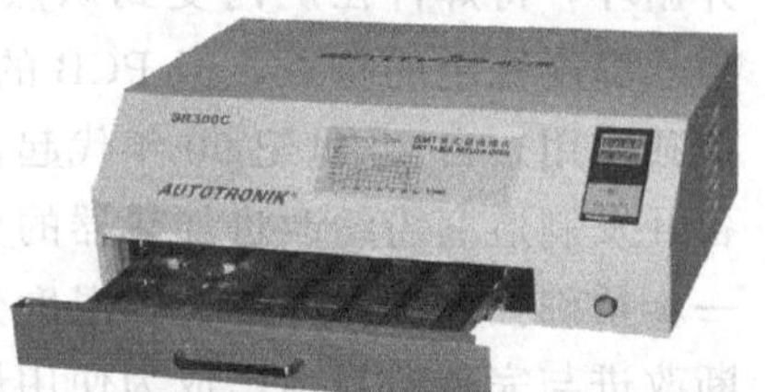

图 4—1—2 台式回流焊机

(2) 立式回流焊机

立式设备型号较多，可适合各种不同需求用户的 PCB 组装生产。设备高、中、低档都有，性能相差较多，价格也高低不等。立式回流焊机是目前比较主流的回流焊机。图 4—1—3 所示为立式回流焊机中使用最为广泛的全热风回流焊机。

3. 按温区数量分类

回流焊机的单个温区长度一般为 45～50 cm，温区数量可以有 3、4、5、6、7、8、9、10、12、15 甚至更多。从焊接的角度来看，回流焊机至少有三个温区，即预热区（包括升温

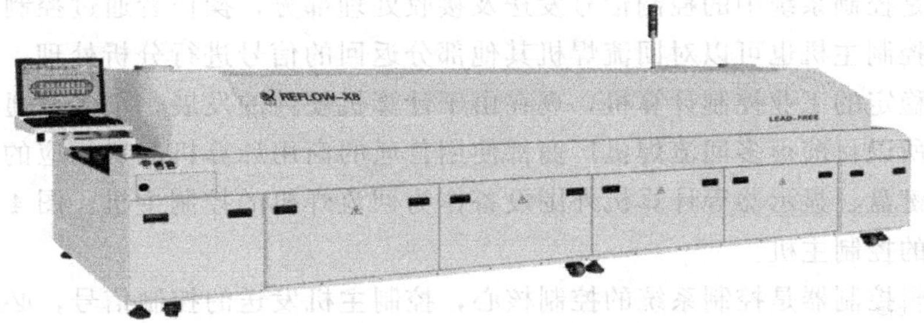

图 4—1—3 立式回流焊机——全热风回流焊机

区和保温区)、焊接区和冷却区。很多回流焊机在计算温区数量时通常将冷却区排除在外，即只计算升温区、保温区和焊接区。

二、回流焊机的结构

本任务以使用较为广泛的全热风回流焊机为例进行介绍。回流焊机主要由控制系统、传动系统、热风系统、冷风系统和机体组成，如图 4—1—4 所示。

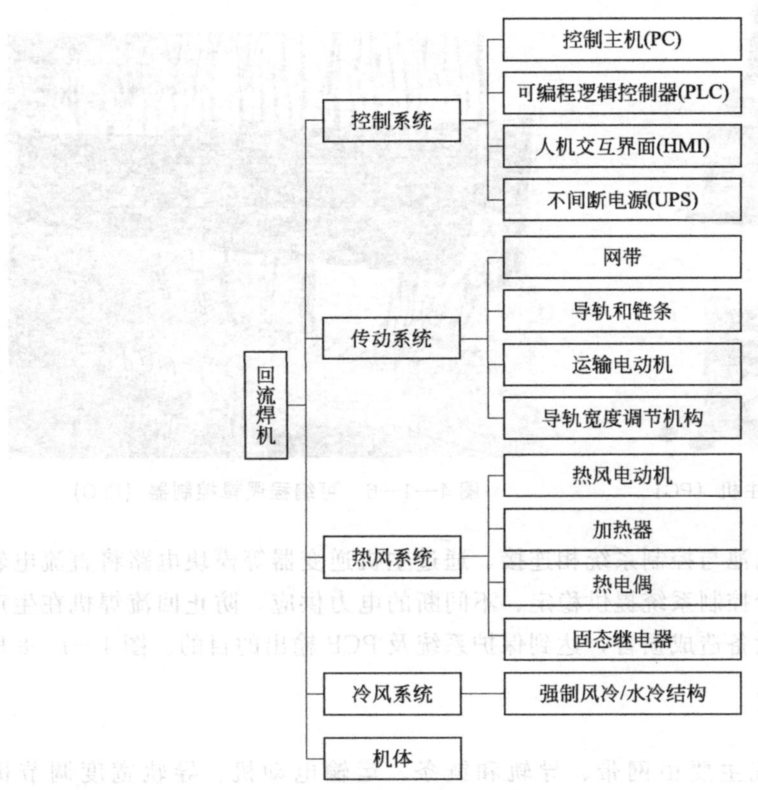

图 4—1—4 回流焊机的结构

1. 控制系统

回流焊机的控制系统主要由控制主机（PC）、可编程逻辑控制器（PLC）、人机交互界面（HMI）和不间断电源（UPS）组成。

控制主机是控制系统中的控制信号发送及接收处理部分，操作者通过控制主机对回流焊机进行控制，控制主机也可以对回流焊机其他部分返回的信号进行分析处理。控制主机以往都是使用较为稳定的工业控制计算机，现在由于计算机硬件的发展，很多普通商用计算机已经十分稳定，所以目前很多回流焊机厂商都使用普通的商用计算机配置相应的控制板卡，同时配备鼠标、键盘、显示器等计算机外围设备作为回流焊机的控制主机。图 4—1—5 所示为一款回流焊机的控制主机。

可编程逻辑控制器是控制系统的控制核心，控制主机发送的控制信号，必须经过可编程逻辑控制器的处理，才能执行具体的控制动作；同时，回流焊机其他部分返回的控制信号，也需要经过可编程逻辑控制器的转换处理，才能返回到控制主机进行处理。图 4—1—6 所示为回流焊机的可编程逻辑控制器。

人机交互界面指回流焊机的控制软件。它包含回流焊机的温区温度设置、运输速度设置等。回流焊机的所有控制都是通过 PC 上的控制软件发送到 PLC 的，同时回流焊机其他部分返回的信号也是经 PLC 返回到 PC 通过控制软件进行显示的。图 4—1—7 所示为一款回流焊机的人机交互界面。

图 4—1—5　控制主机（PC）

图 4—1—6　可编程逻辑控制器（PLC）

不间断电源是将蓄电池与控制系统相连接，通过主机逆变器等模块电路将直流电转换成市电的系统设备，用于给控制系统提供稳定、不间断的电力供应，防止回流焊机在生产过程中突然断电而对产品、设备造成损害，达到保护系统及 PCB 输出的目的。图 4—1—8 所示为一款不间断电源（UPS）。

2. 传动系统

回流焊机的传动系统主要由网带、导轨和链条、运输电动机、导轨宽度调节机构等组成。

网带、导轨和链条都是传送 PCB 的主要部件，它们的作用是将待焊接的 PCB 从回流焊机的入口处传送进回流焊机内部进行回流焊接，焊接完毕后再传送出来。操作者可以针对不同大小、不同类型的 PCB，选择其中一种来传送 PCB。回流焊机的网带、导轨和链条如图 4—1—9 所示。

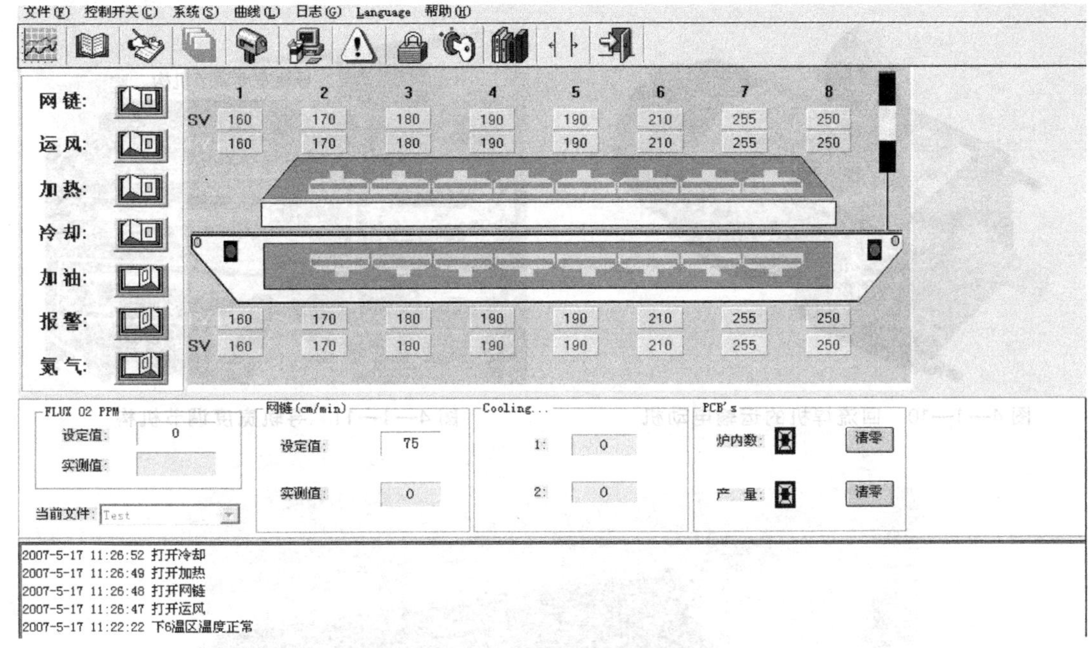

图 4—1—7　人机交互界面

图 4—1—8　不间断电源（UPS）

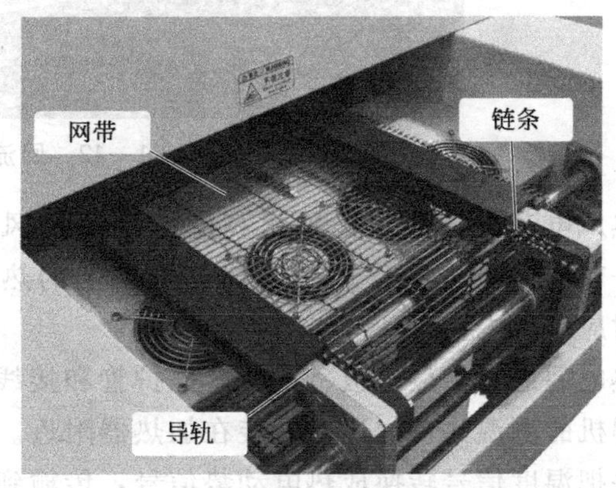

图 4—1—9　回流焊机的网带、导轨和链条

运输电动机是 PCB 传送的动力装置，网带、导轨和链条都是由运输电动机提供动力的。回流焊机的运输电动机使用的一般是减速电动机，它的特点是扭矩大、转速低，带负载能力强，且转速可调。回流焊机的运输电动机如图 4—1—10 所示。

导轨宽度调节方式一般有两种：一种采用手动模式，用摇手柄的方式来调节导轨宽度；另一种采用自动模式，使用软件或者物理开关控制电动机来调节导轨宽度。图 4—1—11 所示为采用自动模式的导轨宽度调节机构。

3. 热风系统

回流焊机的热风系统主要由加热器、热风电动机、热电偶、固态继电器等组成。

加热器一般为石英发热管组，如图 4—1—12 所示。它的作用是为回流焊机提供各温区炉温所必需的热量。

图 4—1—10 回流焊机的运输电动机

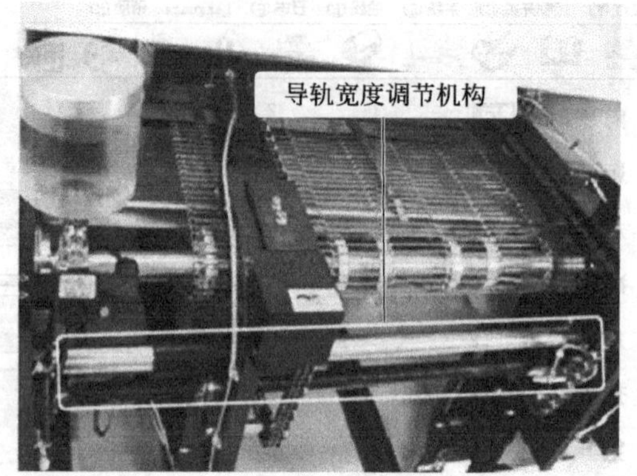

图 4—1—11 导轨宽度调节机构

图 4—1—12 回流焊机的加热器

图 4—1—13 热风电动机

热风电动机一般由长轴耐高温电动机和风轮组成，如图 4—1—13 所示。它的作用是将加热器产生的热量均匀地分散到各对应温区中。

热电偶通常由热电极、绝缘套保护管和接线盒等组成，是回流焊机的测温元件，通常安装在加热器附近。它直接测量温度，并把温度信号转换成热电动势信号，传输到回流焊机控制系统显示测量的温度。图 4—1—14 所示为一款回流焊机的热电偶。

固态继电器是一种由微电子电路、分立电子器件、电力电子功率器件组成的无触点开关，采用混合工艺组装来实现控制回路（输入电路）与负载回路（输出电路）的电隔离及信号耦合，由固态器件实现负载的通/断切换功能，内部无任何可动部件。尽管市场上的固态继电器型号规格繁多，但它们的工作原理基本相似，主要由输入电路、驱动电路和输出电路三部分组成。回流焊机的固态继电器主要用于控制加热器，实现温度的实时调整。图 4—1—15 所示为一款回流焊机的固态继电器。

4. 冷风系统

回流焊机的冷风系统主要由两种结构类型，一种是强制风冷结构，另一种是水冷结构。

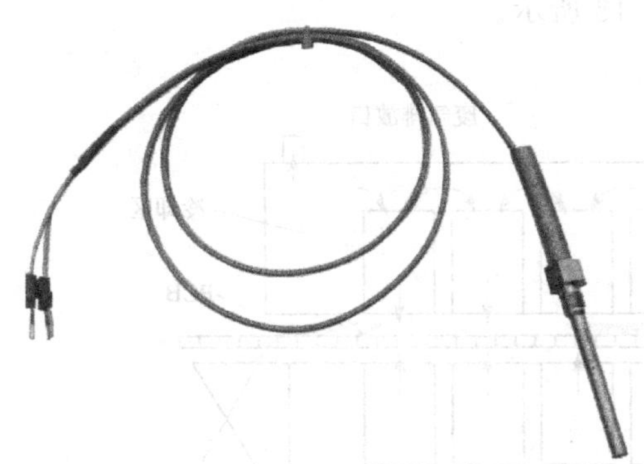
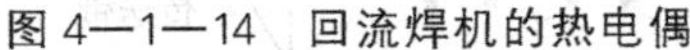
图 4—1—14 回流焊机的热电偶

图 4—1—15 回流焊机的固态继电器

强制风冷结构主要是采用冷风循环形式，使用冷却风扇对已经焊接好的 PCB 进行充分冷却，从而达到完美的焊接效果。这种结构也是大部分热风回流焊机冷风系统的标准配置，如图 4—1—16 所示。

水冷结构是在强制风冷结构的基础上加一个水循环的热交换器，冷却风扇把热气吹到水循环热交换器后，经降温的气体再打到 PCB 上，热交换器内的热量被循环水带走，循环水经降温后再流回热交换器。水冷结构的特点是冷却均匀迅速，锡点圆滑、光亮。这种结构属于定制配置，在购买设备时可选购安装。图 4—1—17 所示为水冷结构的原理图。

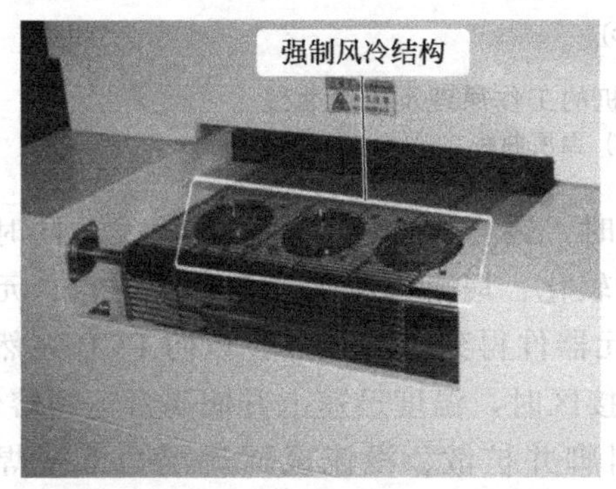

图 4—1—16 回流焊机的强制风冷结构

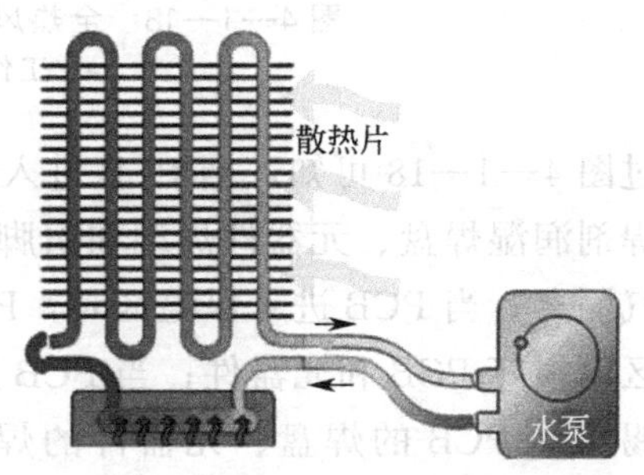

图 4—1—17 水冷结构的原理图

5. 机体

机体是回流焊机所有部件的载体，也称机壳或机架，其作用比较单一，主要用于固定回流焊机部件。

三、回流焊机的工作原理及温度曲线

1. 回流焊机的工作原理

回流焊机是通过重新熔化预先分配到 PCB 焊盘上的膏状软钎焊料（锡膏），实现表面组装元器件焊端或引脚与 PCB 焊盘之间机械与电气连接的软钎焊。回流焊机靠循环流动的热气流产生高温使膏状软钎焊料在高温气流下进行物理反应从而实现贴片元器件的焊接。回流焊机的种类及品牌众多，各个种类之间的工作原理大体相同，又各有差异。这里以较为常用的全热风回流焊机为例，其工作原理如图 4—1—18 所示。

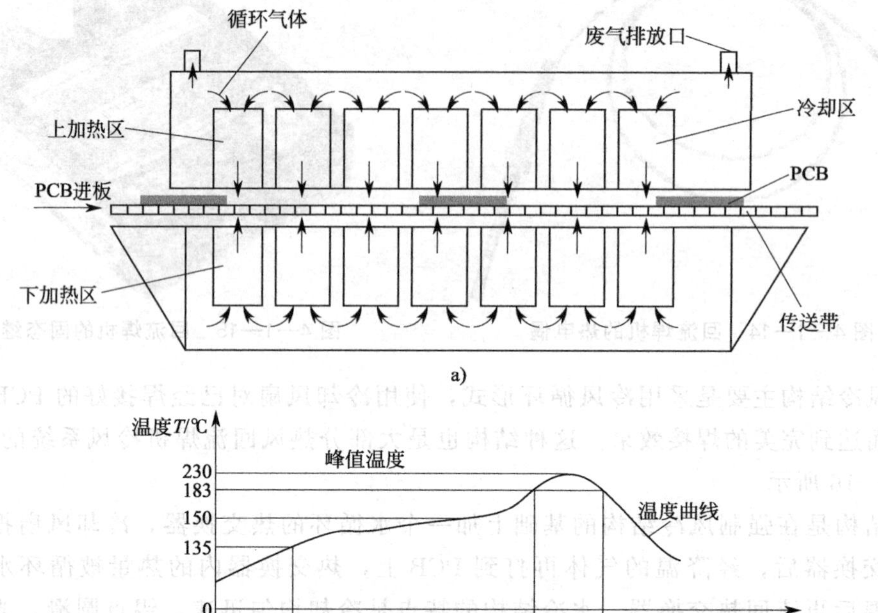

图 4—1—18　全热风回流焊机的工作原理及温度曲线
a）工作原理　b）温度曲线

通过图 4—1—18 可知，当 PCB 进入升温区时，锡膏中的溶剂、气体蒸发，同时，锡膏中的助焊剂润湿焊盘、元器件焊端和引脚，锡膏软化、塌落、覆盖焊盘，将焊盘、元器件引脚与氧气隔离；当 PCB 进入保温区时，PCB 和元器件得到充分预热，以防 PCB 突然进入焊接高温区而损坏 PCB 和元器件；当 PCB 进入焊接区时，温度迅速上升使锡膏达到熔化状态，液态焊锡润湿 PCB 的焊盘、元器件的焊端和引脚并扩散、漫流或回流混合形成焊点；当 PCB 进入冷却区时，焊点冷却凝固，完成回流焊接过程。

2. 热风回流原理

在回流焊机的工作原理中，尤为关键的是热风回流原理，其原理图如图 4—1—19 所示。回流焊机通电工作后，发热丝开始发热，热风电动机运转，将发热丝发出的热量吹到 PCB 表面并进行热传递，使 PCB 的温度达到指定的焊接温度，完成 PCB 与贴片元件的焊接。为了使 PCB 上、下两面受热均匀，通常都会同时安装上、下两组热风回流系统。

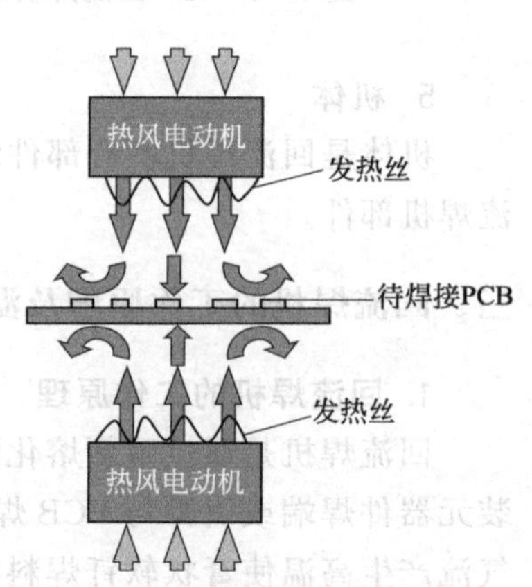

图 4—1—19　热风回流原理图

3. 回流焊机温度曲线

回流焊机在不同的温区对应的温度是不一样的，描述每个温区温度差异的曲线称为回流焊机的温度曲线，如图 4—1—18b 所示。温度曲线的选择，可以直接影响 PCB 焊接的质量。不同的 PCB，不同的锡膏，不同的制程，其温度曲线会各有差异。

温度曲线中有两个关键的参数，即输送带的速度和各温区的温度。输送带速度决定了 PCB 暴露在每个温区的持续时间，增加持续时间可以使 PCB 上元器件的温度更加接近该温区的设定温度。每个温区所用的持续时间的总和又决定了整个回流过程的处理时间。每个温区的温度设定影响 PCB 通过该温区时温度的高低。PCB 在整个回流焊接过程中的升温速度则是输送带速度和各温区设定温度两个参数共同作用的结果。

一个完整的回流焊机温度曲线包含四个温区，即升温区、保温区、回流焊接区和冷却区。

升温区的目的是将 PCB 的温度从室温提升到锡膏内助焊剂发挥作用所需的活性温度 135℃，温区的加热速率应控制在每秒 1～3℃，温度升得太快会引起某些缺陷，如陶瓷电容的细微裂纹。

保温区的目的是将 PCB 维持在某个特定温度范围并持续一段时间，使 PCB 上各个区域的元器件温度相同，减少它们的相对温差，并使锡膏内部的助焊剂充分发挥作用，去除元器件电极和焊盘表面的氧化物，从而提升焊接质量。一般的活性温度范围是 135～170℃（以锡、铅质量比为 63∶37 的锡铅合金锡膏为例），活性时间设定在 60～90 s。如果活性温度设定过高会使助焊剂过早地失去除污能力，温度太低则助焊剂发挥不了除污的作用。活性时间设定过长会使锡膏内助焊剂过度挥发，致使焊接时缺少助焊剂的参与而使焊点易氧化，润湿能力差；时间太短则参与焊接的助焊剂过多，可能会出现锡球、锡珠等焊接不良现象，从而影响焊接质量。

回流焊接区的目的是使 PCB 的温度提升到锡膏的熔点温度以上并维持一定的焊接时间，使其形成合金，完成元器件电极与焊盘的焊接。该区的温度设定在 183℃以上，时间为 30～90 s（以锡、铅质量比为 63∶37 的锡铅合金锡膏为例），峰值不宜超过 230℃，200℃以上的时间为20～30 s。如果温度低于 183℃，将无法形成合金，即实现不了焊接；若高于 230℃则会给元器件带来损害，同时也会加剧 PCB 的变形。如果时间不足，会使合金层较薄，焊点的强度不够；如果时间较长，则会使合金层较厚，焊点较脆。

冷却区的目的是使 PCB 降温，降温速率通常设定为每秒 3～4℃。如果降温速率过高会使焊点出现龟裂现象，过慢则会加剧焊点氧化。理想的冷却曲线应该是和回流焊接区曲线成镜像关系（变化趋势相反），越是靠近这种镜像关系，焊点达到固态的结构越紧密，得到焊接点的质量越高，结合完整性越好。

任务实施

一、任务准备

ETS-0802-LF 回流焊机，防静电手套、防静电手环等防护用具。

参考答案

二、识别回流焊机的种类

在教师的指导下，查找相关资料，识别表 4—1—1 中展示的回流焊机，并写出对应的种类及特性。

表 4—1—1　　识别回流焊机的种类

序号	图示	种类及特性
1	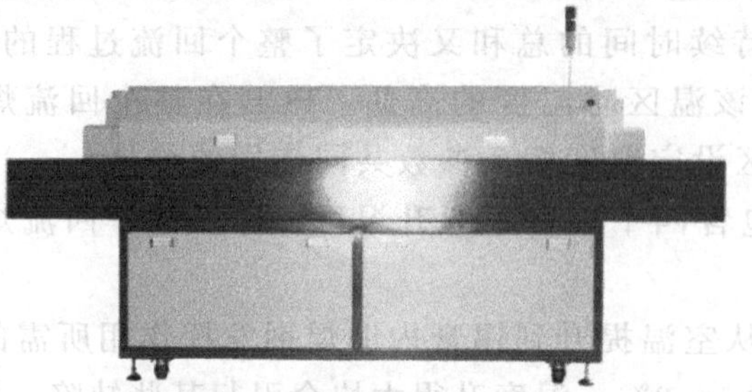	种类：________ 特性：________ ________
2	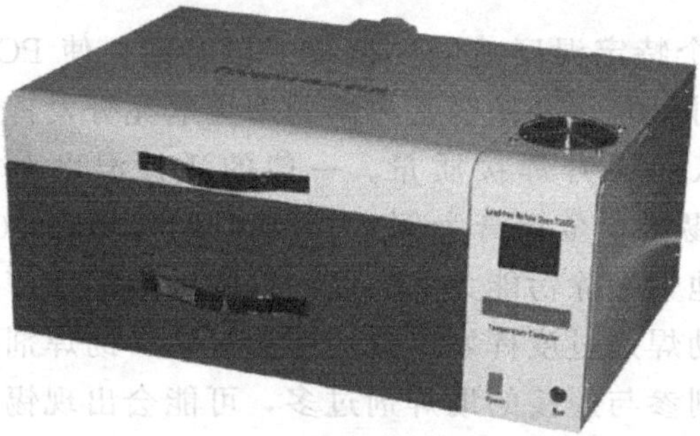	种类：________ 特性：________ ________
3		种类：________ 特性：________ ________
4	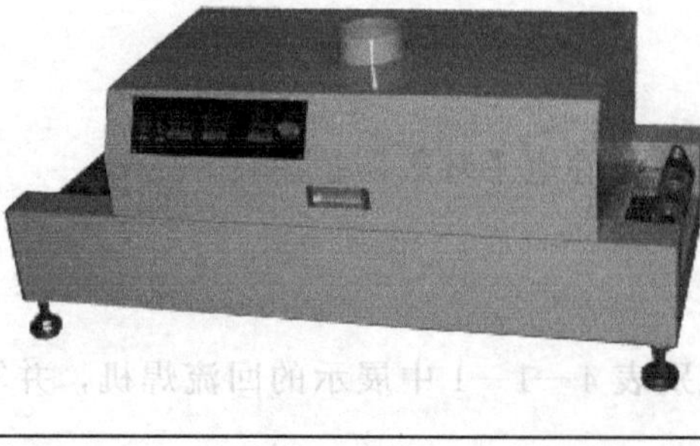	种类：________ 特性：________ ________

三、识别 ETS-0802-LF 回流焊机的结构

参考答案

进入实训室，观察 ETS-0802-LF 回流焊机的结构，完成表 4—1—2 的填写。

表 4—1—2　　认识 ETS-0802-LF 回流焊机的结构

序号	图示	部件名称	作用
1			
2			
3			
4			

续表

序号	图示	部件名称	作用
5			
6			
7			
8			
9	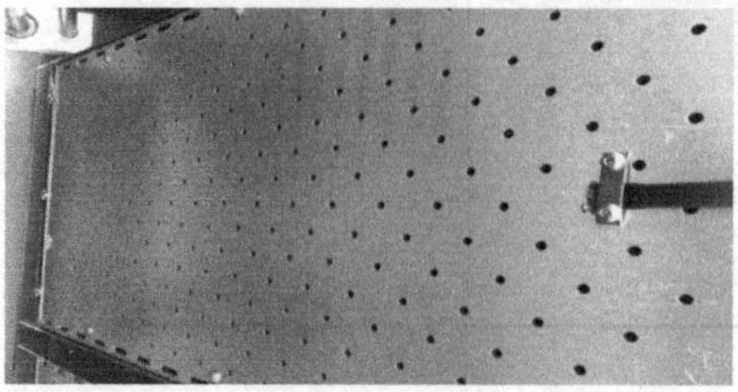		

续表

序号	图示	部件名称	作用
10			
11			
12			
13			

续表

序号	图示	部件名称	作用
14	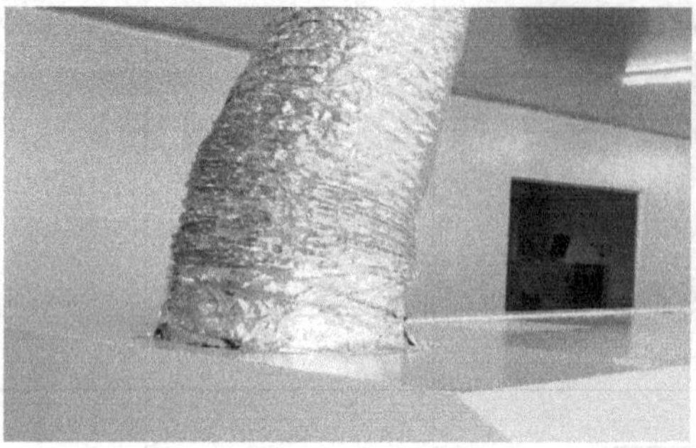		
15			

四、分析 ETS-0802-LF 回流焊机的工作原理并绘制无铅锡膏焊接的温度曲线

分析 ETS-0802-LF 回流焊机的工作原理，通过查询资料及现场学习，在图 4—1—20 上完成 ETS-0802-LF 回流焊机无铅锡膏焊接温度曲线的绘制。

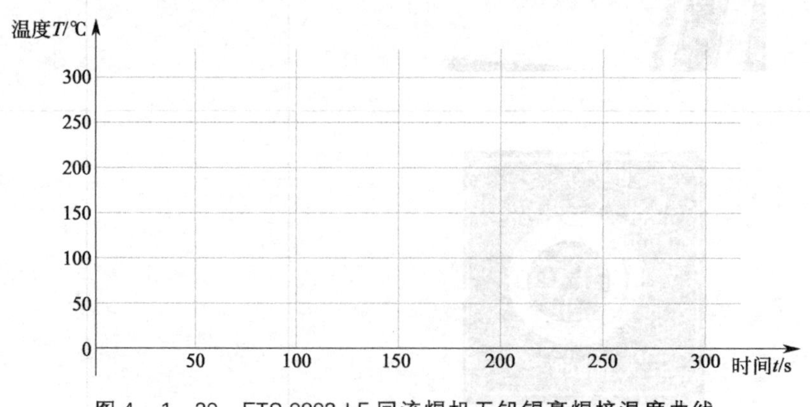

图 4—1—20　ETS-0802-LF 回流焊机无铅锡膏焊接温度曲线

任务评价

对任务的完成情况进行检查，并将结果填入表 4—1—3 所示任务考核评分表内。

表 4—1—3 任务考核评分表

评价项目	评价标准	配分（分）	自我评价	小组评价	教师评价
职业素养	安全意识、责任意识、服从意识强	5			
	积极参加教学活动，按时完成各项学习任务	5			
	团队合作意识强，善于与人交流和沟通	5			
	自觉遵守劳动纪律，尊敬师长，团结同学	5			
	爱护公物，节约材料，工作环境整洁	5			
专业能力	能正确填写对应回流焊机的相关信息	15			
	能识别 ETS-0802-LF 回流焊机各个主要部件	35			
	能根据 ETS-0802-LF 回流焊机的工作原理绘制无铅锡膏焊接的温度曲线	20			
	能按实训室安全管理规范进行实训	5			
合计		100			
总评	自我评价×20%＋小组评价×20%＋教师评价×60%＝______	综合等级	教师（签名）：		

注：学习任务考核采用自我评价、小组评价和教师评价三种方式，考核分为 A（90～100）、B（80～89）、C（70～79）、D（60～69）、E（0～59）五个等级。

知识拓展

回流焊与波峰焊的区别

焊接技术在电子产品的装配中占有极其重要的地位。一般电子产品生产中常用的焊接方式有回流焊和波峰焊两种。

回流焊又称再流焊，是指通过重新熔化预先分配到 PCB 焊盘上的膏状软钎焊料，实现表面组装元器件焊端或引脚与 PCB 焊盘之间机械与电气连接的软钎焊；波峰焊是将熔化的软钎焊料，经电动泵或电磁泵喷流成设计要求的焊料波峰，使预先装有电子元器件的 PCB 通过焊料波峰，实现元器件焊端或引脚与 PCB 焊盘之间机械与电气连接的软钎焊。这两种焊接方式作为行业中的高端焊接技术，其区别如下。

1. 工作原理不同

波峰焊是通过锡槽将锡条熔化成液态，利用电动机搅动形成波峰，让 PCB 与元件焊接起来，一般用于手插件的焊接和 SMT 的点胶焊接。回流焊主要用于 SMT 行业，它通过热风或其他热辐射传导，将印刷在 PCB 上的锡膏熔化使之与元件焊接起来。

2. 工艺不同

波峰焊要先喷助焊剂，再经过预热区、焊接区、冷却区。回流焊直接经过预热区、回流焊接区、冷却区。此外，波峰焊适用于手插板和点胶板，而且要求所有元件要耐热，过波峰表面不可以有印刷过锡膏的元件；SMT 印刷锡膏的板子只可以用回流焊，不可以用波峰焊。

回流焊是预先在 PCB 焊接部位施放适量和适当形式的焊料，然后贴放表面组装元器件，利用外部热源使焊料回流达到焊接要求而进行的成组或逐点焊接工艺。相比而言，回流焊工艺具有以下特点。

（1）回流焊不需要像波峰焊那样把元器件直接浸润在熔融焊料中，故元器件受到的热冲击小。

（2）回流焊仅在需要的部位上施放焊料，节约了焊料的使用。

（3）回流焊能控制焊料的投放量，避免桥接等缺陷的产生。

（4）当元器件贴放位置有一定偏离时，由于熔融焊料表面张力的作用，只要焊料投放位置准确，回流焊能在焊接时自动纠正此微小偏差，使元器件固定在准确位置上。

（5）可采用局部加热热源，从而可在同一基板上用不同的回流焊工艺进行焊接。

（6）焊料中一般不会混入不纯物，在使用锡膏进行回流焊接时可以保证焊料的成分不变。

思考与练习

1. 简述回流焊的工作原理。
2. 简述回流焊机的主要结构及其功能。

任务 2　回流焊机的操作与参数设置

学习目标

1. 熟悉回流焊机的基本操作步骤。
2. 了解回流焊机的基本参数设置。

任务引入

前面任务学习了回流焊机的原理、结构以及回流焊机的种类等相关知识，对回流焊机有了初步的认识。本任务主要学习回流焊机的操作及参数设置方法，进一步掌握回流焊机运行的相关技能。模拟实际的生产环境，按照实际生产要求对已经贴装好元器件的 PCB 进行回流焊接，并填写相应的报表。

相关知识

一、回流焊机的基本操作步骤

目前市面上的回流焊设备种类虽然很多，但不同种类回流焊机的操作步骤大致相同。本任务以使用较为广泛的全热风回流焊机为例介绍其基本操作步骤，如图 4—2—1 所示。

图 4—2—1　回流焊机基本操作步骤

1. 设备点检

开机前，先检查设备电源是否正常，检查回流焊机内部是否有残留的 PCB 或其他杂物，如果有则将其取出，确认无误即可进行下一步操作。

2. 开启总电源

在确认设备紧急停止按钮没有被按下后，在设备操作面板上的 POWER（电源）开关（见图 4—2—2）上插入钥匙，并旋向“ON”挡位，此时电源指示灯亮起，设备的总电源接通。POWER 开关为自锁开关，旋向“ON ”为开启，旋向“OFF”为关闭。

图 4—2—2　总电源开关

3. 开启计算机

在总电源开启后，按下主控计算机的开机键开启计算机。

4. 打开控制软件

进入系统后，系统一般会自动打开回流焊控制软件；如果没有自动打开，则单击桌面上的图标进入回流焊控制软件。

5. 载入程序

进入软件后，执行“文件”→“打开”命令，选择将要操作的 PCB 程序，然后单击“打开”按钮，打开并载入程序，如图 4—2—3 所示。

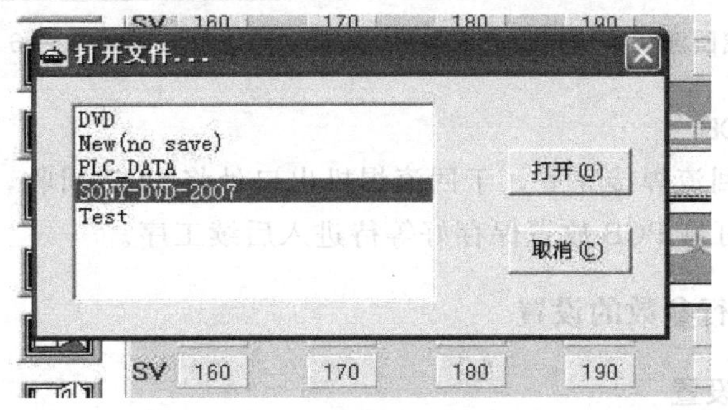

图 4—2—3　打开并载入程序

6. 调节导轨宽度

载入程序后，需要根据将要操作的 PCB 的宽度，调节回流焊机输送导轨的宽度。导轨宽度调节开关（WIDTH 开关）如图 4—2—4 所示。

图 4—2—4 导轨宽度调节开关

WIDTH 开关为不自锁开关，常态为“OFF”。需要调节导轨宽度时，在 WIDTH 开关上插入钥匙，旋向“IN”方向并保持为将导轨宽度调窄，旋向“OUT”方向并保持为将导轨宽度调宽。

7. 开启回流焊接功能

导轨宽度调整好后，回到回流焊机控制界面，开启网链、运风、加热、冷却等开关，如图 4—2—5 所示。单击相应虚拟按键使其变为绿色即为开启。

8. 放置 PCB

回流焊接功能开启后，等待炉温升至程序设定值，即所有温区的“SV”与“PV”相等或差别不大时，即可开始进行 PCB 的回流焊接，此时可以把已经贴装好元件并需要进行回流焊接的 PCB 放置到链条（或网带）上，如图 4—2—6 所示。

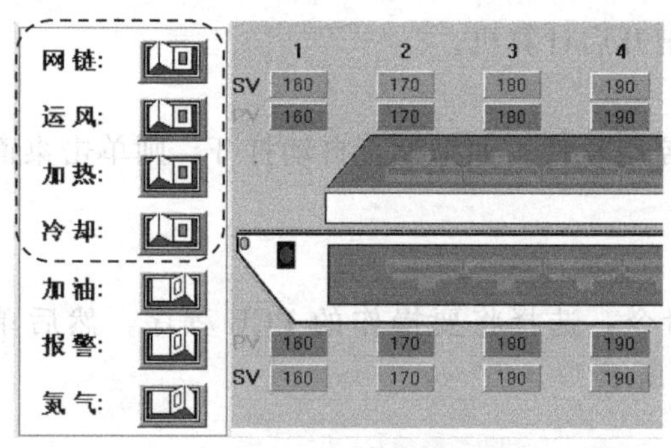

图 4—2—5 开启回流焊接功能相应开关

图 4—2—6 放置 PCB

9. 回收并检查 PCB

PCB 经回流焊机回流焊接完后，于回流焊机出口处将 PCB 回收，并初步目检焊接质量，经检查无明显缺陷即可将 PCB 放置保存好等待进入后续工序。

二、回流焊机基本运行参数的设置

1. 输送带速度的设置

输送带速度是指 PCB 运输部分的速度，它决定了 PCB 停留在每一个温区的时间。其设置方法为进入控制软件并载入程序（或新建程序）后，找到“网链”设定区域（见图 4—2—7），输入要设定的速度值，其单位为“cm/min”。通常设置为 75 cm/min，具体可根据实际情况进行调整。

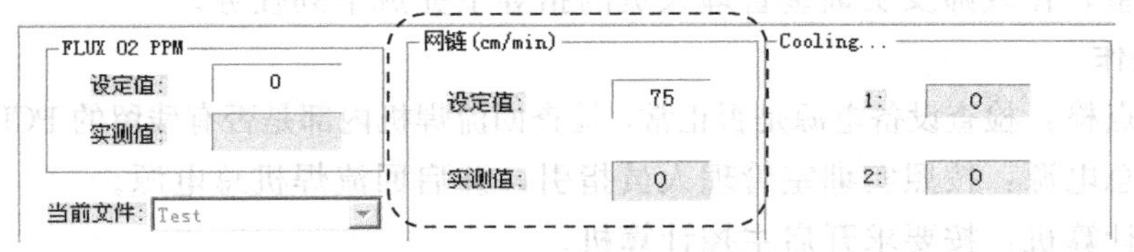

图 4—2—7　输送带速度设置

2. 各温区温度的设置

各温区温度是指回流焊机各个加热（或冷却）温区的温度，它们决定了 PCB 在该温区的最高温度值。其设置方法为进入控制软件并载入程序（或新建程序）后，单击工具栏中的“修改参数”按钮，选择要修改的设定值（SV），软件将弹出该温区温度设定对话框（见图 4—2—8），输入要设定的温度值即可，其单位为℃。各温区的温度值一般不能随意改动，要根据不同的 PCB 测出相应的温度曲线，严格按照温度曲线进行各温区的温度设置。

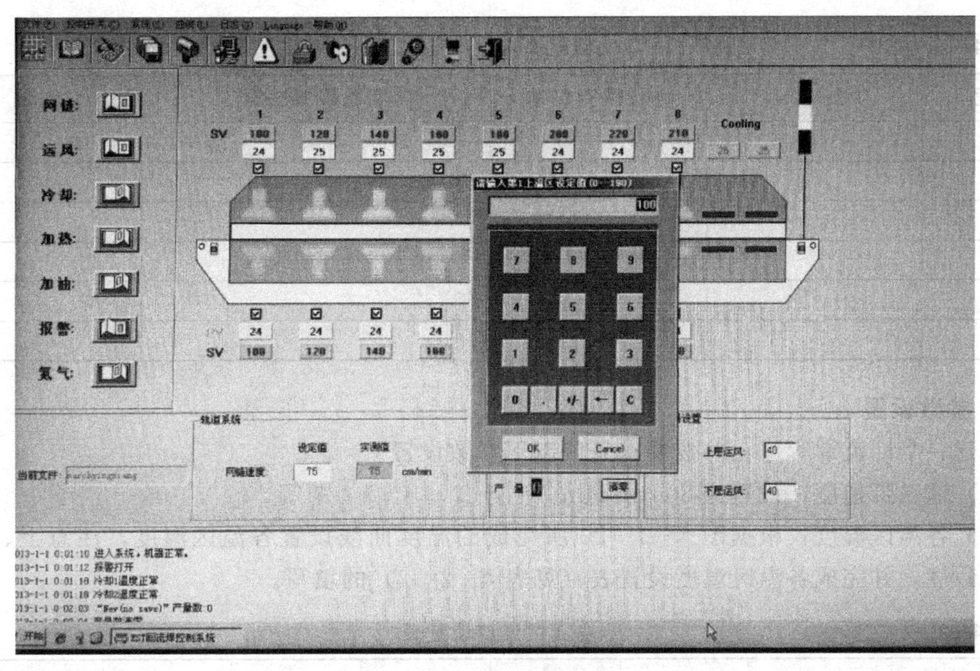

图 4—2—8　各温区温度设置

任务实施

一、任务准备

ETS-0802-LF 回流焊机，已贴装好元件的贴片小音响 PCB，作业本、笔等文具，防静电手套、防静电手环等防护用具。

二、回流焊机的基本操作与参数设置

进入实训室，在教师及实训室管理人员的指导下完成下列任务。

1. 基本操作

（1）设备点检：检查设备电源是否正常，检查回流焊机内部是否有残留的 PCB 或其他杂物。

（2）开启总电源：按照实训室管理人员指引，开启回流焊机总电源。

（3）开启计算机：按要求开启主控计算机。

（4）打开控制软件：进入回流焊控制软件。

（5）载入程序：打开名字为“XIAOYINXIANG”的程序。

（6）调节导轨宽度：调节回流焊机输送导轨的宽度使之适配贴片小音响 PCB。

（7）开启回流焊接功能：开启网链、运风、加热、冷却开关。

（8）放置 PCB：等待炉温升至程序设定值，把已经贴装好元件的贴片小音响 PCB 放置到链条上。

（9）回收并检查 PCB：贴片小音响 PCB 回流焊接完后，将 PCB 回收，目检焊接质量，完成回流焊接生产报表（见表 4—2—1）的填写。

表 4—2—1　　回流焊接生产报表

序号	PCB 名称	炉温是否正常	目检焊接缺陷	备注

2. 参数设置

新建一个回流焊程序，并按要求完成以下参数设置。

（1）输送带速度：设置为 80 cm/min。

（2）各温区温度：根据图 4—1—20 所完成的温度曲线设置各温区温度，注意上、下温区的一致性，并完成各温区温度设置表（见表 4—2—2）的填写。

表 4—2—2　　各温区温度设置表

	1 温区	2 温区	3 温区	4 温区	5 温区	6 温区	7 温区	8 温区
上温区								
	1 温区	2 温区	3 温区	4 温区	5 温区	6 温区	7 温区	8 温区
下温区								
输送带速度：______								

操作提示

在进行回流焊机操作时，应注意以下事项。

(1) 做好静电防护工作，作业时要戴防静电手套和防静电手环。

(2) 机器运转时，遇到紧急状况应立刻按下紧急停止按钮。

(3) 机器运转时，严禁操作人员倚靠在机器上，防止高温灼伤。

(4) 未经允许，不能私自关机及关闭设备电源。

(5) 发现设备运行异常时，应及时向实训室管理人员或教师报告。

任务评价

对任务的完成情况进行检查，并将结果填入表 4—2—3 所示任务考核评分表内。

表 4—2—3　　任务考核评分表

评价项目	评价标准	配分（分）	自我评价	小组评价	教师评价
职业素养	安全意识、责任意识、服从意识强	5			
	积极参加教学活动，按时完成各项学习任务	5			
	团队合作意识强，善于与人交流和沟通	5			
	自觉遵守劳动纪律，尊敬师长，团结同学	5			
	爱护公物，节约材料，工作环境整洁	5			
专业能力	能按要求完成回流焊机的启动	8			
	能按要求载入正确的程序	8			
	能根据 PCB 的宽度调整好导轨的宽度	8			
	能完成回流焊接各个功能的开启	8			
	能按要求完成 1 块 PCB 的回流焊接	10			
	能按要求完成回流焊接生产报表的填写以及 PCB 的回收	8			
	能正确设置回流焊机输送带速度及各温区温度并完成表格的填写	20			
	能按实训室安全管理规范进行实训	5			
合计		100			
总评	自我评价×20%＋小组评价×20%＋教师评价×60%＝______	综合等级	教师（签名）：		

注：学习任务考核采用自我评价、小组评价和教师评价三种方式，结果分为 A（90～100）、B（80～89）、C（70～79）、D（60～69）、E（0～59）五个等级。

知识拓展

炉温测试仪

最初的SMT行业常被贴片加工成品的品质所困扰。很多产品过炉后，外观丝毫没有损伤，良品率却很低，这时温控这一概念首次出现，原来温度的变化对产品竟有如此深远的影响。随着研究的深入，温度变化对产品生产质量的影响慢慢受到重视。

过高温度烘烤，会改变产品内部的结构；而过低温度烘烤，产品无法完成焊接。而且无论是加热时间的长短，还是温度升、降的快慢，也都严重影响着产品的质量甚至使用寿命，可以说“温度”损耗了电子生产企业大量的原材料。于是，炉温测试仪便应运而生。

炉温测试仪外形小巧却功能强大，内部有复杂的线路和芯片，其强大的追踪分析软件，可以帮助使用者设计近乎完美的温度曲线，使产品获得精美的外观和精湛的品质。随着炉温测试仪的发展，各种功能不断完善，其不仅能测出温度变化的数据，还能编制程序查看KPI（关键绩效指标）是否符合工艺要求。有些炉温测试仪还具有Process Window Index（过程窗口索引功能）、Navigator Power-Key（自动预定温度设置功能）等更加先进的功能。Navigator Power-Key是一个优化分析软件（俗称优化钥匙），有了这个钥匙，使用者只要给定产品工艺要求，炉温测试仪就会自动寻找匹配的炉温设置，大大节省了编辑工艺的时间和错误率。炉温测试仪的应用非常广泛，回流焊、波峰焊、食品加工、陶瓷烧结、颜色喷涂等都可以用到。

思考与练习

1. 写出回流焊机的操作步骤。
2. 操作回流焊机过程中需要注意的问题有哪些？

任务3　回流焊机的维护与保养

学习目标

1. 熟悉回流焊机维护保养的基本内容。
2. 了解回流焊机维护保养的步骤及方法。

任务引入

回流焊机属于高温运行的设备，使用一段时间，锡膏中的松香助焊剂会大量残留在回流焊机的内壁与冷却区管道中。这些残留物会降低回流焊机的温控精度及焊接品质，且会大大降低回流焊机的使用寿命，因此需要定期对回流焊机进行清理及检查，保证设备更加稳定地运行，延长设备的使用寿命。本任务主要学习回流焊机维护保养相关知识，从而掌握回流焊机维护保养技能。

相关知识

回流焊机的维护保养按照保养周期来分，主要分为日保养、周保养、月保养、季保养和年保养。

一、日保养

1. 清理机器外壳

检查机器外壳是否沾有灰尘，若有灰尘应利用抹布蘸少许酒精进行擦拭，保证机器外壳干净（见图 4—3—1）。擦拭时应注意勿将手深入炉膛内。

如果机器外壳有比较难擦拭的污迹，应用酒精或专用清洁剂擦除，不能用具有腐蚀性的液体擦拭设备外壳，以免造成设备漆面损坏。

2. 检查自动加油器

检查自动加油器中高温链条油的存量（见图 4—3—2）。当加油器中高温链条油低于容器的 1/3 时，应向容器中加入适量高温链条油。

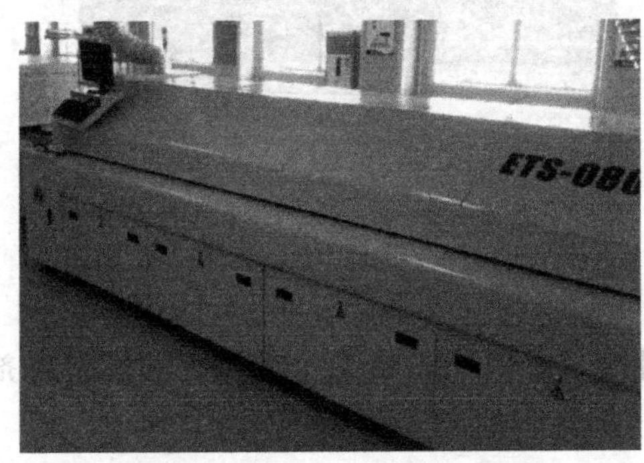

图 4—3—1　清理机器外壳

图 4—3—2　检查自动加油器

3. 检查运输入口和出口光电开关

检查运输入口和出口光电开关表面是否有异物。

二、周保养

周保养项目涉及炉膛内部的清理，因此在进行周保养时应等炉膛降温至室温（20～30℃）才可以进行。

1. 清理抽风排气管

用抹布浸清洗剂把各抽风排气管内的油污清理干净，如图 4—3—3 所示。

2. 清理传动链轮

用抹布和酒精将传动链轮上的油污和灰尘清除干净，再重新加入润滑油，如图 4—3—4 所示。

3. 清理炉子进出口

检查炉子进出口处是否沾有油污、灰尘，用抹布擦拭干净，如图 4—3—5 所示。

图 4—3—3 清理抽风排气管

图 4—3—4 清理传动链轮

图 4—3—5 清理炉子进出口

图 4—3—6 清理炉膛内部

4. 清理炉膛内部

先使用吸尘器将炉膛内的助焊剂等脏物吸附掉，再用抹布或无尘纸蘸上炉膛清洁剂将吸尘器无法吸掉的助焊剂等脏物擦拭干净，如图 4—3—6 所示。

三、月保养

1. 清理炉膛出风口及顶部

调节炉膛升降开关 HOLD（见图 4—3—7）至“OPEN”位置将炉膛升起，待炉温降至 20～30℃开始进行保养。观察炉膛出风口及顶部是否覆有助焊剂等脏物，如有则用铁铲将脏物铲尽，再用炉膛清洁剂清除，如图 4—3—8 所示。

图 4—3—7 炉膛升降开关

图 4—3—8 清理炉膛出风口及顶部

2. 清理导轨固定边与导轨可动边的前后钢板

检查导轨固定边与导轨可动边的前后钢板是否覆有助焊剂等脏物，如有可用铁铲将其铲尽，再用清洁剂清除，如图 4—3—9 所示。

3. 检查上、下端热风电动机

检查上、下端热风电动机是否有污垢、异物，如有可将其拆下用清洁剂清除污垢再用除锈剂除锈，如图 4—3—10 所示。

图 4—3—9 清理导轨固定边与导轨可动边

图 4—3—10 清理热风电动机

4. 检查传送链条

检查传送链条是否有变形，与齿轮是否啮合良好，以及链条与链条间孔是否被异物堵塞，如有可用铁刷将其去除。

四、季保养

1. 检查导轨调宽电动机及各齿轮、链条

检查电动机、齿轮、链条是否正常转动，轴心固定内六角螺钉是否上紧，齿轮、链条表面是否干净及松紧度是否合适。用碎布或无尘布蘸酒精擦拭齿轮表面，再以润滑油润滑表面，如图 4—3—11 所示。

2. 调整导轨平行度

以游标卡尺配合 PCB 生产基板测量导轨前后宽度，以进口处宽度为基准，倘若出板处较宽或较窄，以固定钳及开口扳手将链条与导轨后端传动齿杆分开放松，再以手转动后端传动齿杆调整至与前、中端相同距离即可，如图 4—3—12 所示。

图 4—3—11 检查导轨调宽电动机及各齿轮、链条

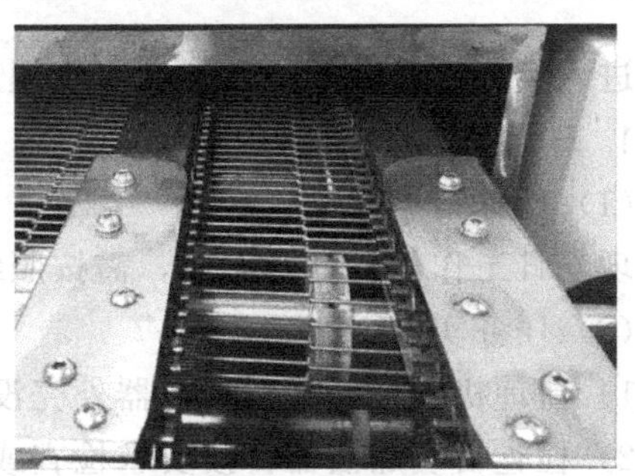

图 4—3—12 调整导轨平行度

五、年保养

1. 清理电控箱

先打开机器电控箱门，然后用吸尘器把所有电气元器件的灰尘清理干净，最后把门上的散热风扇及过滤棉清理干净，如图 4—3—13 所示。

2. 检查 UPS

检查 UPS 工作状况是否良好，用万用表测量输入/输出端电压，输入/输出端电压正常均为交流 220 V±10 V，如图 4—3—14 所示。

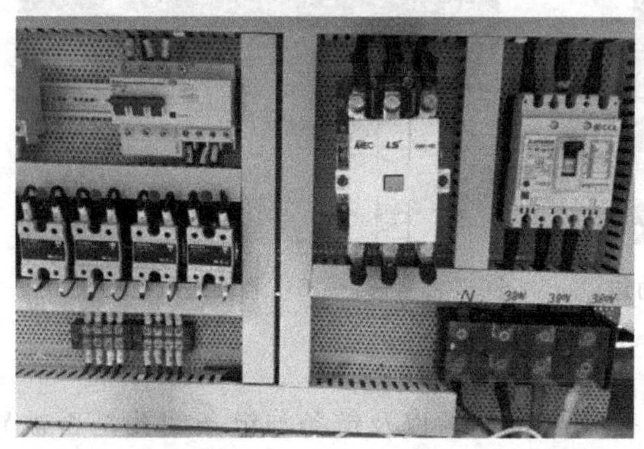

图 4—3—13　清理电控箱

图 4—3—14　检查 UPS

任务实施

一、任务准备

ETS-0802-LF 回流焊机，回流焊机保养相关工具、耗材（白手套、干净白棉布、无尘布、工业酒精、清洁剂、高温润滑油、吸尘器、一字铲、六角旋具套装、游标卡尺、扳手、毛刷、数字万用表），作业本、笔等文具，防静电手套、防静电手环、口罩等防护用具。

二、ETS-0802-LF 回流焊机的维护与保养

进入实训室，在教师及实训室管理人员的指导下完成下列任务。

1. 日保养

(1) 任务描述

现当日工作任务已经完成，需按照维护保养要求完成 ETS-0802-LF 回流焊机的日保养。

(2) 任务实施

1）清理机器外壳：要求机器外壳没有灰尘及污迹，要遵循操作规程。

2）检查自动加油器：按要求检查或适当添加高温润滑油。

3）检查运输入口和出口光电开关表面：保证运输入口和出口无杂物，光电开关表面无污迹。

4）保养完毕，完成表 4—3—1 回流焊设备日保养报表的填写。

表 4—3—1　　回流焊设备日保养报表

序号	保养项目	完成情况	日期	保养人
1	清理机器外壳			
2	检查自动加油器			
3	检查运输入口和出口光电开关表面			

2. 周保养

（1）任务描述

ETS-0802-LF 回流焊机已经满负荷运行一周，根据维护保养计划，需要对该回流焊机进行周保养。

（2）任务实施

1）清理抽风排气管：要求各抽风排气管内无油污。

2）清理传动链轮：要求传动链轮无尘污且润滑良好。

3）清理炉子进出口：要求炉子进出口处无油污、灰尘。

4）清理炉膛内部：要求炉膛内无助焊剂等脏物。

5）保养完毕，完成表 4—3—2 回流焊设备周保养报表的填写。

表 4—3—2　　回流焊设备周保养报表

序号	保养项目	完成情况	日期	保养人
1	清理抽风排气管			
2	清理传动链轮			
3	清理炉子进出口			
4	清理炉膛内部			

3. 月保养

（1）任务描述

ETS-0802-LF 回流焊机已完成一个月的生产任务，根据维护保养计划，需要对该回流焊机进行月保养。

（2）任务实施

1）清理炉膛出风口及顶部：按安全操作规范进行操作，要求炉膛出风口及顶部无助焊剂等脏物。

2）清理导轨固定边与导轨可动边的前后钢板：要求导轨固定边与导轨可动边的前后钢板无助焊剂等脏物。

3）检查上、下端热风电动机：要求上、下端热风电动机无污垢、异物及锈迹。

4）检查传送链条：要求链条正常运行，链条与链条间孔无异物。

5）保养完毕，完成表 4—3—3 回流焊设备月保养报表的填写。

表 4—3—3　　回流焊设备月保养报表

序号	保养项目	完成情况	日期	保养人
1	清理炉膛出风口及顶部			
2	清理导轨固定边与导轨可动边的前后钢板			
3	检查上、下端热风电动机			
4	检查传送链条			

4. 季保养

(1) 任务描述

ETS-0802-LF 回流焊机已完成一个季度的生产任务，根据维护保养计划，需要对该回流焊机进行季保养。

(2) 任务实施

1) 检查导轨调宽电动机及各齿轮、链条：要求导轨调宽电动机及各齿轮、链条正常转动，齿轮、链条表面干净，松紧度合适，且润滑良好。

2) 调整导轨平行度：要求导轨前端、中端、末端平行度一致。

3) 保养完毕，完成表 4—3—4 回流焊设备季保养报表的填写。

表 4—3—4　　回流焊设备季保养报表

序号	保养项目	完成情况	日期	保养人
1	检查导轨调宽电动机及各齿轮、链条			
2	调整导轨平行度			

5. 年保养

(1) 任务描述

ETS-0802-LF 回流焊机已完成一个年度的生产任务，根据维护保养计划，需要对该回流焊机进行年保养。

(2) 任务实施

1) 清理电控箱：要求电控箱内部所有电气元器件无灰尘，门上的散热风扇及过滤棉清洁干净。

2) 检查 UPS：确保 UPS 无异常且工作在正常电压范围以内。

3) 保养完毕，完成表 4—3—5 回流焊设备年保养报表的填写。

表 4—3—5　　回流焊设备年保养报表

序号	保养项目	完成情况	日期	保养人
1	清理电控箱			
2	检查 UPS			

操作提示

在进行回流焊机维护保养时，应注意以下事项。

(1) 进行回流焊机清理和润滑时要先关掉设备电源。

(2) 清理设备表面或内部部件时，应用酒精或专用清洁剂，勿用具有腐蚀性的液体擦拭，以免造成设备表面或部件损坏。

(3) 对回流焊机炉膛进行维护保养时，应关闭设备电源并等炉膛降温至室温（20～30℃）才可以进行。

(4) 发现设备有部件即将损坏时，应及时向实训室管理人员或教师报告。

(5) 遇到紧急情况时，应立刻按下紧急停止按钮。

任务评价

对任务的完成情况进行检查，并将结果填入表 4—3—6 所示任务考核评分表内。

表 4—3—6　　任务考核评分表

评价项目	评价标准	配分（分）	自我评价	小组评价	教师评价
职业素养	安全意识、责任意识、服从意识强	5			
	积极参加教学活动，按时完成各项学习任务	5			
	团队合作意识强，善于与人交流和沟通	5			
	自觉遵守劳动纪律，尊敬师长，团结同学	5			
	爱护公物，节约材料，工作环境整洁	5			
专业能力	能按要求完成回流焊机的日保养操作	10			
	能按要求完成回流焊机的周保养操作	15			
	能按要求完成回流焊机的月保养操作	15			
	能按要求完成回流焊机的季保养操作	10			
	能按要求完成回流焊机的年保养操作	10			
	能按要求完成相关报表的填写	10			
	能按实训室安全管理规范进行实训	5			
合计		100			
总评	自我评价×20%＋小组评价×20%＋教师评价×60%＝______	综合等级	教师（签名）：		

注：学习任务考核采用自我评价、小组评价和教师评价三种方式，结果分为 A（90～100）、B（80～89）、C（70～79）、D（60～69）、E（0～59）五个等级。

思考与练习

1. 编写 ETS-0802-LF 回流焊机日常维护保养作业指导书。
2. 写出回流焊机炉膛的保养内容以及应该注意的事项。

课题五　SMT 检测设备操作与维护

任务 1　认识 AOI 设备

学习目标

1. 了解 AOI 设备的分类。
2. 熟悉 AOI 设备的组成与结构。
3. 熟悉 AOI 设备的工作原理。
4. 了解常见的 AOI 设备。

任务引入

SMT 检测设备是应用于表面组装生产线上的检测装置，可有效地检测印刷质量、贴装质量以及焊点质量。使用检测设备作为减少缺陷的工具，在装配工艺过程的早期查找和消除错误，可以实现良好的过程控制。早期发现缺陷可以避免将不良品送到后工序的装配阶段，从而减少返修成本，避免出现不可返修的电路板。SMT 检测设备中较为典型的是自动光学检测仪 AOI（Automated Optical Inspection）和 X-Ray 检测仪。本任务将学习 AOI 设备的基本结构与工作原理，为后续学习 AOI 设备的操作与维护保养方法奠定基础。

相关知识

一、AOI 设备的分类

AOI 设备分为离线式 AOI 设备和在线式 AOI 设备两种，如图 5—1—1 和图 5—1—2 所示。在实际生产中，是选用在线 AOI 设备还是选用离线 AOI 设备，必须根据生产的实际情况去权衡。如果是小批量、多型号、转线频繁，采用离线式 AOI 设备是最佳选择，因为检测速度可以满足 1.5 条高速贴片线的需要，且易搬动，可以灵活对应任何工序的检查需要。而在线式设备则固定于某一工序检查，一般应用于长期固定的品种检测，这样可免去程序调试的时间，提高了设备的使用率和稳定性。

二、AOI 设备的组成与结构

AOI 设备是由计算机控制，集光、电、气及机械为一体的自动化检测设备。AOI 设备的组成与结构如图 5—1—3 所示。

图 5—1—1　离线式 AOI 设备

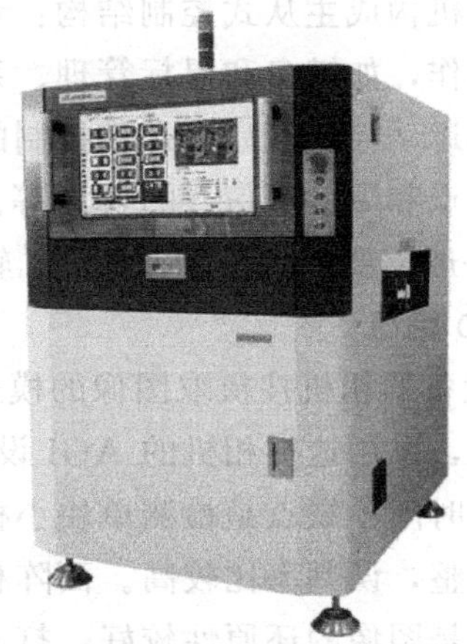
图 5—1—2　在线式 AOI 设备

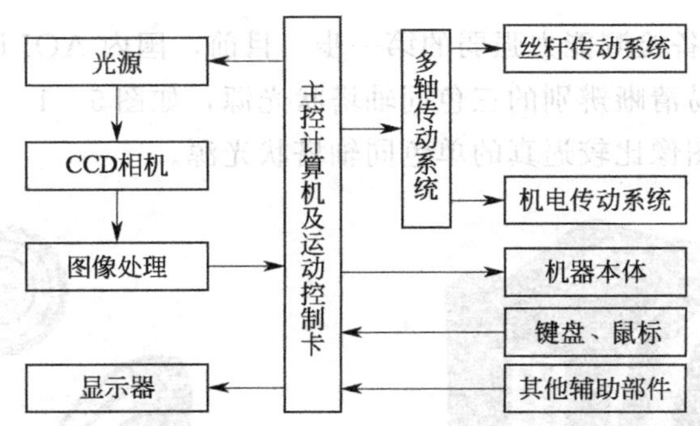

图 5—1—3　AOI 设备的组成与结构

1. 主控计算机及运动控制卡

早期的 AOI 设备大部分采用的是工业控制计算机，简称工控机（见图 5—1—4）。随着计算机技术的发展，现在 AOI 设备的主控计算机基本都使用主流配置的商用计算机（搭配相应的控制接口板卡）。

运动控制卡是一种基于计算机及工业控制计算机、用于各种运动控制场合（包括位移、速度、加速度控制等）的上位控制单元（见图 5—1—5）。运动控制卡通常采用专业运动控制芯片或高速 DSP 作为运动控制核心，大多用于控制步进电动机或伺服电动机。一般运动控

图 5—1—4　工业控制计算机

图 5—1—5　运动控制卡

制卡与计算机构成主从式控制结构：计算机负责人机交互界面的管理和控制系统的实时监控等方面的工作，如键盘和鼠标管理、系统状态显示、运动轨迹规划、控制指令发送、外部信号监控等；运动控制卡完成运动控制的所有细节，包括脉冲和方向信号的输出、自动升降速的处理、原点和限位等信号的检测等。运动控制卡根据需要控制多少个运动轴而选定型号，AOI 设备一般需要控制两轴（X、Y 轴）即可。

2. CCD 相机

AOI 设备的相机按摄取图像的模式不同，分为线阵相机和面阵相机。线阵相机是逐行扫描方式取像，采用这类相机的 AOI 设备的优点是检测速度相对较快，检测过程中没有停顿现象，节约时间；缺点是检测单块小板时的检测速度相对慢一些，图像还原性较差，打光的角度难以调整，误判率比较高。面阵相机（见图 5—1—6）是采用一幅一幅的图片拍摄方式取像，优点是图像的还原性较好，打光角度容易调整，容易得到较清晰的图像，因而市面上的 AOI 设备绝大多数厂商使用面阵相机。

3. 光源

光源是决定 AOI 设备检测能力强弱的第一步。目前，国内 AOI 设备供应商在 AOI 设备上使用的是图像比较容易清晰辨别的三色同轴塔状光源，如图 5—1—7 所示；而国外 AOI 设备厂商使用的大部分是图像比较逼真的单色同轴塔状光源。

图 5—1—6　面阵相机

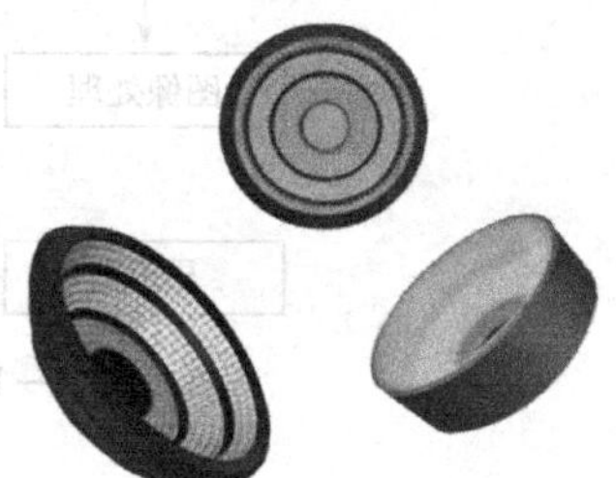

图 5—1—7　三色同轴塔状光源

4. 丝杆传动系统

AOI 设备的传动装置一般由丝杆和导轨组成，如图 5—1—8 所示。目前市面上的丝杆分为铸造型丝杆和研磨型丝杆两种：铸造型丝杆加工方便，价格便宜，要求性价比高的 AOI 设备供应商一般用它；而研磨型丝杆加工精度高，成本高，一般用在对检测精度要求高的 AOI 设备上。

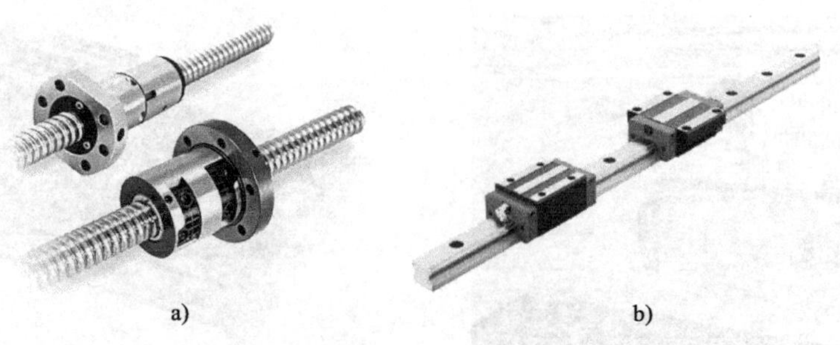

a)　　b)

图 5—1—8　丝杆与导轨

a) 丝杆　b) 导轨

5. 机电传动系统

AOI 设备使用的电动机分为线性电动机、伺服电动机和步进电动机三种，如图 5—1—9 所示。线性电动机精度高、价格昂贵，使用线性电动机配置 AOI 设备的供应商比较少。伺服电动机的精度仅次于线性电动机，是目前市面上主流 AOI 检测设备驱动配置的主要选择。步进电动机的精度较低，但价格十分便宜，对检测精度要求不高的场合和企业，在配置 AOI 设备时多采用步进电动机。

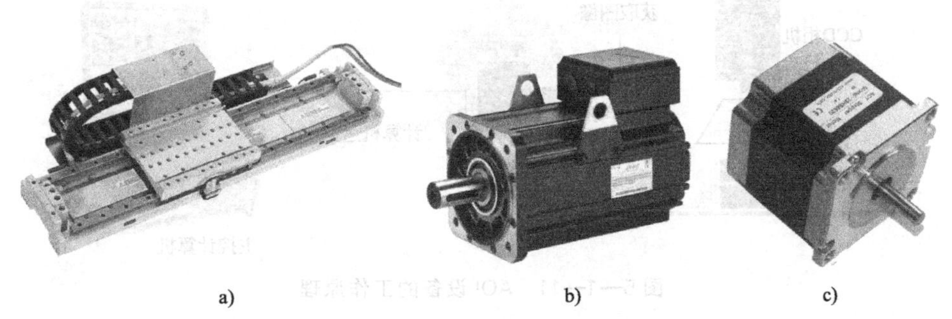

图 5—1—9　AOI 设备使用的电动机
a）线性电动机　b）伺服电动机　c）步进电动机

6. 机器本体

即 AOI 设备所有部件的载体，也称机壳或机架。其作用比较单一，主要用于固定 AOI 设备部件，是实现 AOI 设备检测功能的硬件结构载体。

7. 其他辅助部件

除了上述的主要部件以外，AOI 设备还有一些辅助部件，如图 5—1—10 所示的电源开关、紧急停止按钮、限位开关以及各种位置传感器等，这些部件都是 AOI 设备正常运行不可缺少的，有着各自的重要性。例如，电源开关是整台设备开启的总开关；紧急停止按钮保证 AOI 设备在紧急情况下可以停止设备运行，保证使用者的安全；限位开关保证 AOI 设备的运行不会超出限定位置，保证设备在安全范围内运行；各种传感器可以及时地把设备内部的位置信息反馈给控制系统，及时掌握设备运行的情况。

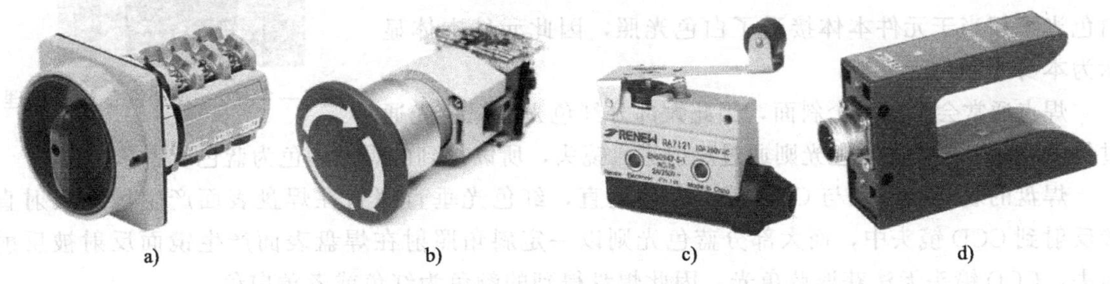

图 5—1—10　AOI 设备的其他辅助部件
a）旋转式电源开关　b）紧急停止按钮　c）限位开关　d）光电传感器

三、AOI 设备的工作原理

目前 AOI 设备仍处于高速发展阶段，其品牌众多，不同品牌的 AOI 设备优势也不同，主要取决于其不同的创新核心软件算法，这是因为图像处理部分需要很强的软件支持，各种缺陷需要用计算机利用不同的算法进行计算和判断。通常采用的软件算法有模板比较、边缘检查、灰度模型、特征提取、固态建模、矢量分析、图形配对和傅立叶分析等。尽管 AOI 设备的算法各异，但 AOI 设备的工作原理基本相同，如图 5—1—11 所示。

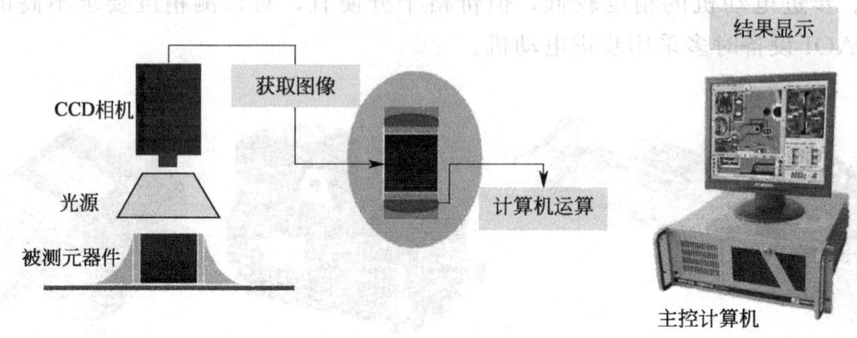

图 5—1—11　AOI 设备的工作原理

1. **光学原理**

以三色同轴塔状光源为例，三色 LED 光源由不同的角度射出红色（R）、绿色（G）、蓝色（B）以及三色光组合得到的白色（W）光并分别投射到 PCB 上，对被测元器件予以 360°全方位照明。

人类认识物体是通过光线反射回来的量进行判断，反射量多为亮，反射量少为暗。AOI 设备的判断原理与此类似，AOI 设备用人工光源 LED 灯光代替自然光，用光学透镜和 CCD 镜头代替人眼，把从光源反射回来的量与已经编好程序的标准量进行比较、分析和判断。

通过光的反射、斜面反射、漫反射分别得到元件本体、焊点、焊盘的不同颜色信息，如图 5—1—12 所示。

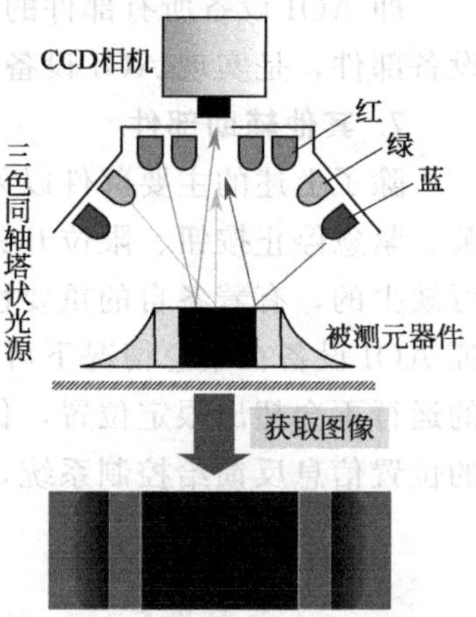

图 5—1—12　AOI 设备光学原理

红色光、绿色光和蓝色光都在元件本体表面产生漫反射，根据光的调色原理，红色光、绿色光、蓝色光调和得到白色光，相当于元件本体接受了白色光照，因此元件本体显示为本身的颜色。

焊点通常会形成一个斜面，因此大部分红色光和绿色光通过斜面反射出去，而蓝色光则通过反射进入镜头，所以得到的焊点颜色为蓝色或者灰黑色。

焊盘的表面光滑且与 CCD 镜头方向垂直，红色光垂直照射在焊盘表面产生镜面反射直接反射到 CCD 镜头中，而大部分蓝色光则以一定斜角照射在焊盘表面产生镜面反射被反射出去，CCD 镜头无法获取蓝色光，因此焊盘得到的颜色为红色或者黄白色。

2. **检测原理**

根据 AOI 设备工作的光学原理，当三色同轴塔状 LED 光源照射在焊点上时，焊点每个部位会呈现出不同的颜色，原因是三种颜色的灯光分别以不同的角度照射，焊点不同的地方对于不同颜色灯光的反射是不一样的，因而在镜头里得到了一组颜色变化的图像，坡度自水平到垂直所拍摄的图像效果分别为红色、黄色（红色＋绿色）、绿色、青色（绿色＋蓝色）、蓝色，亮度变化则由亮到暗。焊点实物在 AOI 设备里面形成对应的图像，如图 5—1—13 所示。

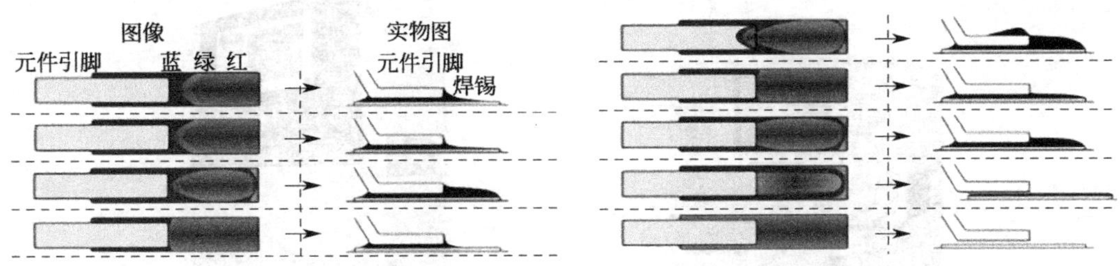

图 5—1—13　焊点实物与 AOI 图像对应示意图

四、常见的 AOI 设备品牌

目前市面上的 AOI 设备品牌众多。其中，国外品牌以 OMRON（欧姆龙）、SAKI（赛凯）、Agilent（安捷伦）、Orbotech（奥宝）最为常见，较为典型的机型如图 5—1—14 所示。国内品牌以 TRI（德律）、ALeader（阿立得）、VCTA（振华兴）最为常见，较为典型的机型如图 5—1—15 所示。

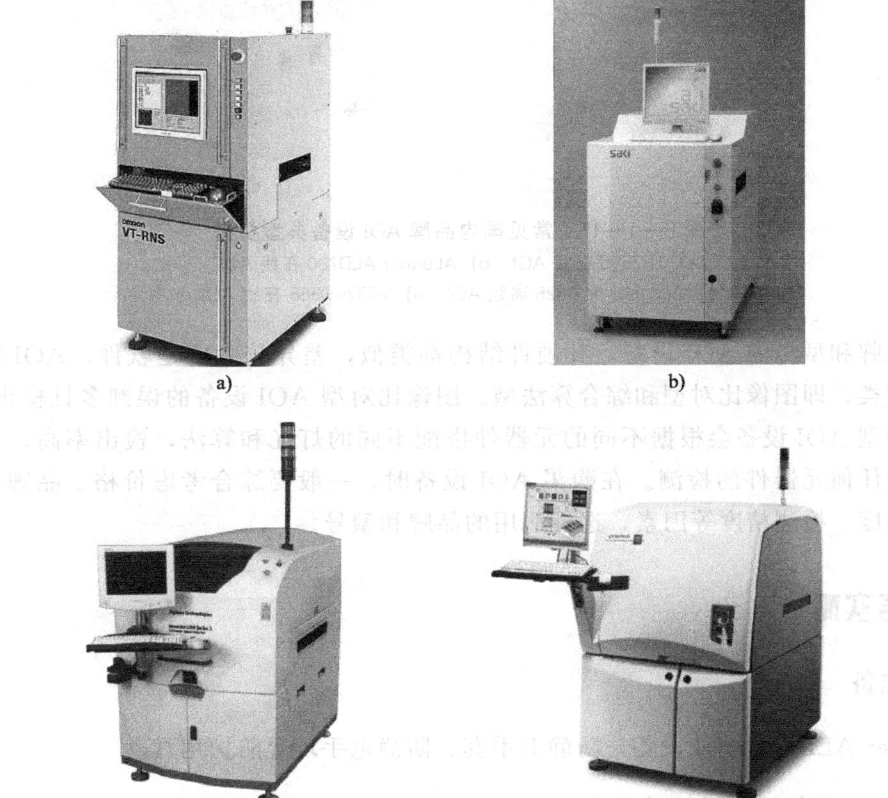

图 5—1—14　常见国外品牌 AOI 设备典型机型

a）OMRON VT-RNS 在线 AOI　b）SAKI BF-Planet-X 在线 AOI

c）Agilent SJ50 Series 3 在线 AOI　d）Orbotech Symbion P36 在线 AOI

a)

b)

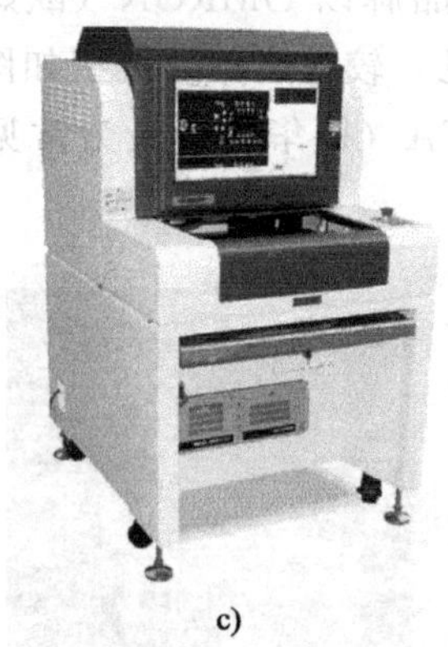
c)

d)

图 5—1—15　常见国内品牌 AOI 设备典型机型
a) TR7500 在线 AOI　b) ALeader ALD700 在线 AOI
c) ALeader ALD625 离线 AOI　d) VCTA-D586 在线 AOI

各种品牌和型号的 AOI 设备，其硬件结构都类似，差异较大的是软件。AOI 设备从软件上分为两类，即图像比对型和综合算法型。图像比对型 AOI 设备的误判多且检出率不高；而综合算法型 AOI 设备会根据不同的元器件搭配不同的灯光和算法，检出率高，且误判较少，适用于任何元器件的检测。在购买 AOI 设备时，一般要综合考虑价格、品牌、软件类型、检测速度、检测精度等因素，选择适用的品牌和型号。

一、任务准备

ALeader ALD515 AOI 设备，防静电手套、防静电手环等防护用具。

参考答案

二、认识 AOI 设备的常用品牌

在教师的指导下，查找相关资料，认识表 5—1—1 中展示的 AOI 设备，并写出对应 AOI 设备的品牌、型号、应用场合及特性。

表 5—1—1　认识 AOI 设备的常用品牌

序号	图示	信息
1	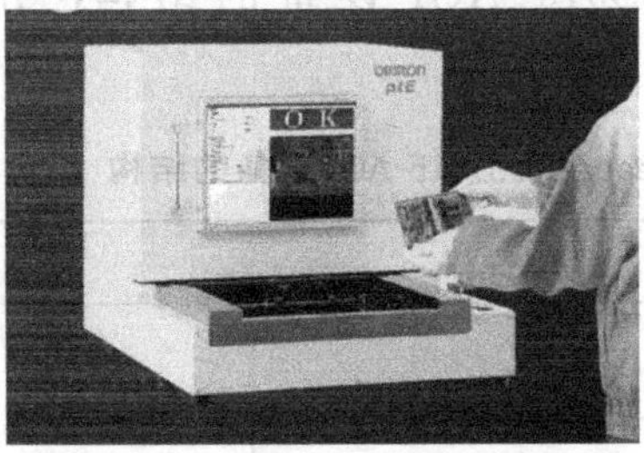	品牌：______ 型号：______ 应用场合：______ 特性：______ ______
2	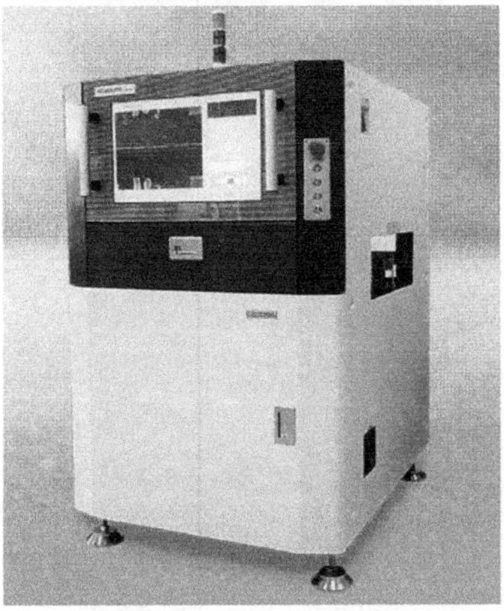	品牌：______ 型号：______ 应用场合：______ 特性：______ ______
3	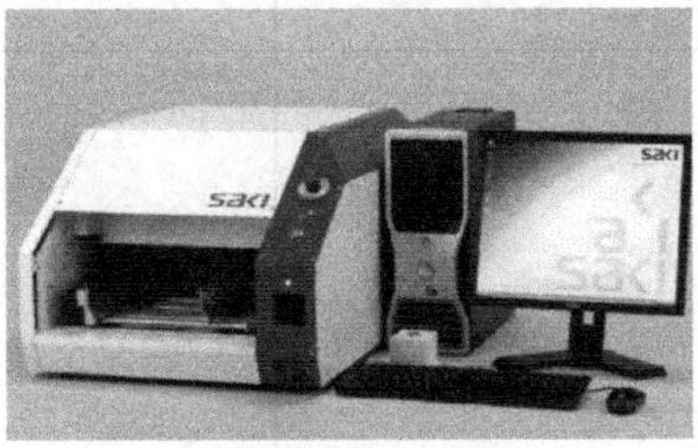	品牌：______ 型号：______ 应用场合：______ 特性：______ ______
4	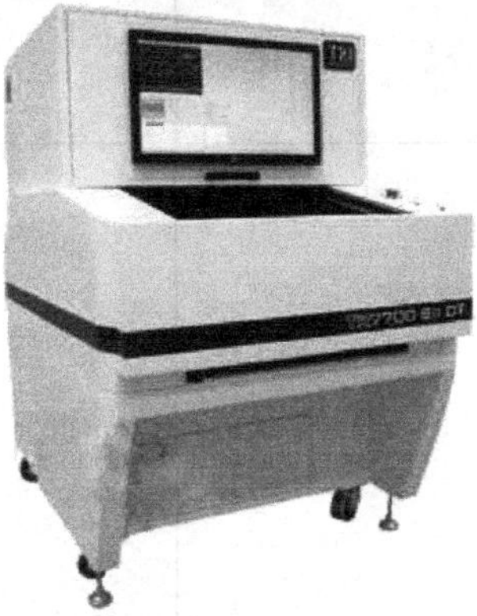	品牌：______ 型号：______ 应用场合：______ 特性：______ ______

三、认知 ALeader ALD515 AOI 设备的结构

参考答案

进入实训室，仔细观察 ALeader ALD515 AOI 设备的结构，并完成表 5—1—2 的填写。

表 5—1—2　　认知 ALeader ALD515 AOI 设备的结构

序号	图示	部件名称	作用
1			
2			
3			
4			

续表

序号	图示	部件名称	作用
5	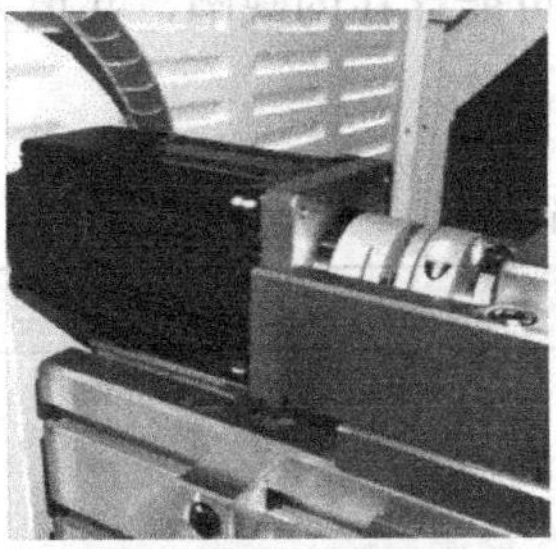		
6			
7			
8	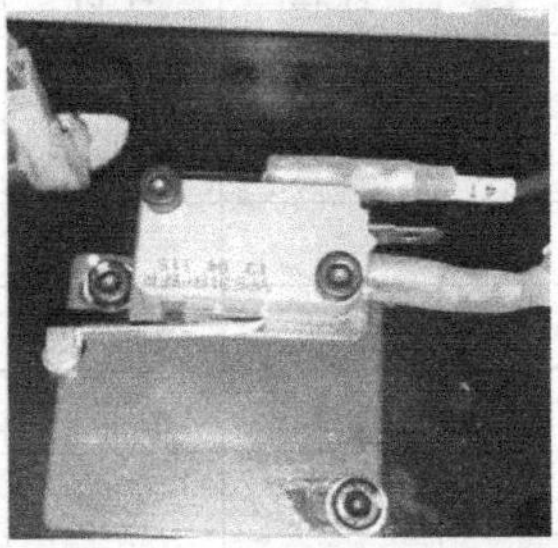		
9			

四、分析常见焊点缺陷

参考答案

观察教师提供的 AOI 设备采集的焊点图片，分析各焊点可能存在的缺陷，并填入表 5—1—3。

表 5—1—3　　常见焊点缺陷分析

序号	焊点图片	可能存在的故障
1		
2		
3		

任务评价

对任务的完成情况进行检查，并将结果填入表 5—1—4 所示任务考核评分表内。

表 5—1—4　　任务考核评分表

评价项目	评价标准	配分（分）	自我评价	小组评价	教师评价
职业素养	安全意识、责任意识、服从意识强	5			
	积极参加教学活动，按时完成各项学习任务	5			
	团队合作意识强，善于与人交流和沟通	5			
	自觉遵守劳动纪律，尊敬师长，团结同学	5			
	爱护公物，节约材料，工作环境整洁	5			
专业能力	能正确填写对应 AOI 设备的相关信息	15			
	能正确识别 ALeader ALD515 AOI 设备各个主要部件	35			
	能根据 AOI 设备原理分析常见焊点缺陷	15			
	能按实训室安全管理规范进行实训	10			
合计		100			
总评	自我评价×20%+小组评价×20%+教师评价×60%=________	综合等级	教师（签名）:		

注：学习任务考核采用自我评价、小组评价和教师评价三种方式，结果分为 A（90～100）、B（80～89）、C（70～79）、D（60～69）、E（0～59）五个等级。

思考与练习

1. 简述 ALeader ALD515 AOI 设备的工作原理。
2. ALeader ALD515 AOI 设备检测时采用的是什么光源？
3. ALeader ALD515 AOI 设备光学原理中，采用的基本色是哪几个？

任务 2　AOI 设备的操作与参数设置

学习目标

1. 熟悉 AOI 设备的基本操作步骤。
2. 掌握 AOI 设备的运行参数设置方法。
3. 能正确操作 ALeader ALD515 AOI 设备并进行参数设置。

任务引入

前面任务学习了 AOI 设备的原理与结构，对 AOI 设备有了初步的认识。本任务主要学习 AOI 设备的操作及参数设置方法，模拟真实生产情况，使用 AOI 设备检查一批已经贴装焊接好元器件的 PCB，并撰写一份检测缺陷报表报送给客户。

相关知识

目前市面上的 AOI 设备种类繁多，但其操作步骤基本相同，如图 5—2—1 所示。本任务以较为典型的 ALeader ALD515 离线式 AOI 设备为例介绍 AOI 的基本操作步骤。

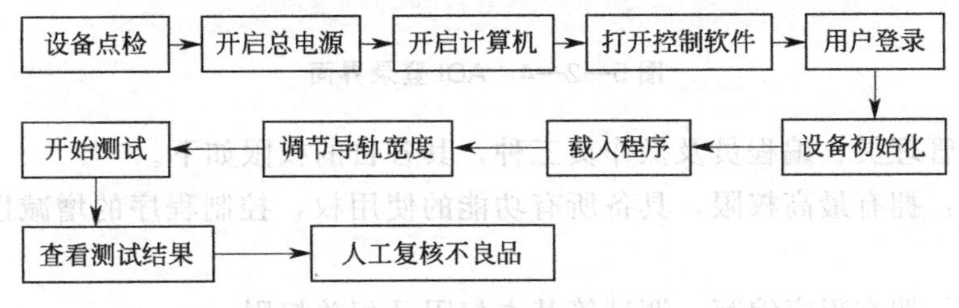

图 5—2—1　AOI 设备的基本操作步骤

1. 设备点检

开机前，先检查设备电源是否正常，检查设备导轨上是否有残留的 PCB 或其他杂物，确认没有问题即可进行下一步的操作。

2. 开启总电源

在确认设备紧急停止按钮没有被按下后，顺时针扭转机器右侧上方的红色主电源开关（见图 5—2—2）90°，此时电源指示灯亮（见图 5—2—3），设备各部分的电源即可接通。

图 5—2—2 主电源开关

图 5—2—3 电源指示灯

3. 开启计算机

部分 AOI 设备在总电源开启后计算机会自动启动；如果 AOI 设备没有自动启动，则直接按主控计算机的开机键开启计算机。

4. 打开控制软件

进入系统后，单击桌面图标（ALD515）进入 AOI 设备控制软件。

5. 用户登录

进入软件后，需要选择用户类型登录，登录界面如图 5—2—4 所示。

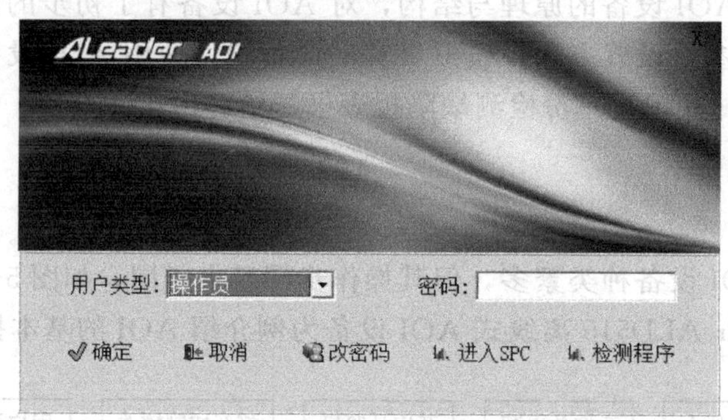

图 5—2—4 AOI 登录界面

用户类型有管理员、编程员及操作员三种，其各自的权限如下。

（1）管理员：拥有最高权限，具备所有功能的使用权，控制程序的增减以及相关权限的修改。

（2）编程员：拥有程序编写、调试等基本权限及相关权限。

（3）操作员：普通权限，拥有 PCB 测试权限。

用户类型选择要根据实际情况进行操作。需要注意的是切勿越权限使用设备，以免因误操作使设备出现故障。

6. 设备初始化

用户登录后，需要进行设备初始化，所有运行部件将会归零，以确保设备运行时的精确度。一般会弹出对话框询问是否要归零，直接单击"是"按钮即可。如果没有弹出对话框，则可按设备上的复位键（PAUSE/RESET）进行归零，如图 5—2—5 所示。

7. **载入程序**

进入 AOI 设备控制软件界面后，载入将要检测的产品程序，如图 5—2—6 所示。

图 5—2—5　设备复位键

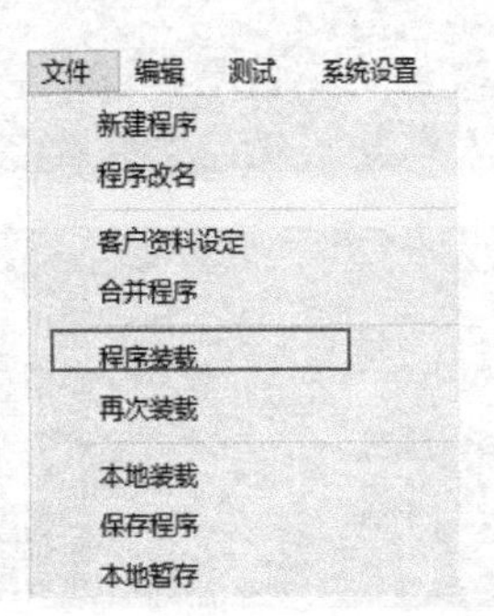

图 5—2—6　程序装载界面

8. **调节导轨宽度**

载入程序后，需要拿出将要检测的 PCB，将其放入 AOI 设备测试导轨上，并根据 PCB 的宽度调节 AOI 设备的导轨宽度。调节时要注意 PCB 不能过于松动也不能过紧，且不能让导轨边夹夹到 PCB 上的焊点，如图 5—2—7 所示。

9. **开始测试**

程序装载完毕并调整好导轨宽度后，则可将待测 PCB 放到测试导轨上，并按设备上的测试键（TEST）进行测试，如图 5—2—8 所示。需要注意的是放置 PCB 时要把板子推到导轨的最左边。

图 5—2—7　调节导轨宽度

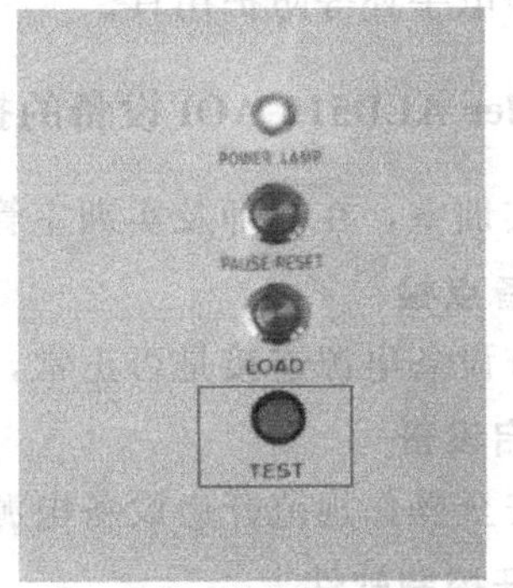

图 5—2—8　设备测试键

10. **查看测试结果**

测试完毕会自动弹出测试结果查看界面，如图 5—2—9 所示。该界面会显示出 PCB 测试结果，所有的 NG 数据均可以在这个界面查看。

11. **人工复核不良品**

通过查看测试结果窗口的 NG 数据，由人工对测试的 PCB 进行目检核对，根据核对的结果对 AOI 设备检测结果进行校正，并选择缺陷类型（如果目检发现 NG 数据为误判，则在缺陷信息处选择“OK”，确认缺陷误判）。人工复核完毕按键盘空格键取出已经测试完毕的 PCB，然后放入下一块待测 PCB，再循环测试操作及人工复核操作。

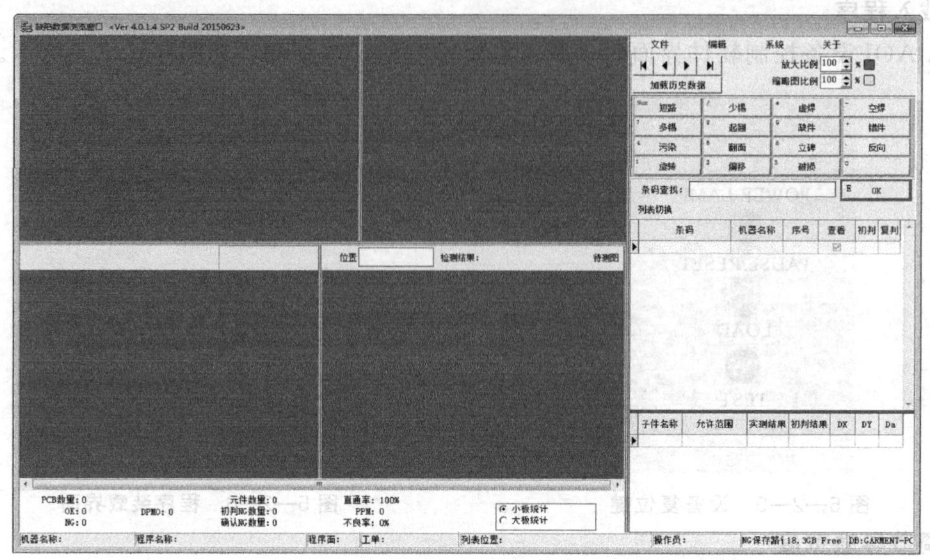

图 5—2—9　测试结果查看界面（NG 数据查看界面）

任务实施

一、任务准备

ALeader ALD515 AOI 设备，已贴装好的贴片小音响 PCB，作业本、笔等文具，防静电手套、防静电手环等防护用具。

二、ALeader ALD515 AOI 设备的操作

进入实训室，在教师及实训室管理人员的指导下完成下列任务。

1. 设备点检

先检查设备电源连接是否正常，设备的导轨上是否有残留的 PCB 或其他杂物。

2. 开启设备

按照安全操作规范开启设备电源。

3. 打开控制软件

开启设备电源进入系统后，单击计算机桌面的 AOI 设备控制软件图标，打开 AOI 设备控制软件。

4. 用户登录

打开 AOI 设备控制软件后，选择用户“操作员”登录。

5. 载入程序

载入名为“XIAOYINXIANG”的生产程序。

6. 调节导轨宽度

按照程序规定的方向放入 PCB 后调节测试导轨的宽度，调节时要保证 PCB 不会太松动，也不会过紧。

7. 开始测试

调节好导轨宽度后，完成 5 块 PCB 的测试并记录测试结果。测试过程中同时对被测 PCB 出现的缺陷点与 AOI 设备检测结果进行人工复核，确认缺陷信息。

8. 填写检测缺陷报表

测试完毕完成表 5—2—1 AOI 设备检测缺陷报表的填写。

表 5—2—1　　AOI 设备检测缺陷报表

PCB 序号	缺陷点元件	缺陷描述	AOI 设备检测结果	人工复核结果

操作提示

(1) 在进行 AOI 设备操作时，应注意以下事项。

1) 禁止两人同时操作设备。

2) 设备操作切勿超越权限，非设备管理人员切勿调整设备参数，以免对设备造成损坏。

3) 设备归零时必须确保机器内没有任何东西，如 PCB、铁块等。

4) 做好静电防护工作，作业时要戴防静电手套和防静电手环。

5) 机器运转时，遇到紧急状况应立刻按下紧急停止按钮。

6) 机器运转时，严禁操作人员倚靠在机器上。

7) 发现设备运行异常时，应及时向实训室管理人员或教师报告。

(2) 在进行 AOI 设备操作时，应注意图 5—2—10 所示的警示标记。

a)

b)

c)

d)

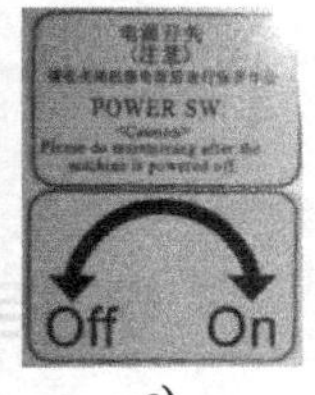

e)

图 5—2—10　警示标记

a) 设备前门侧　b) 设备电源处　c) 设备前门处　d) PCB 放置导轨处　e) 电源开关处

任务评价

对任务的完成情况进行检查，并将结果填入表 5—2—2 所示任务考核评分表内。

表 5—2—2　　任务考核评分表

评价项目	评价标准	配分（分）	自我评价	小组评价	教师评价
职业素养	安全意识、责任意识、服从意识强	5			
	积极参加教学活动，按时完成各项学习任务	5			
	团队合作意识强，善于与人交流和沟通	5			
	自觉遵守劳动纪律，尊敬师长，团结同学	5			
	爱护公物，节约材料，工作环境整洁	5			
专业能力	能按要求完成 AOI 设备和控制软件的启动	10			
	能按要求载入正确的程序	10			
	能根据待测 PCB 调整好导轨的宽度	10			
	能按要求完成 PCB 的检测	30			
	能按要求完成 AOI 设备检测缺陷报表的填写	10			
	能按实训室安全管理规范进行实训	5			
合计		100			
总评	自我评价×20%＋小组评价×20%＋教师评价×60%＝＿＿＿＿	综合等级	教师（签名）：		

注：学习任务考核采用自我评价、小组评价和教师评价三种方式，结果分为 A（90～100）、B（80～89）、C（70～79）、D（60～69）、E（0～59）五个等级。

思考与练习

1. 编写 ALeader ALD515 AOI 设备作业指导书。
2. 操作 AOI 设备过程中需要注意的问题有哪些？

任务 3　AOI 设备的维护与保养

学习目标

1. 熟悉 AOI 设备维护保养的基本内容。
2. 了解 AOI 设备维护保养的步骤及方法。

任务引入

在实际的生产环境中，常因为车间环境存在灰尘及其他物料碎屑等，造成 AOI 设备的污损，使 AOI 的检测能力下降，所以需要定期对 AOI 设备进行清理保养，使设备更加稳定地运行，缩短停机时间，提高检测能力，并延长设备的使用寿命。本任务主要学习 AOI 设备维护保养知识，掌握 AOI 设备维护保养技能。

相关知识

一、日保养

日保养是以 24h 或一个工作日为周期对机器进行保养，主要包含以下内容。

1. 机器平台保养

(1) 保养工作平台前准备手套、干净棉布。

(2) 关闭设备和计算机，切断设备电源，即将设备电源总开关置于 OFF 状态，如图 5—3—1 所示。

(3) 戴上手套，用干净棉布清理平台表面的脏污物或灰尘，如图 5—3—2 所示。

图 5—3—1　关闭设备电源总开关

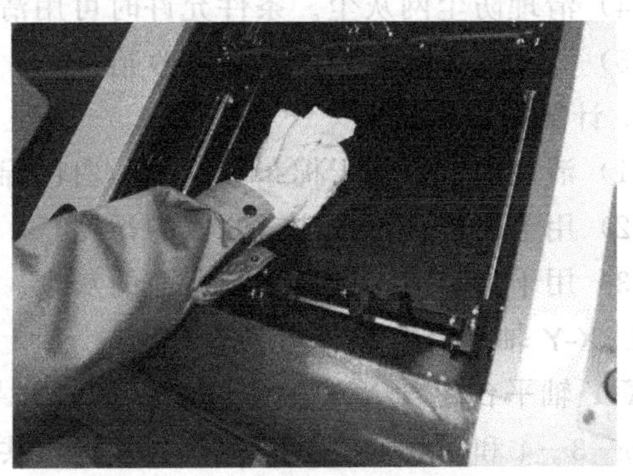

图 5—3—2　清理工作平台

2. 设备外观保养

设备外观保养是指对机壳钣金各个部位进行清理。

(1) 外观保养前准备手套、干净棉布。

(2) 关闭设备，切断设备电源。

(3) 戴上手套，用干净棉布清理机器外壳的灰尘。

注意：如设备外壳有比较难擦拭的污迹，可用酒精或专用清洁剂擦除；擦拭油漆表面时，勿用具有腐蚀性的液体，否则将造成设备漆面损坏。

二、月保养（包括日保养及下列内容）

1. 各散热风扇的清理与检查

机器外壳后面共有四个散热风扇（上面两个、下方左侧面两个）。风扇由外防护窗、防尘网、叶片、内防护窗组成，如图 5—3—3 所示。

(1) 清理前，准备一字旋具、干抹布、白色棉手套等。

(2) 关闭设备，切断设备电源，用一字旋具将风扇外防护窗拆下（风扇其他部件不需要拆卸）。拆风扇外防护窗时要注意，外防护窗四个内侧面分别带有扣子，拆卸时应一只手用一字旋具往外顶住边沿，另一只手轻轻拔起外防护窗。

图 5—3—3 风扇组成

(3) 用干抹布清理风扇外防护窗、叶片、钣金等部位。

(4) 清理防尘网灰尘。条件允许时可用清水清洗防尘网，再自然风干。

(5) 清理完成后，装好风扇，收拾工具。

2. 计算机键盘清理

(1) 清理前，准备干棉布、毛刷、白色棉手套等。

(2) 用毛刷清理键盘按键四侧的污垢。

(3) 用干棉布清理键盘按键表面的灰尘。

3. *X-Y* 轴平台的清理与润滑

X-Y 轴平台包含 *X-Y* 轴滚珠丝杆和直线导轨。滚珠丝杆分布于 *X* 轴和 *Y* 轴，共两条，如图 5—3—4 和图 5—3—5 所示。直线导轨共四条，如图 5—3—6 和图 5—3—7 所示。

图 5—3—4 *X* 轴滚珠丝杆

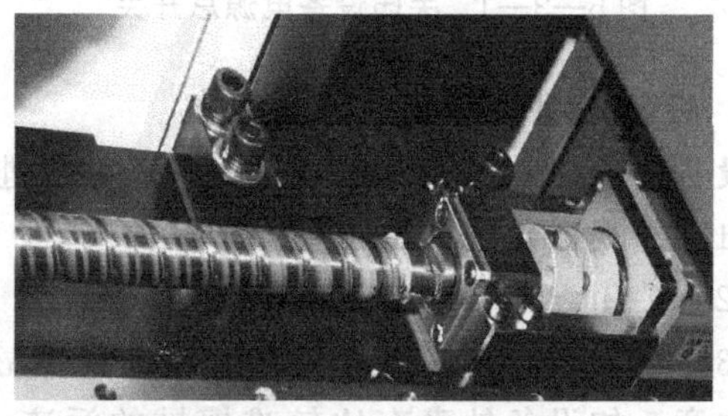
图 5—3—5 *Y* 轴滚珠丝杆

图 5—3—6 *X* 轴直线（上、下）导轨

图 5—3—7 *Y* 轴直线（左、右）导轨

（1）滚珠丝杆的清理与润滑（包含机器所有滚珠丝杆）

1）保养前，准备白色棉手套、导轨丝杆专用油脂、画笔、白色抹布等。

2）关闭设备，切断设备电源。

3）戴上手套，用干净的白色抹布清除丝杆上的陈旧油脂。

4）用画笔将导轨丝杆专用油脂均匀地加入丝杆中，如图 5—3—8 所示。

5）打开测试软件，驱动机器各轴导轨运动 4～5 次，使其润滑均匀，如图 5—3—9 所示。

图 5—3—8　丝杆加入新油脂

图 5—3—9　丝杆润滑均匀

（2）直线导轨的清理与润滑（包含机器所有直线导轨）

1）保养前，准备白色棉手套、导轨丝杆专用油脂、画笔、白色抹布等。

2）关闭设备，切断设备电源。

3）戴上手套，用干净的白色抹布清除导轨上的陈旧油脂，如图 5—3—10 所示。

4）用画笔将导轨丝杆专用油脂均匀地加入导轨两侧面的圆弧槽中，如图 5—3—11 所示。

5）打开测试软件，驱动机器各轴导轨运动 4～5 次，使其润滑均匀。

图 5—3—10　清除陈旧油脂

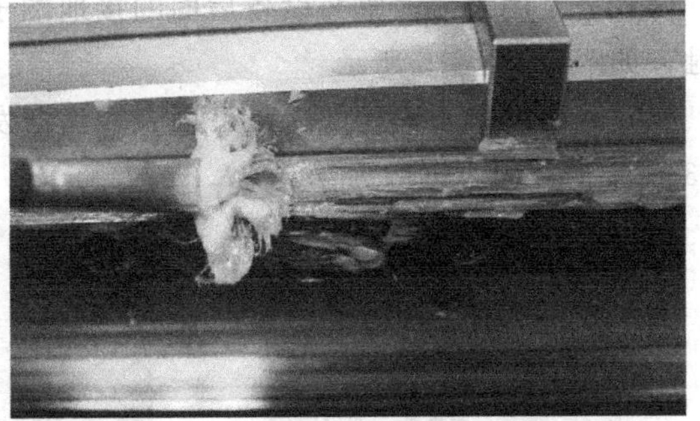

图 5—3—11　导轨加入新油脂

4. 灯光灰度值的校正

（1）调整 PCB 夹紧治具，固定好标准色卡板，如图 5—3—12 所示。移动平台，使相机拍摄范围全部显示为色卡灰度纸的图像。

（2）以管理员模式单击菜单中的“系统设置”→“光源亮度检测”选项，进入亮度检测窗口（见图 5—3—13），单击其中的“进入调整模式”按钮即可进入调整模式。

图 5—3—12 标准色卡板

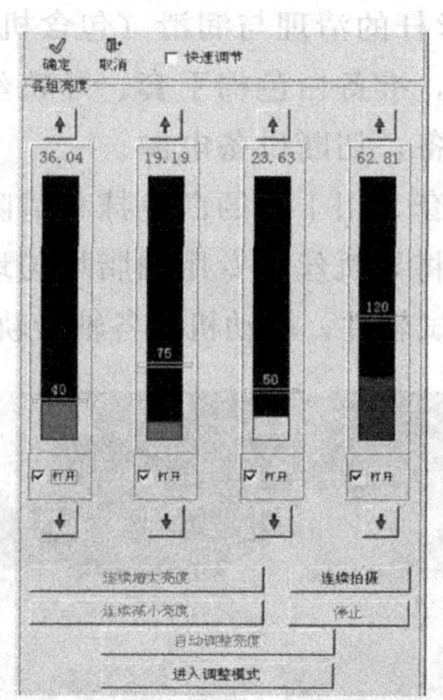
图 5—3—13 亮度检测窗口

（3）单击“自动调整亮度”按钮完成灯光灰度值的校正。如果红、绿、蓝色彩处在设定值，则不需要校正灯光灰度值。

5. 设备接地检查（包含所有接地端子）

接地检查，即检查设备接地端子排与车间供电插排接地端子连接是否良好。设备接地端子如图 5—3—14 所示。

设备接地检查的具体步骤如下。

（1）检查前，准备数字万用表（带表笔）和白色棉手套。

（2）关闭设备，切断设备电源。

（3）戴上手套，插好万用表红黑表笔，并将挡位调至二极管蜂鸣器挡位。

（4）将设备三相插头与车间供电插排插好。

（5）将万用表一表笔与设备后面的接地端子排接触，另一表笔与车间供电插排接地端子接触，如图 5—3—15 所示。

（6）观察读数不大于 2 Ω 且万用表蜂鸣器发出声音、指示灯亮起，则接地是合格的。图 5—3—15 中万用表读数为 0.02 Ω。

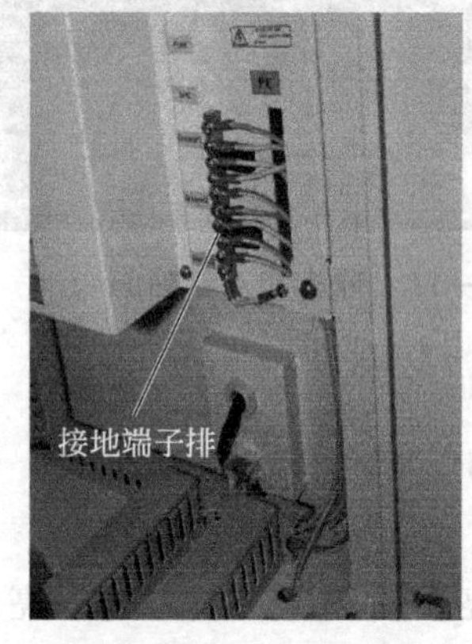

图 5—3—14 设备接地端子

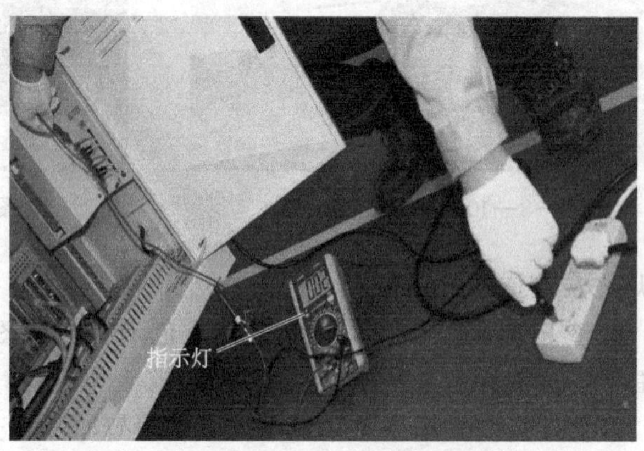

图 5—3—15 设备接地测试

三、季保养（包括月保养及下列内容）

1. 光源清理

（1）清理前，准备白色抹布、白色棉手套。

（2）关闭设备，切断设备电源。

（3）用抹布将光源外壳灰尘清理干净，如图 5—3—16 所示。

2. 计算机数据文件整理

设备上计算机的硬盘空间是有限的。如果不停地产生新的数据文件，计算机硬盘可用空间将不断减少，因此需要每个季度对计算机数据文件进行一次整理。

（1）打开设备和计算机。

（2）选中计算机桌面的“ALD515”软件图标，单击鼠标右键打开右键快捷菜单。

（3）在快捷菜单中单击“属性”→“查找目标”命令，弹出“ALD515”文件夹。

（4）在“ALD515”文件夹界面单击“向上”按钮回到上一级文件夹，双击打开“SpcErrorData”文件夹，再双击打开“ALEADER”文件夹，如图 5—3—17 所示。用鼠标选中上一个季度积累下的文件夹（文件夹名称是以年月日来命名的，如 20111025 的含义为 2011 年 10 月 25 日产生的文件夹），单击鼠标右键，选择快捷菜单中的“删除”命令即可删除所选文件夹。

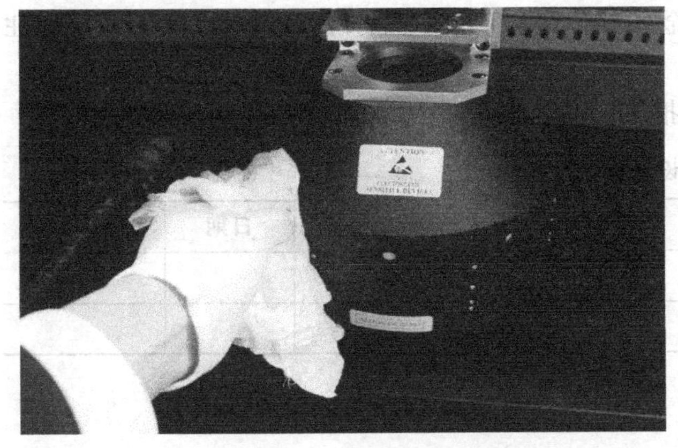

图 5—3—16　光源外壳灰尘清理

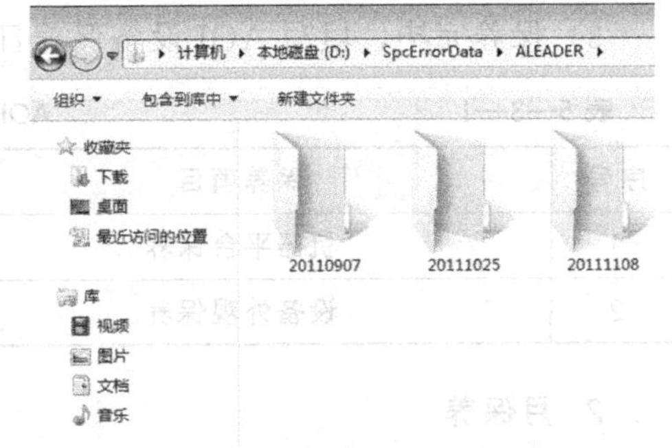

图 5—3—17　计算机数据文件存放位置

需要注意的是，SPC 文件删除后用户仍能通过打开 SPC 系统软件来查看已被删除的文件内容，只是查看的内容不包含图片。

3. AOI 程序的备份

为了防止计算机 AOI 程序意外丢失，每季度应及时对其进行备份。

（1）打开设备和计算机。

（2）将可移动硬盘或其他可存储文件的介质插入设备 USB 接口。

（3）选中计算机桌面的“ALD515”软件图标，单击鼠标右键打开右键快捷菜单。

（4）在快捷菜单中单击“属性”→“查找目标”命令，弹出“ALD515”文件夹。

（5）选中“data”文件夹，单击鼠标右键，选择快捷菜单中的“复制”命令进行复制。

（6）打开之前插入的可移动硬盘或其他可存储文件的介质，在空白处单击鼠标右键打开右键快捷菜单，选择“粘贴”命令即完成备份。

任务实施

一、任务准备

ALeader ALD515 AOI 设备，AOI 保养相关工具、耗材（白手套、干净白棉布、工业酒精、一字旋具、毛刷、导轨丝杆专用油脂、画笔、AOI 标准色卡板、数字万用表、USB 接口的可存储介质），作业本、笔等文具，防静电手套、防静电手环等防护用具。

二、ALeader ALD515 AOI 的维护与保养

进入实训室，在教师及实训室管理人员的指导下完成下列任务。

1. 日保养

(1) 任务描述

现当日工作任务已经完成，根据安排需要按照维护保养要求完成 ALeader ALD515 AOI 设备的日保养。

(2) 任务实施

1) 机器平台保养：按要求把机器平台清理干净，要求平台表面无尘，无污渍。

2) 设备外观保养：按要求对设备钣金各部位进行清理，要求表面无尘，无污渍，并注意不能损伤设备其他部件。

3) 保养完毕，填写 AOI 设备保养日报表，见表 5—3—1。

表 5—3—1　　AOI 设备保养日报表

序号	保养项目	完成情况	日期	保养人
1	机器平台保养			
2	设备外观保养			

2. 月保养

(1) 任务描述

ALeader ALD515 AOI 设备已经满负荷运行一个月，根据维护保养计划，需要对该设备进行月保养。

(2) 任务实施

1) 散热风扇清理：按要求把设备所有散热风扇清理干净，要求做到无灰尘。

2) 计算机键盘清理：按要求对设备计算机键盘进行清理，要求键盘内部及表面无灰尘，无污渍。

3) X-Y 轴平台的清理与润滑：按要求对设备 X-Y 轴丝杆及导轨进行润滑保养，要求各轴丝杆及导轨均润滑均匀。

4) 灯光灰度值的校正：按要求校正 AOI 光源亮度，使红、绿、蓝色彩处在设定值。

5) 设备接地检查：按要求对设备所有接地端子进行接地检查，要求所有接地端子的接地电阻均小于 2 Ω。

6) 保养完毕，填写 AOI 设备保养月报表，见表 5—3—2。

表 5—3—2　　AOI 设备保养月报表

序号	保养项目	完成情况	日期	保养人
1	散热风扇清理			
2	计算机键盘清理			
3	X-Y 轴平台的清理与润滑			
4	灯光灰度值的校正			
5	机器接地检查			

3. 季保养

(1) 任务描述

Aleader ALD515 AOI 设备已完成一个季度的生产任务，根据维护保养计划，需要对该设备进行季保养。

(2) 任务实施

1) 光源清理：按要求对设备的光源部分进行清理，要求做到无灰尘。注意切勿对光源造成损坏。

2) 计算机数据文件整理：按要求对设备计算机中的数据文件进行整理，要求将“ALEADER”文件夹中的所有数据文件夹删除。

3) AOI 程序的备份：按要求备份 AOI 设备中的“XIAOYINXIANG”程序到 U 盘根目录中，并退出 U 盘。

4) 保养完毕，填写 AOI 设备保养季报表，见表 5—3—3。

表 5—3—3　　AOI 设备保养季报表

序号	保养项目	完成情况	日期	保养人
1	光源清理			
2	计算机数据文件整理			
3	AOI 程序的备份			

操作提示

在进行 AOI 设备维护保养时，应注意以下事项。

(1) 进行 AOI 设备维护保养时要先切断设备电源。

(2) 清洁设备表面或内部部件时，应用酒精或专用清洁剂，勿用具有腐蚀性的液体擦拭，以免造成设备表面或部件损坏。

(3) 发现设备有部件即将损坏时，应及时向实训室管理人员或教师报告。

(4) 季保养包括月保养的相关内容，月保养包括日保养的相关内容。

(5) 遇到紧急情况时，应立刻按下紧急停止按钮。

任务评价

对任务的完成情况进行检查，并将结果填入表 5—3—4 所示任务考核评分表内。

表 5—3—4　　　　　　　　　　　　　　　　任务考核评分表

评价项目	评价标准	配分（分）	自我评价	小组评价	教师评价
职业素养	安全意识、责任意识、服从意识强	5			
	积极参加教学活动，按时完成各项学习任务	5			
	团队合作意识强，善于与人交流和沟通	5			
	自觉遵守劳动纪律，尊敬师长，团结同学	5			
	爱护公物，节约材料，工作环境整洁	5			
专业能力	能按要求完成 AOI 设备的日保养操作	20			
	能按要求完成 AOI 设备的月保养操作	20			
	能按要求完成 AOI 设备的季保养操作	25			
	能按要求完成相关报表的填写	5			
	能按实训室安全管理规范进行实训	5			
合计		100			
总评	自我评价×20%＋小组评价×20%＋教师评价×60%＝	综合等级	教师（签名）：		

注：学习任务考核采用自我评价、小组评价和教师评价三种方式，结果分为 A（90～100）、B（80～89）、C（70～79）、D（60～69）、E（0～59）五个等级。

思考与练习

1. 编写 ALeader ALD515 AOI 维护保养作业指导书。
2. 操作 AOI 设备过程中需要注意的问题有哪些？

任务 4　X-Ray 检测设备的操作与维护

学习目标

1. 了解 X-Ray 检测设备的基本原理与结构。
2. 掌握 X-Ray 检测设备的操作方法。
3. 掌握 X-Ray 检测设备的维护保养方法。

任务引入

X-Ray 检测设备与 AOI 检测设备都属于电子领域里的质量控制检测设备，但是两者在原理和应用场合上有所不同。AOI 设备是通过光的反射，检查元件贴装是否正确、位置是否良好、是否有漏贴和反向等，它只做外观检测；而 X-Ray 检测设备是利用 X 射线能穿透非金属物质的特性，检查 BGA 等元件底部是否焊接良好，有无短路现象等。随着电子制造技术的不断进步，很多电子产品都使用了 BGA 和 CSP 等高度集成化的元件，而且越来越微小化，这类元件用常规的检测方法无法完成焊接质量检测，X-Ray 检测设备就是在此背景下逐渐得到广泛应用的。本任务主要学习 X-Ray 检测设备的基本结构、使用方法以及设备维护保养的相关知识和技能。

相关知识

一、X-Ray 检测设备的基本原理与结构

1. X 射线产生的原理

实验室中，X 射线由 X 射线发射管产生。X 射线发射管是具有阴极和阳极的真空管。阴极用钨丝制成，通电后可发射热电子；阳极（又称靶极）用高熔点金属制成（一般用钨，用于晶体结构分析的 X 射线发射管还可用铁、铜、镍等材料）。X 射线产生的原理如图 5—4—1 所示。用几万伏至几十万伏的高压加速电子束，电子束轰击靶极，X 射线便从靶极发出，然后经过偏转单元及磁透镜加速，最后从对阴极（也称目标靶）聚焦发射出来。针对不同的物品，材料的密度、厚度不同，采用的电压高低也不同。

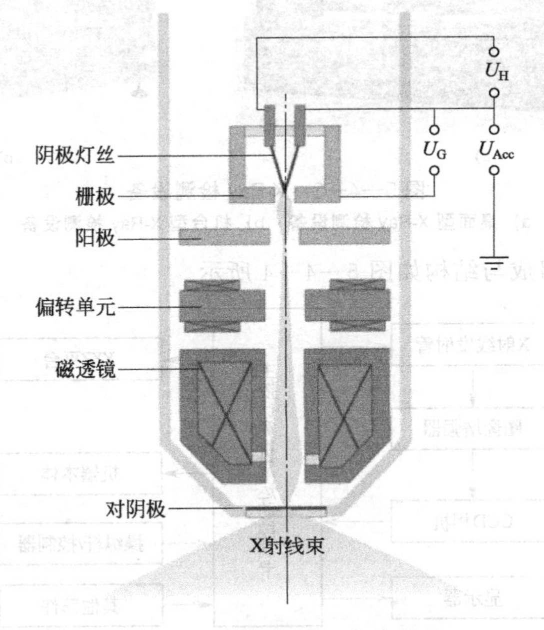

图 5—4—1　X 射线产生的原理

2. X 射线检测原理

X 射线检测原理如图 5—4—2 所示。X 射线从 X 射线发射管发出后，照射到被测目标物上，由于物体中不同物质对 X 射线的阻碍作用不同，使得最终到达图像增强器的电子束强度也不同，图像增强器将不同强度的电子束转换成可见光图像，该可见光图像经过 CCD 相机采集后，运用计算机软件做影像处理即可得出检测图像。

3. X-Ray 检测设备的结构

X-Ray 检测设备（见图 5—4—3）是由计算机控制，集光、电及机械为一体的自动化检测设备，主要用于检测 BGA 和 CSP 等封装元件是否有虚焊、桥连、立碑、焊料不足、气孔等缺陷。

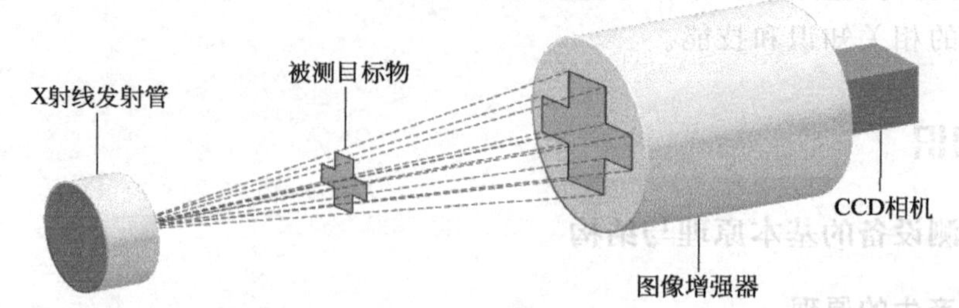

图 5—4—2　X 射线检测原理

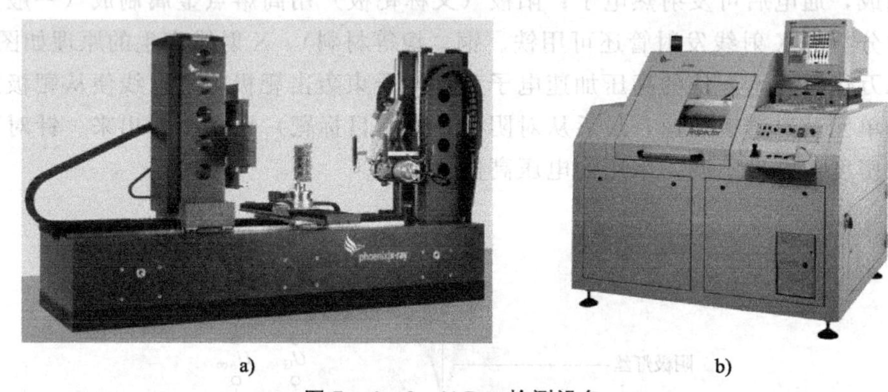

a)　　b)

图 5—4—3　X-Ray 检测设备

a）桌面型 X-Ray 检测设备　b）机台型 X-Ray 检测设备

X-Ray 检测设备的组成与结构如图 5—4—4 所示。

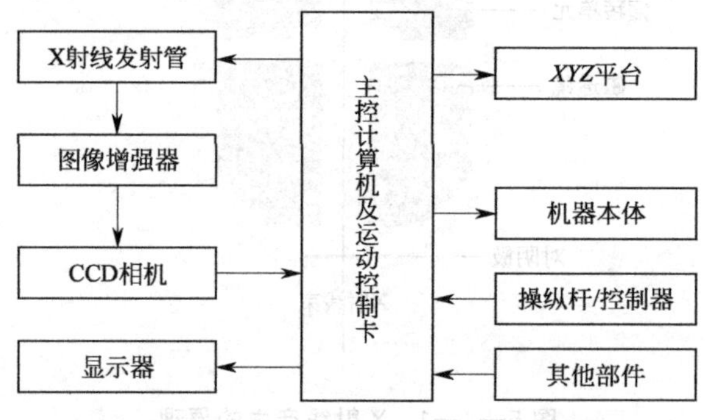

图 5—4—4　X-Ray 检测设备的组成与结构

（1）主控计算机及运动控制卡

主控计算机是 X-Ray 检测设备的核心控制部分，负责所有运行指令的发出、图像数据的分析及处理等。运动控制卡是连接主控计算机和运行部件的桥梁，负责处理主控计算机的运行指令，并将其转换成运行部件的控制信号。

（2）X 射线发射管

负责产生并发射 X 射线到被测物体上。

（3）图像增强器

将不可见的 X 射线影像转换成可见光图像，并使图像亮度增强。

(4) CCD 相机

采集图像增强器选出的图像，并将图像信号转变为数字信号，传输到主控计算机进行分析处理。

(5) *XYZ* 平台

使被测物体可按照程序设定在 *X*、*Y*、*Z* 三个方向上进行移动，使聚焦面上的图像能清晰地投射到图像增强器上。

(6) 操纵杆/控制器

用于控制 *XYZ* 平台的旋转，以及其他运行部件的动作。

(7) 机器本体

主要用于固定 X-Ray 设备部件，是实现检测功能的硬件结构载体。

二、X-Ray 检测设备的使用方法

尽管 X-Ray 检测设备的品牌、型号各异，但它们的使用方法基本相同。这里以 Phoenix X-Ray 公司生产的型号为 PCBA Inspector CTM-100 的 X-Ray 检测设备为例进行介绍，其使用方法如图 5—4—5 所示。

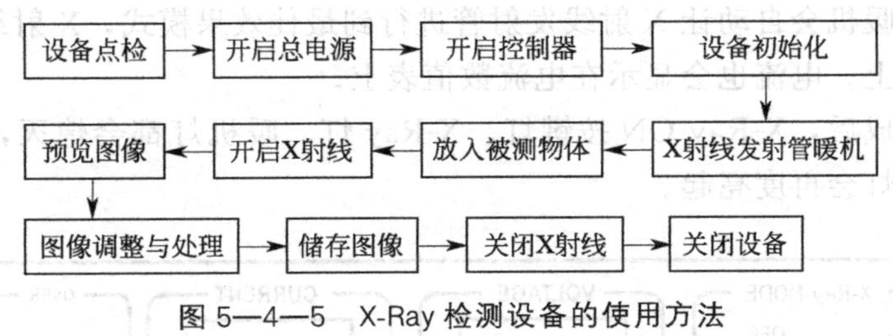

图 5—4—5 X-Ray 检测设备的使用方法

1. 设备点检

开机前，先检查设备电源是否正常，检查设备的 *XYZ* 平台是否有残留的 PCB 或其他杂物，同时检查设备外观及内部是否有明显的损坏，确认没有问题即可进行下一步操作。

2. 开启总电源

将总电源开关（MAIN 开关）转到“ON”位置，此时系统连接到电源系统，如图 5—4—6 所示。

3. 开启控制器

将控制器电源开关（见图 5—4—7）拨到“ON”位置，此时红色控制灯亮起，系统进入启动状态。

图 5—4—6 总电源开关

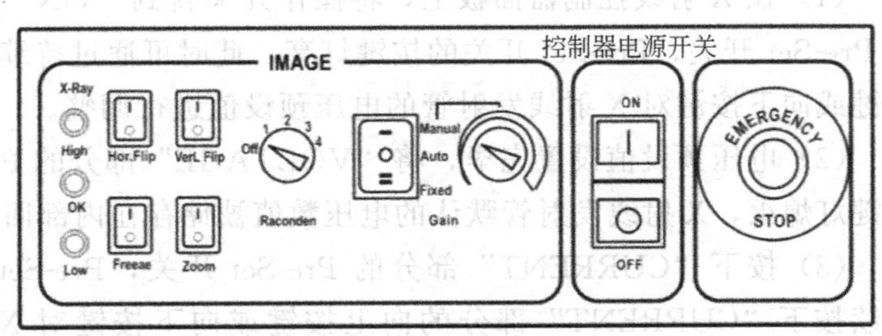

图 5—4—7 控制器电源开关

4. **设备初始化**

设备开启后，需要进行设备初始化，即将所有运行轴都归零，以确保设备运行时的精确度。操作方法是在出现的“设备初始化”对话框中直接单击“OK”按钮。

5. **X 射线发射管暖机**

为了保证 X 射线发射管的使用寿命，开机初始化后需要让 X 射线发射管自动暖机，使其进入最佳效果模式。具体操作步骤如下。

（1）关闭 X 射线保护柜，使设备处于保护状态。

（2）将 X 射线电源钥匙（Power 开关，见图 5—4—8）转到“1”位置，此时绿色 LED 灯会亮起，内部回路启动。

（3）将操作开关（OPERATE 开关）转到“ON”位置，此时 X 射线发射管处于暖机状态，且内锁（Interlock）灯和待机（Standby）灯亮起（图 5—4—8 中“X-Ray MODE”部分）。电压数值表（图 5—4—8 中“VOLTAGE”部分）与电流数值表（图 5—4—8 中“CURRENT”部分）会显示数值“0”。

（4）按下 X-Ray ON 开关（图 5—4—8 中“X-Ray MODE”部分），此时 X 射线发射管会自动开始暖机，X-Ray ON 按键灯、X-Ray 灯、暖机（Warmup）灯和内锁灯都会亮起，待机灯熄灭，自动暖机会自动让 X 射线发射管进行到最佳效果模式，X 射线发射管的电压会显示在电压数值表上，电流也会显示在电流数值表上。

（5）当暖机完成后，X-Ray ON 按键灯、X-Ray 灯、暖机灯都会熄灭，内锁灯会保持亮灯状态，但是待机灯会再度亮起。

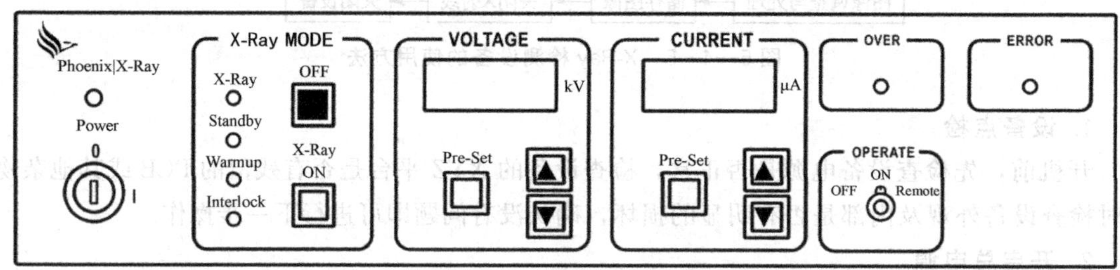

图 5—4—8　X 射线控制器面板

6. **放入被测物体**

暖机完毕，即可将需要测试的物体（如 PCB）放入到 *XYZ* 平台中并固定。

7. **开启 X 射线**

（1）在 X 射线控制器面板上，将操作开关转到“ON”位置，按下“VOLTAGE”部分的 Pre-Set 开关，Pre-Set 开关的按键灯亮，此时可通过持续按下“VOLTAGE”部分的向上按键或向下按键对 X 射线发射管的电压预设值进行调整。

（2）电压预设值设置完毕，将“VOLTAGE”部分的 Pre-Set 开关松开，Pre-Set 开关的按键灯熄灭，X 射线发射管默认的电压数值被储存在内部回路中。

（3）按下“CURRENT”部分的 Pre-Set 开关，Pre-Set 开关的按键灯亮，此时可通过持续按下“CURRENT”部分的向上按键或向下按键对 X 射线发射管的电流预设值进行调整。

(4) 电流预设值设置完毕，将“CURRENT”部分的Pre-Set开关松开，Pre-Set开关的按键灯熄灭，X射线发射管默认的电流数值被储存在内部回路中。

(5) 设置完毕，按下X-Ray ON开关，X-Ray灯亮起，待机灯熄灭。设备所产生的X射线为依照上述设置的电压和电流的默认值。

8. 预览图像

在计算机中控制程序的图像预览界面，查看当前测试的图像情况。

9. 图像调整与处理

通过预览图像，对图像的亮度等进行调整，可通过按下VOLTAGE Pre-Set开关以及CURRENT Pre-Set开关对X射线发射管默认的电压及电流进行实时调整，使图像显示更清晰。

10. 储存图像

图像调整清晰后，即可将图像储存到计算机备查。

11. 关闭X射线

检测完毕，按下“CURRENT”部分的向下按键和“VOLTAGE”部分的向下按键，将X射线真空管内的电流数值和电压数值设为“0”。然后按下X-Ray OFF开关，此时X-Ray ON开关的按键灯和X-Ray灯会熄灭，而待机灯亮起。需要注意的是在关闭X射线之前，切勿打开X射线保护柜。

12. 关闭设备

设备的关闭步骤如下。

(1) 将操作开关转到“OFF”位置，此时待机灯也会熄灭。

(2) 将X射线电源钥匙转到“0”位置，系统电源关闭且LED灯也会关闭，此时钥匙即可被拔出，并存放到安全的地方。

(3) 将控制器电源开关拨到“OFF”位置，此时红色控制灯熄灭，系统关闭。

(4) 将总电源开关转到“OFF”位置，此时系统将没有任何电源供应，设备关闭完成。

三、X-Ray检测设备的维护保养

X-Ray检测设备的维护保养只有一般平常性的机器表面清理保养，特别是对操作面板，只要使用干的擦拭纸擦拭即可。每六个月需清理XYZ平台的*X*轴、*Y*轴线性导轨和*Z*轴丝杆，清理后线性导轨与丝杆都必须重新上油润滑。

需要注意的是，在进行设备保养时必须关闭电源，并且在实训室管理员或教师的监督下执行。

任务实施

一、任务准备

Phoenix X-Ray设备，已贴装好BGA芯片的PCB，作业本、笔等文具，擦拭纸、白手套、干净白棉布、工业酒精、导轨丝杆专用油脂等保养用品，防静电手套、防静电手环、防辐射服装等防护用具。

二、Phoenix X-Ray 设备的操作与维护

进入实训室，在教师及实训室管理人员的指导下完成下列任务。

1. Phoenix X-Ray 设备的基本操作

（1）设备点检

先检查设备电源连接是否正常，检查设备 *XYZ* 平台是否有残留的 PCB 或其他杂物。

（2）开启机器

先将总电源开关转到“ON”位置，再将控制器电源开关转到“ON”位置，红色控制灯亮起，系统开始启动。

（3）设备初始化

在自动弹出的“设备初始化”对话框中直接单击“OK”按钮。

（4）X 射线发射管暖机

关闭 X 射线保护柜，将 X 射线电源钥匙转到“1”位置；将操作开关转到“ON”位置，然后按下 X-Ray ON 开关，此时 X 射线发射管自动开始暖机。暖机完成后，X 射线发射管自动关闭。

（5）放入被测物体

将 PCB 放入到 *XYZ* 平台中并固定。

（6）开启 X 射线

1）将操作开关转到“ON”位置。

2）按下“VOLTAGE”部分的 Pre-Set 开关，调整 X 射线发射管的电压预设值为 0.2 V。

3）按下“CURRENT”部分的 Pre-Set 开关，调整 X 射线发射管的电流预设值为 0.1 A。

4）设置完毕，按下 X-Ray ON 开关开启 X 射线。

（7）图像调整与处理

通过预览图像，对图像的亮度等进行调整，使图像显示最清晰，并截图储存到计算机中。

（8）关闭 X 射线

检测完毕，分别按下“CURRENT”部分的向下按键和“VOLTAGE”部分的向下按键，设定 X 射线真空管内的电流值和电压值为“0”。然后按下 X-Ray OFF 开关，关闭 X 射线。

（9）关闭设备

1）将操作开关转到“OFF”位置。

2）将 X 射线电源钥匙转到“0”位置，拔出钥匙并存放好。

3）将控制器电源开关拨到“OFF”位置。

4）将总电源开关转到“OFF”位置，设备关闭完成。

2. Phoenix X-Ray 设备的维护保养

（1）机器平台清理

按要求把机器平台清理干净，要求做到表面无灰尘，无污渍。

(2) 设备外观保养

按要求对设备钣金各部位进行清理，要求表面无灰尘，无污渍，并注意不能破坏设备其他部件。

(3) X、Y、Z 轴的润滑

按要求对设备 X、Y、Z 轴丝杆及导轨进行润滑，要求各轴丝杆及导轨均润滑均匀。

(4) 填写 Phoenix X-Ray 设备保养报表

保养完毕，完成表 5—4—1 Phoenix X-Ray 设备保养报表的填写。

表 5—4—1　　Phoenix X-Ray 设备保养报表

序号	保养项目	完成情况	日期	保养人
1	机器平台清理			
2	设备外观保养			
3	X、Y、Z 轴的润滑			

操作提示

(1) 在进行 X-Ray 设备操作时，应注意以下事项。

1) 按照国家法律规定，未成年和怀孕女性严禁操作 X-Ray 设备。

2) 禁止两人同时操作设备。

3) 操作过程中切勿打开 X 射线保护柜。

4) 操作过程中必须做好防辐射措施。

5) 未经许可授权严禁打开设备内部。

6) 严格按照操作规程要求作业。

7) 操作时遇到紧急情况，应立刻按下紧急停止按钮，停止作业，并远离设备。

(2) 在进行 X-Ray 设备操作时，应注意图 5—4—9 所示的警示标记。

图 5—4—9　警示标记

任务评价

对任务的完成情况进行检查，并将结果填入表 5—4—2 所示任务考核评分表内。

表 5—4—2　　　　任务考核评分表

评价项目	评价标准	配分（分）	自我评价	小组评价	教师评价
职业素养	安全意识、责任意识、服从意识强	5			
	积极参加教学活动，按时完成各项学习任务	5			
	团队合作意识强，善于与人交流和沟通	5			
	自觉遵守劳动纪律，尊敬师长，团结同学	5			
	爱护公物，节约材料，工作环境整洁	5			
专业能力	能按要求完成 X-Ray 设备点检及启动	10			
	能按要求完成 X 射线发射管暖机操作	10			
	能按要求完成 PCB 的 X 射线检测	40			
	能按要求完成 X-Ray 设备的维护保养	10			
	能按实训室安全管理规范进行实训	5			
合计		100			
总评	自我评价 × 20% + 小组评价 × 20% + 教师评价 × 60% = ________	综合等级	教师（签名）:		

注：学习任务考核采用自我评价、小组评价和教师评价三种方式，结果分为 A（90～100）、B（80～89）、C（70～79）、D（60～69）、E（0～59）五个等级。

思考与练习

1. 简述 X-Ray 检测设备的检测原理。
2. 简述 X-Ray 检测设备的操作步骤及注意事项。

课题六　SMT生产线辅助设备操作与维护

任务1　点胶机的认识、操作与维护

学习目标

1. 了解点胶机的种类。
2. 熟悉点胶机的基本结构。
3. 掌握点胶机的操作方法。
4. 了解点胶机的维护保养方法。

任务引入

点胶机又称涂胶机，是专门对流体进行控制，并将流体点滴、涂覆于产品表面或产品内部的自动化点胶设备。在SMT生产线中，点胶机通常作为辅助设备使用，对需要滴涂贴片胶的元器件进行点胶作业。在回流焊工艺中，点胶是为了防止在双面焊接过程中元器件脱落；在波峰焊工艺中，点胶或者印刷贴片胶，是为了将元器件固定在PCB上，防止其脱落，再进行波峰焊。本任务主要学习点胶机的种类、基本结构、操作方法以及点胶机的维护保养方法。

相关知识

一、点胶机的种类、结构及工作原理

1. 点胶机的种类

常用的点胶机种类繁多，分类方法也很多，大致有以下几种。

(1) 按胶水不同可分为单液点胶机、双液点胶机和多组分点胶机。

(2) 按用途不同可分为螺纹点胶机、扬声器点胶机、手机按键点胶机、贴片点胶机、擦板机等。

(3) 按胶水特性不同可分为硅胶点胶机、UV胶点胶机和SMT贴片胶点胶机。

(4) 按操作方式不同可分为手动点胶机、半自动点胶机、全自动桌面点胶机和全自动在线点胶机，如图6—1—1所示。

1) 手动点胶机又称点胶枪，专用于硬包、软包硅胶密封胶的手动打胶、涂胶作业。其特点是轻便灵活，使用方便，无须维护。

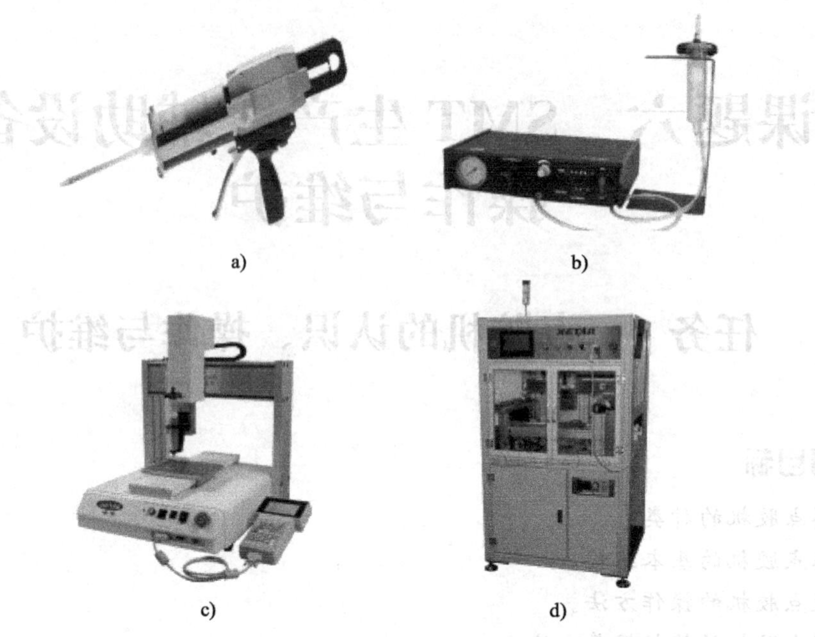

图 6—1—1　不同操作方式的点胶机

a）手动点胶机　b）半自动点胶机　c）全自动桌面点胶机　d）全自动在线点胶机

2）半自动点胶机包括微精密点胶机、LED 数显点胶机、自动回吸点胶机、拨码循环点胶机等，可设置手动和脚踏两种模式。其特点是定量出胶（每次出胶量一致），操作简单，并具有真空回吸功能，以保证浓度较低的胶水不会产生滴漏现象，也可防止浓度较高的胶水出现拉丝现象。

3）全自动桌面点胶机的生产效率是人工点胶机的数倍甚至十几倍，其界面操作直观方便，可对台面上点胶范围内任意一点进行点胶。该类型点胶机通常配有控制盒，操作十分方便，主要用于产品工艺中的粘接、灌注、涂层、密封、填充、点滴、线形、弧形、圆形、不规则图形涂胶等。

4）全自动在线点胶机是全自动桌面点胶机的延伸，一般根据生产线产品的运行方式直接镶嵌在生产线的某个位置，通过光电开关传输信号对产品的点胶作业进行控制，与其他设备导轨相连。

2. 点胶机的基本结构

点胶机必不可少的三大系统是执行机构、驱动机构和控制系统。

点胶机的执行机构主要负责点胶作业，由机械手和躯干两部分构成。机械手在作业过程中呈直线运动，为配合机械手，一般选择直线液压缸、摆动液压缸、伺服液压马达、交流伺服电动机、直流伺服电动机和步进电动机等执行机构。躯干是点胶机的主体部分，包括安装手臂、动力源、各种执行机构的支架等。

驱动机构帮助执行机构更精确、更高质地实现点胶，主要有液压驱动、气压驱动、电气驱动以及机械驱动四种驱动方式。电气驱动和气压驱动用胶量较少，保养简单，费用相对较低，占总应用的 90%。

控制系统的功能是使点胶操作更加简单、高速、精准。控制系统配备有运动控制卡、手持式示教盒、串口线、接口线、脱机键盘、拨码开关、点胶程序等，其优点在于文件易于下载，资料便于管理。

本任务以 D3000-1R 全自动桌面点胶机为例介绍点胶机的基本结构，如图 6—1—2 所示。它主要是由基座、X 轴、Y 轴、Z 轴、基准板、触摸屏、运动控制系统和气动控制系统等部分组成。其中，运动控制系统集成于基座内，气动控制系统安装于设备顶端。

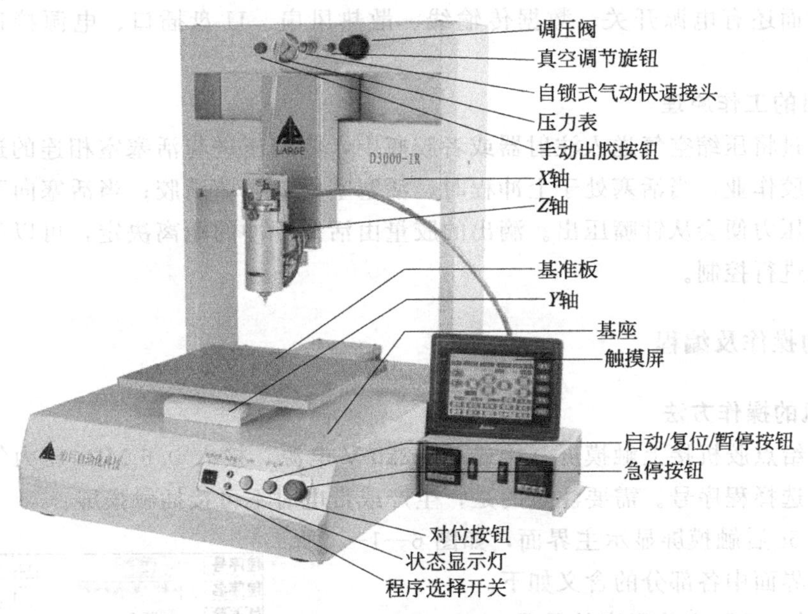

图 6—1—2　D3000-1R 全自动桌面点胶机基本结构

（1）调压阀：调节针筒内气压的大小，调节范围为 0.05～0.9 MPa。调节时先拉出旋钮，顺时针转为增大，逆时针转为减小，调好后压回旋钮。

（2）真空调节旋钮：用于调节针筒内真空度的大小，防止滴胶。顺时针转为调小，逆时针转为调大。

（3）自锁式气动快速接头：用于连接气管。

（4）压力表：显示调压后的压力。

（5）手动出胶按钮：按下按钮，针头出胶；松开按钮，停止出胶。

（6）X 轴：控制针头左右移动。

（7）Z 轴：控制针头上下移动。

（8）基准板：用于摆放工件或治具。

（9）Y 轴：控制基准板前后移动。

（10）基座：内部用于安装运动控制系统。

（11）触摸屏：人机交互界面，用于手持编程和修改参数。编程或修改参数结束后，触摸屏还可用于其他同型号设备，但必须在断电情况下接插或拔除。

（12）急停按钮：按下此按钮，程序中止，设备立即停止。

（13）启动/复位/暂停按钮：在开机时或急停解除后为系统复位开关，复位后为设备运行开关，运行中为暂停开关。

（14）对位按钮：针头跑位后，按下对位按钮，针头会自动走到设定的位置，此时再手动调整针头位置即可使之与设定的位置重合。

（15）状态显示灯：绿灯亮为正常工作状态，绿灯闪为待机状态，红灯闪为急停状态。

（16）程序选择开关：通过此开关可对已存好的程序进行选择调用。调用前，通过调节四个拨码开关调出相应的程序编号，然后按下急停按钮，再左旋松开使急停按钮弹起，程序选择完毕。按下复位按钮，待机器复位后再按下启动按钮，机器即可按照该程序运行或进行示教编程。

点胶机背面还有电源开关、数据传输线、散热风扇、U 盘插口、电源接口、RS232 接口、消声器等。

3. 点胶机的工作原理

点胶机通过将压缩空气送入注射器或者胶瓶中，将胶压进与活塞室相连的进给管中，利用压力进行点胶作业。当活塞处于上冲程时，活塞室中就会填满胶；当活塞向下推进滴胶针头时，胶受到压力便会从针嘴压出。滴出的胶量由活塞下冲的距离决定，可以手工调节，也可以通过编程进行控制。

二、点胶机的操作及编程

1. 点胶机的操作方法

（1）首先给点胶机接上触摸屏，接通 AC 220 V 电源，接入 0.6 MPa 压力气源，再通过程序选择开关选择程序号。需要注意的是，生产或带电时不可接插触摸屏。

（2）通电 5s 后触摸屏显示主界面，如图 6—1—3 所示。触摸屏主界面中各部分的含义如下。

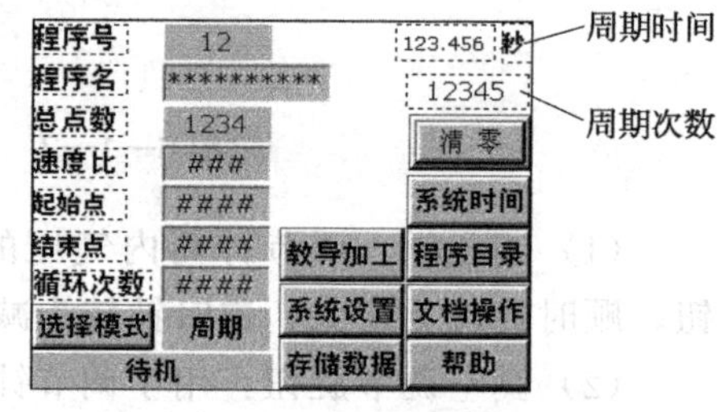

图 6—1—3　触摸屏主界面

1）程序号：显示当前程序的号码（00～99）。

2）程序名：可以给该程序命名，可用加工的产品名称代替。

3）总点数：显示当前程序的总点数。

4）速度比：设置工作速度百分比（10%～100%），可在线调速。

5）起始点：选择从第几个点开始点胶。

6）结束点：选择在第几个点结束点胶。

7）循环次数：工作模式为周期时，设定所循环的周期次数。

8）周期时间：显示每个周期的时间。

9）周期次数：工作模式为周期时，显示所循环的周期次数。

10）清零：将周期次数归零。

11）选择模式：切换运行模式，如连续或周期。

12）程序目录：可以给已经编好的程序命名，已经命名好的程序将在目录中显示，这样便于以后程序的查询。

13）文档操作：把一个已编好的程序复制到另一程序中去，其中原文件（当前程序号）不能更改，目标文件可以输入新编的程序号码，再按“复制”键，完成后要重新存储数据。

14）存储数据：用于存储已经编好的程序（程序更改后也要存储）。注意存储程序时不得按机器上任何按钮，否则程序将丢失。

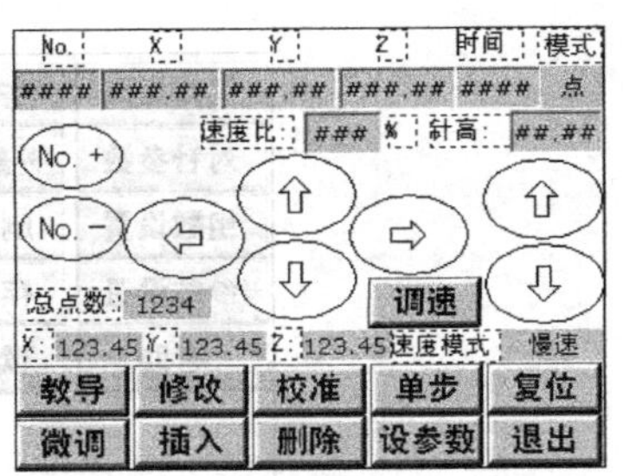

图 6—1—4 触摸屏示教界面

15）教导加工：进入示教界面。

16）系统设置：进入系统设置界面。

（3）单击“教导加工”按钮进入示教界面，如图 6—1—4 所示。示教界面中各部分的含义如下。

1）No.：显示当前的示教点编号。

2）No.＋、No.－：选择示教点。

3）速度比：可分别调整点或轨迹的速度。

4）针高：运动完一个点或一段轨迹后，针头抬起的高度。

5）时间：点胶的时间（单位为 ms，默认值是 30 ms）。

6）模式：点胶模式的选择，有点、直线、圆弧、圆四种工作模式。

7）上面的 X、Y、Z：设定当前示教点的坐标值。

8）调速：示教点的时候，切换该按键可改变 X、Y、Z 轴移动的速度。

9）中间的上下左右箭头：调整 X、Y 轴运动的坐标。

10）右侧的上下箭头：调整 Z 轴运动的坐标。

11）下面的 X、Y、Z：显示当前示教点的坐标值。

12）总点数：显示当前程序的总点数。

13）教导：把针头移到要点胶的位置，按下“教导”键后系统会自动记录该点的数据。

14）修改：用于修改部分点或整体的位置。具体方法为：用校准功能把针头校准到要修改的点，然后再把针头移到正确的位置。如果需要做部分或整体修改，则先把针头校准到要修改的第一点，然后把针头移动到要修改的位置，并选择好要修改的起始点，再按下“修改”键，则系统就会自动做部分或整体的偏移。

15）插入：在编辑好的一点前插入另一点。以在点 a 前插入一点 b 为例，具体方法为：先在“No.”栏中输入 a 点后按“校准”键，再把针头移动到要插入点的位置，然后再按下“插入”键，这样点 b 就跑到点 a 前面了。

16）微调：用于设置每次手动调整所移动的尺寸，可选择快速、中速、慢速，也可直接输入数值 0.01～10 mm。

17）复位：按下此键后针头返回已经设置好的工作原点位置。

18）单步：用于程序编辑完后的一步步校正，防止由于程序编辑错误而导致机台损坏或死机。

19）校准：先在“No.”栏中输入要校准的点，再按“校准”键，用于校准编好的点的位置。

20）删除：用于删除一点或其中一部分。如果需要删除一部分，则注意填好要删除的起点和终点。

21）设参数：用于设定全部或个别点的点胶时间、速度比、抬针高度。

22）退出：返回到主界面。

（4）单击“系统设置”键，进入系统设置界面，如图 6—1—5 所示。系统设置界面分两层，可对工作原点、对针参数、组数、参数进行设置，也可对程序数据进行编辑，如保存、读取、删除、恢复等。

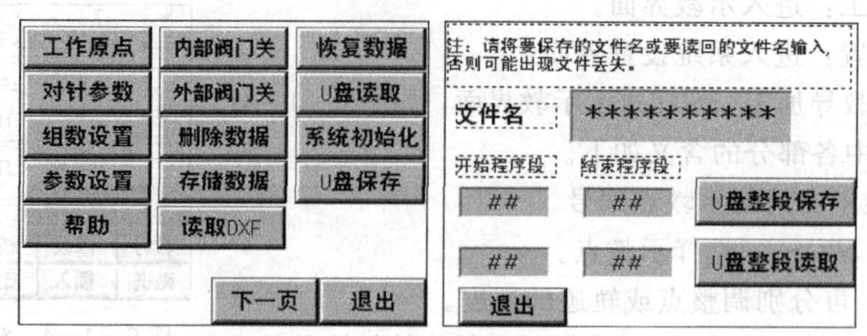

图 6—1—5 触摸屏系统设置界面

工作原点设置界面中可调节原点位置、显示原点坐标，也可改变调节速度。

对针参数设置界面中可调整对位点的坐标、显示对位点坐标、校正对针位置，保证点胶位置的准确性。

组数设置主要用于产品列阵，设置前需确认产品是否严格按照矩阵摆放，可设置水平组数、竖直组数、水平间距、竖直间距、旋转角度、点阵模式等。示教间距设置在组数设置的右图，此界面的作用是便于确定要复制产品之间的水平和竖直间距。

2. 点胶机的编程步骤

(1) 准备工作：检查电源是否正常，检查 X、Y、Z 三轴的移动方向和工作台上是否有其他东西阻挡。

打开后操作面板上的电源开关，用拨码开关选择一个空程序号，按下急停按钮再左旋松开弹出，然后按面板上的复位按钮复位，调整好针头位置及高度。若选择的文档有内容而该内容无用时，可按删除数据键删除，使其成为空白文档。

在触摸屏主界面上按“系统设置”键进入系统设置界面，在系统设置界面按“参数设置”键进入参数设置界面，设定好各种参数（主要是设定手动速度、自动运行速度和加速度等），完成后返回主界面。

(2) 示教：在触摸屏主界面上按“教导加工”键即进入示教界面。

(3) 点胶位置编程：移动 X、Y、Z 轴到要点胶位置的第一点，按“教导”键，系统将自动记录该点坐标，设定好“速度比”“针高”“时间”“模式”；然后移动 X、Y、Z 轴到要点胶位置的第二点，再按“教导”键，系统会记录第二点坐标，同样设定好“速度比”“针高”“时间”“模式 ”。同理依次往下教导要点胶的点。

(4) 程序编完后，按“单步”键可依次验证所编程序是否正确。

(5) 返回主界面，设定好需要的参数，按“存储数据”键确认以保存程序。选好运行模式（“周期”或“连续”），按面板上的复位按钮，再按启动按钮，机器就会按照编好的程序进行生产。

三、点胶机的维护保养

(1) 开机前应先检查电源电压是否稳定；开启机器后，要注意检查机器有无异响，如果有，应立刻关闭机器。

(2) 大量生产前应对胶水进行抽真空、除泡处理。

(3) 在大量使用胶水前，应先少量试用，以免造成浪费。

(4) 严禁往机器的缝隙间乱塞东西。

(5) 必须每日清理机器，以保持整洁。

(6) 每个月定时给 X、Y、Z 轴直线导轨加润滑油或锂基润滑脂。

(7) 检查同步带的松紧程度并加以调整。

任务实施

一、任务准备

D3000-1R 全自动桌面点胶机、适量的胶水、胶水搅拌容器、搅拌棒、润滑油、清洗剂、需点胶的 PCB、白色棉手套、作业本、笔等。

二、D3000-1R 全自动桌面点胶机的操作与维护

进入实训室，在教师及实训室管理人员的指导下完成下列任务。

1. D3000-1R 全自动桌面点胶机的基本操作

(1) 检查 X、Y、Z 三轴的移动方向和工作台上是否有杂物。

(2) 将胶水配置好后装入针筒，连接好气压管，调节调压阀使压力表指示 0.6 MPa。

(3) 连接好触摸屏。

(4) 在实训室管理人员指导下打开电源开关。

(5) 选择一个空程序号，按下急停按钮再左旋松开弹出，然后按面板上的复位按钮复位，调整好针尖位置及高度。

(6) 在触摸屏主界面上按照实训室管理人员要求完成系统设置和参数设置。

(7) 进行示教操作，完成最少 5 个点的点胶位置编程。

(8) 程序编完后，按“单步”键验证所编程序的正确性。

(9) 返回触摸屏主界面，设定好需要的参数并保存程序；然后选择运行模式开始进行生产。

(10) 生产完成后按复位按钮，取下 PCB。

(11) 点胶操作结束后，关闭电源，移除触摸屏，清洗点胶针筒。

2. D3000-1R 全自动桌面点胶机的维护保养

(1) 机器平台清理：按要求把机器平台清理干净，要求做到表面无灰尘、无污渍。

(2) 设备外壳清理：按要求对设备钣金各部位进行清理，要求表面无灰尘、无污渍，并注意不能破坏设备其他部件。

(3) X、Y、Z 轴润滑：按要求对设备 X、Y、Z 轴直线导轨进行润滑，要求各轴导轨均润滑均匀。

(4) 同步带松紧调整：检查同步带的松紧程度，要求松紧适宜。

(5) 填写设备保养报表：保养完毕，完成表 6—1—1 D3000-1R 点胶机设备保养报表的填写。

表6—1—1　　D3000-1R点胶机设备保养报表

序号	保养项目	完成情况	日期	保养人
1	机器平台清理			
2	设备外壳清理			
3	*X*、*Y*、*Z* 轴润滑			
4	同步带松紧调整			

任务评价

对任务的完成情况进行检查，并将结果填入表6—1—2所示任务考核评分表内。

表6—1—2　　任务考核评分表

评价项目	评价标准	配分（分）	自我评价	小组评价	教师评价
职业素养	安全意识、责任意识、服从意识强	5			
	积极参加教学活动，按时完成各项学习任务	5			
	团队合作意识强，善于与人交流和沟通	5			
	自觉遵守劳动纪律，尊敬师长，团结同学	5			
	爱护公物，节约材料，工作环境整洁	5			
专业能力	能按要求完成点胶机设备的点检及启动	10			
	能按要求完成胶水的配制	10			
	能按要求完成所给PCB点胶程序的编制	35			
	能按要求完成点胶机的保养	10			
	能按要求完成相关报表的填写	5			
	能按实训室安全管理规范进行实训	5			
合计		100			
总评	自我评价×20%＋小组评价×20%＋教师评价×60%＝________	综合等级		教师（签名）：	

注：学习任务考核采用自我评价、小组评价和教师评价三种方式，结果分为A（90～100）、B（80～89）、C（70～79）、D（60～69）、E（0～59）五个等级。

知识拓展

认识贴片胶

贴片胶又称红胶，它是红色膏体中均匀地分布着固化剂、颜料、溶剂等的黏结剂，主要用于将元器件固定在PCB上，一般用点胶或网板印刷的方法来分配。贴上元器件后放入烘箱或回流焊机加热硬化，一经加热硬化，再加热也不会溶化，也就是说，贴片胶的热固化过程是不可逆的。

1. 贴片胶的组成及分类

贴片胶由基本树脂、固化剂和固化剂促进剂、增韧剂、填料等组成。

贴片胶按照主要基材不同，可分为环氧树脂类和聚丙烯类；按照功能不同，可分为结构型、非结构型和密封型；按照化学性质不同，可分为热固型、热塑型、弹性型和合成型；按使用方法不同，可分为针式转移、压力注射、丝网/模板印刷等工艺方式适用的贴片胶。

2. 贴片胶的作用

(1) 在使用波峰焊时，为防止 PCB 通过焊料槽时元器件掉落，而用贴片胶将元器件固定在 PCB 上。

(2) 双面回流焊工艺中，为防止已焊好的那一面上大型器件因焊料受热熔化而脱落，要使用贴片胶固定。

(3) 用于回流焊工艺和预涂敷工艺中防止贴装时的位移和立片。

3. 贴片胶的储存条件

若将贴片胶储存在 2～8℃阴凉干燥处，可存放六个月；若储存在常温下（25℃），只可存放一个月。因此，贴片胶一般储存在冰箱中。

4. 贴片胶使用注意事项

(1) 冷藏储存的贴片胶要回温后才可使用，一般 30 mL 针筒回温需 1 h，300 mL 装回温需 24 h。储胶罐或点胶嘴温度处于 300～350℃有助于改善高速点胶效果。

(2) 为避免污染未用胶液，不能将剩余胶液倒回原包装内。

(3) 胶液裸置于空气中，会吸收微量水分而影响性能，故应尽量避免。在钢网印刷时，切勿将印好红胶的 PCB 久置于空气中，应尽快贴片固化。如有条件，应控制空气湿度。

思考与练习

1. 简述点胶机在 SMT 生产线中的作用。
2. 在操作点胶机过程中，对点胶工艺产生主要影响的步骤有哪些？

任务 2　锡膏搅拌机的认识、操作与维护

学习目标

1. 了解锡膏搅拌机的种类。
2. 熟悉锡膏搅拌机的基本结构。
3. 熟悉锡膏搅拌机的操作及维护保养方法。

任务引入

锡膏搅拌机是 SMT 生产线的辅助设备之一，主要用于将焊料和助焊膏搅拌均匀，以便于得到更完美的印刷和回流焊效果。它既可用于新锡膏的搅拌，也可用于新旧锡膏的混合，

省时省力，大大提高了工作效率及工作质量。本任务主要学习锡膏搅拌机的种类、基本结构和锡膏搅拌机的操作及维护保养方法。

相关知识

一、锡膏搅拌机的种类及基本结构

目前大量使用的锡膏搅拌机多采用仿行星原理（公转和自转相结合）进行搅拌作业。仿行星式锡膏搅拌机搅拌过程中无须将锡膏退冰及开盖，可大大减少锡膏氧化及水汽的进入，可在极短的时间内将锡膏中的液体和固体充分混合，使其达到一致的密度并具有一定的黏度，保证锡膏的柔韧性。

NLT-848 锡膏搅拌机如图 6—2—1 所示。其控制面板主要由电源开关、搅拌时间设定板、启动按钮、停止按钮组成。

电源开关：打开电源，锡膏搅拌机通电。

搅拌时间设定板：对锡膏搅拌时间进行设定。

启动按钮：即 START 按钮，按下此按钮开始搅拌。

停止按钮：即 STOP 按钮，设置搅拌时间后，机器需运转到时间结束才可停止，若需要强行停止，可按此按钮手动停止搅拌。

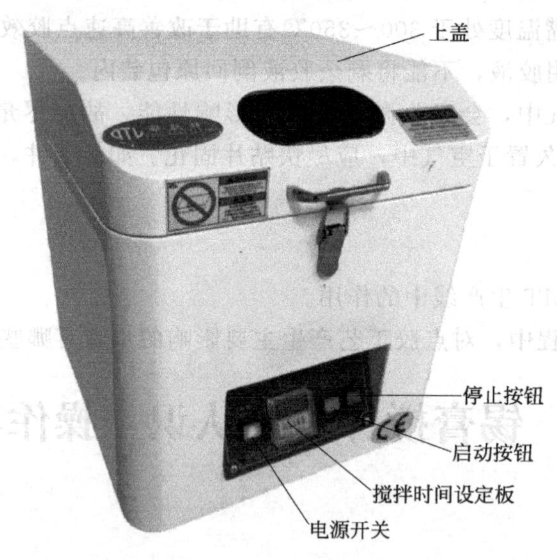

图 6—2—1　NLT-848 锡膏搅拌机

NLT-848 锡膏搅拌机的内部结构如图 6—2—2 所示。其内部有两个锡膏夹具，可同时搅拌两瓶 500 g 的锡膏。若只搅拌一瓶锡膏，可将厂家提供的配重体放入另一夹具再进行搅拌。夹具为 45°夹头，搅拌时，大转盘实现一次转动，锡膏所在夹具实现二次转动，构成公转和自转模式，这就是仿行星原理。

NLT-848 锡膏搅拌机的性能指标见表 6—2—1。

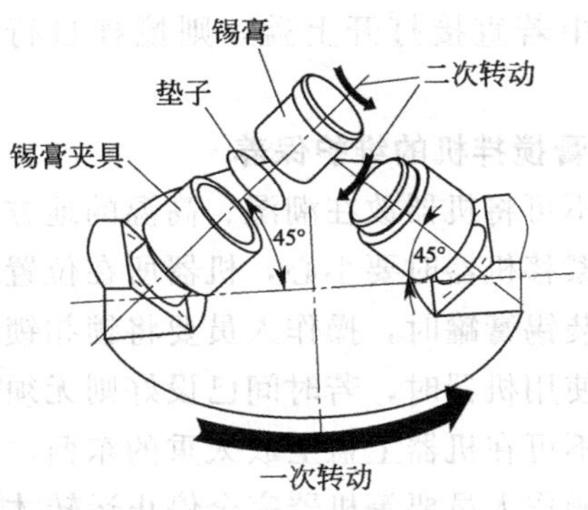

图 6—2—2　锡膏搅拌机的内部结构

表 6—2—1　NLT-848 锡膏搅拌机的性能指标

参数名称	参数值	参数名称	参数值
外形尺寸	长 400 mm、宽 400 mm、高 480 mm	工作能力	可同时搅拌两瓶 500 g 锡膏
延时精度	设定值延时误差＜0.1%，重复延时误差＜0.1%	搅拌时间	分三个时间段任意可调，可倒/顺计时，最长可设 99 h
公转转速	最大为 600 r/min	电压	AC 220 V
自转转速	最大为 350 r/min（与公转相关）	复位方式	断电复位

二、锡膏搅拌机的操作及维护保养

1. 锡膏搅拌机的操作

锡膏搅拌机的操作步骤如下。

（1）检查锡膏搅拌机电源是否为 AC 220 V；确保锡膏搅拌机放在水平地面或桌面上，防止搅拌时产生异响；确认锡膏搅拌机内部无杂物。

（2）打开上盖。

（3）打开夹具的锁扣。

（4）将需要搅拌的锡膏放入夹具中，用手转动锡膏罐一圈，确保无碰撞。如果需要搅拌两罐，可左右两个夹具各放一个；若只搅拌一罐，则需要将厂家配备的配重锡膏罐放入其中一个夹具，所选配重与需搅拌锡膏质量应相同。

（5）锁上夹具的锁扣。

（6）盖上上盖。

（7）打开电源开关。

（8）设定最佳锡膏搅拌时间，一般为 3～5 min，需视品牌及锡膏情况而定。

（9）按启动按钮，运转指示灯亮，锡膏搅拌机开始高速旋转，直到搅拌完成自动停止。

（10）关闭电源，打开上盖，打开夹具锁扣，取出锡膏罐即可使用。

若锡膏搅拌过程中欲停止搅拌，可按下电源开关或停止按钮，锡膏搅拌机即停止运转。运转过程中若直接打开上盖，则搅拌自行停止；重新盖上上盖，需按启动按钮才可继续搅拌。

2. 锡膏搅拌机的维护保养

(1) 不可将机器放在潮湿、高温的地方，要保持机器表面清洁。

(2) 搬移机器时要小心，机器所在位置要平稳、干净。

(3) 装锡膏罐时，操作人员要将锁扣锁好，防止搅拌过程中发生意外。

(4) 使用机器时，若时间已设好则无须重新设置，只需按下启动按钮。

(5) 不可在机器上盖上放太重的东西，以防压坏保护开关。

(6) 操作人员要等机器完全停止运转才可拿出锡膏罐，以免意外受伤。

(7) 定时检查各螺栓有无松动。

(8) 机器轴承为全封闭式，不需要经常润滑及保养。

(9) 若非必要，切勿在机器运转时打开上盖。

任务实施

一、任务准备

NLT-848 锡膏搅拌机、未开盖锡膏、无尘布、白色棉手套。

二、NLT-848 锡膏搅拌机的操作与维护

进入实训室，在教师及实训室管理人员的指导下完成下列任务。

1. NLT-848 锡膏搅拌机的操作

(1) 设备点检。

(2) 安装一罐（500 g）锡膏。

(3) 关闭上盖并开启电源。

(4) 设置搅拌时间为 3 min。

(5) 启动设备并完成锡膏的搅拌。

(6) 关闭设备并查看锡膏搅拌效果。

2. NLT-848 锡膏搅拌机的维护保养

(1) 擦拭锡膏搅拌机上盖、内部夹具，确保无杂物及灰尘。

(2) 检查机器内部传动带是否有松动。

(3) 检查机器内部螺栓是否有松动。

任务评价

对任务的完成情况进行检查，并将结果填入表 6—2—2 所示任务考核评分表内。

表6—2—2　　　　　　　　　　　　任务考核评分表

评价项目	评价标准	配分（分）	自我评价	小组评价	教师评价
职业素养	安全意识、责任意识、服从意识强	5			
	积极参加教学活动，按时完成各项学习任务	5			
	团队合作意识强，善于与人交流和沟通	5			
	自觉遵守劳动纪律，尊敬师长，团结同学	5			
	爱护公物，节约材料，工作环境整洁	5			
专业能力	能按要求完成锡膏搅拌机的点检及启动	15			
	能按要求完成锡膏搅拌机的操作	35			
	能按要求完成锡膏搅拌机的保养	20			
	能按实训室安全管理规范进行实训	5			
合计		100			
总评	自我评价×20%＋小组评价×20%＋教师评价×60%＝______	综合等级	教师（签名）：		

注：学习任务考核采用自我评价、小组评价和教师评价三种方式，结果分为A（90～100）、B（80～89）、C（70～79）、D（60～69）、E（0～59）五个等级。

思考与练习

1. 简述锡膏搅拌机的运行原理。
2. 在操作锡膏搅拌机过程中应注意哪些事项？

任务3　返修台的认识、操作与维护

学习目标

1. 了解返修台的种类。
2. 熟悉返修台的基本结构。
3. 熟悉返修台的操作及维护保养方法。

任务引入

在SMT领域，返修台是用于对PCB上功能或外观不良的元器件进行拆卸并对更换的元器件进行重新焊接的设备，主要用于BGA的返修。BGA是指球栅阵列封装的芯片，它具有体积小、功能强大、引脚数目多、可靠性高、电性能好等特点。随着芯片的不断发展，BGA芯片应用越来越广泛，包括计算机主板、笔记本主板、手机、电视主板、通信设备等领域，返修率越来越高，返修台的市场需求也越来越大。本任务主要学习返修台的种类、基本结构和设备的操作及维护保养方法。

相关知识

一、返修台的种类及基本结构

早期的有铅锡球 BGA 焊接大多采用热风枪直接加热，简单方便；而无铅锡球 BGA 熔点高，加热窗口小，使用热风枪焊接发热不均匀，无法控制温度的稳定性，加热区与外围温差较大，易造成 PCB 损伤，成功率大大降低。采用返修台作为 BGA 芯片的焊接和返修设备，是一种省时省力、安全的解决方案。

目前市场上的返修台品牌主要有 ERSA、DIC、迅维、效时等。广泛使用的返修台根据温区多少，可分为二温区（上温区和下温区）和三温区（上温区、下温区和底部温区）两种；根据对位装置不同，可分为光学对位和非光学对位两种；根据加热方式不同，可分为全红外加热、全热风加热、热风＋红外加热三种。

以热风＋红外加热方式为例，二温区一般采用上部热风加热，下部红外加热；三温区一般采用上部、下部热风加热，底部红外加热。上下热风加热的优点在于升温快、降温也快，温度容易稳定控制，底部红外加热用来预热 PCB，减小 PCB 与 BGA 焊接区的温差，防止 PCB 变形。

一般的 BGA 返修台由底座、加热器（上、下两部分）、PCB 夹持固定机构及显示屏等组成。图 6—3—1 所示为 DIC-RD500Ⅲ返修台基本结构。

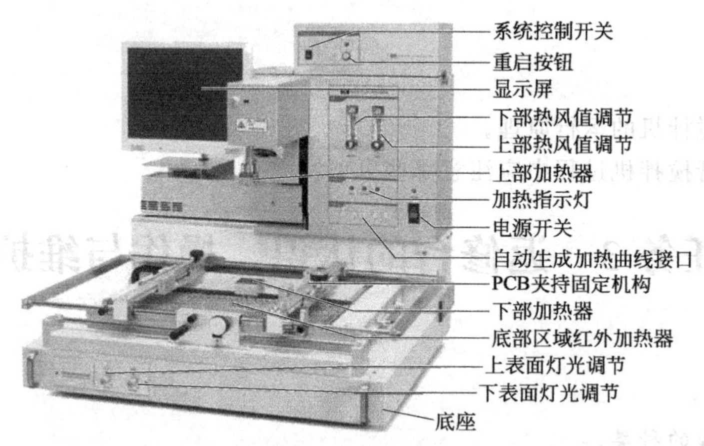

图 6—3—1　DIC-RD500Ⅲ返修台基本结构

DIC-RD500Ⅲ返修台的主要技术参数见表 6—3—1。

表 6—3—1　DIC-RD500Ⅲ返修台的主要技术参数

参数名称	参数值	参数名称	参数值
返修最大 PCB 尺寸	500 mm × 600 mm	温度设置范围（顶部和底部发热体）	0～650℃
返修器件尺寸	2～70 mm/chip 01005（可支持返修的最小元件封装）	温度设置范围（大面积区域加热）	0～650℃

续表

参数名称	参数值	参数名称	参数值
贴装精度	±0.025 mm	操作系统	Windows
顶部发热体	700 W 热风	视频显示	17 in 液晶显示器
底部发热体	700 W 热风	机器外形尺寸	770 mm×750 mm×760 mm
大面积区域加热	400 W×6=2 400 W 红外	机器质量	约 78 kg
空气要求	空气流量 60 L/min， 空气压力 0.1～1.0 MPa	电源要求	AC 100～120 V 或 AC 200～230 V 4.0 kW

DIC-RD500Ⅲ返修台的特点如下。

（1）三温区加热，受热均匀，PCB不易变形。DIC-RD500Ⅲ返修台可采用上部和下部微热风循环加热，加以底部大面积红外区域加热，可完全避免PCB加热过程中翘曲，还可通过软件控制三部分加热体单独或部分工作，可随时调节发热量，满足各种封装返修的需求，如图6—3—2所示。

（2）Auto-Profiling功能自动生成加热曲线。DIC-RD500Ⅲ软件中自带的Auto-Profiling功能，可自动生成理想的加热曲线，还可随时监测元器件及PCB温度，根据温差及时调整加热体温度，完全避免加热过程中元器件的过热损伤。一般五个加热曲线接口的连接方法如图6—3—3所示。

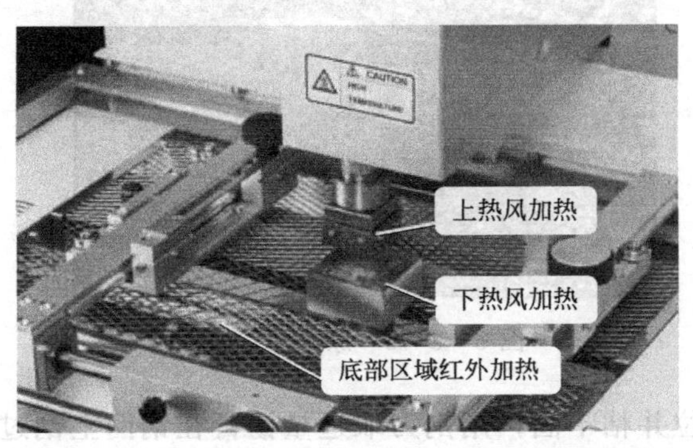

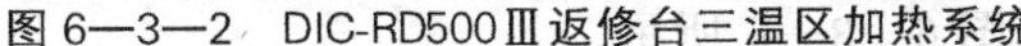

图6—3—2 DIC-RD500Ⅲ返修台三温区加热系统

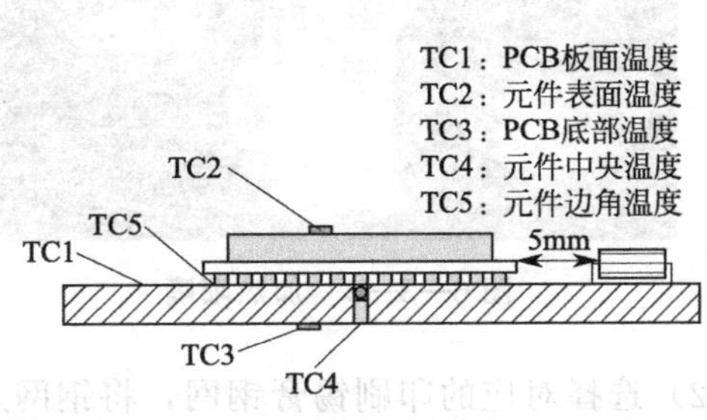

图6—3—3 Auto-Profiling功能监测点连接方法

（3）灵活的PCB放置平台。支架前后左右移动灵活，可配合元器件角度调整和区域加热器的灵活移动，让任何形状的PCB都可实现返修，提高成功率。

（4）卓越的光学对中系统。摄像系统自动获取PCB及元器件焊点影像，利用放大及微调使两者完全重合；对于特别大的元器件，具有屏幕分割功能，用于放大检查两个对角。

（5）自动化程度高，可避免人为误差。返修台的主要工作是将元器件拆除并重新安装合格元器件。在拆除过程中，当加热完成后，设备自动拾取元器件，避免过热导致元器件损伤；在安装过程中，对中完成后自动完成放置、加热、冷却全过程。

（6）可满足无铅制程要求。加热温度控制精确，热稳定性好，可满足无铅制程要求。无铅焊接效率高，一般3 min即可完成一块BGA芯片的焊接。

二、返修台的操作及维护保养

1. 返修台的操作

(1) 生产前准备

一个完整的 BGA 返修开始前，首先需对 BGA 返修台进行点检，检查设备是否正常，打开电源、计算机并预热设备；接着准备辅助工具及材料，如锡膏、助焊膏、吸锡绳、BGA 印刷锡膏钢网、刮刀、毛刷、需返修的 PCB 等；最后根据 PCB 暴露时间长短进行 PCB 烘烤去潮，根据 PCB 尺寸的大小选择合适的加热喷嘴（如图 6—3—4 所示，尺寸一般有 60 mm×60 mm、47 mm×47 mm、37 mm×37 mm、31 mm×31 mm、25 mm×25 mm）和 PCB 定位支撑方式。

(2) 拆除 BGA

将 PCB 固定在返修台上，从程序目录中选择合适的程序加热 BGA，加热完成后设备自动吸取被拆器件。检查被拆器件是否完好，若器件完好可重复使用，则需对 BGA 进行植球；若不需要再利用，可升高加热温度快速拆下。

(3) 清理焊盘

将 PCB 放置在工作台上，用电烙铁、吸锡绳清理 PCB 焊盘上残留的焊锡，平整焊盘。

(4) 涂抹辅料

1) 用毛刷蘸取少许助焊膏涂抹在焊盘上，要均匀，不可堆积，如图 6—3—5 所示。

图 6—3—4　加热喷嘴

图 6—3—5　涂抹助焊膏

2) 选择对应的印刷锡膏钢网，将钢网定位并粘牢固，用刮刀取适量锡膏在钢网上刮过，注意防止少锡和漏印，最后清理刮刀和钢网，如图 6—3—6 所示。

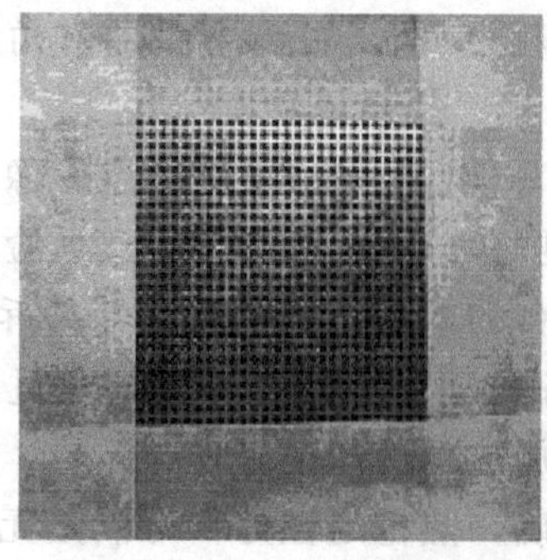

图 6—3—6　印刷锡膏

（5）贴放BGA

将印刷好的PCB固定在工作台上，核对需贴放元器件型号，启动光学对位系统，将元器件放在吸嘴上，使器件与焊盘影像重合，启动运行完成贴放。贴放完成后，检查贴放精度、平整度、是否倾斜等。

（6）焊接BGA

从程序目录中调用相应的焊接温度曲线对应程序，对元器件进行加热，程序运行完毕即完成焊接；冷却元器件和PCB，松开PCB支撑，取走PCB。同一块PCB最多返修三次，同一个元器件最多返修两次。

（7）焊后检验

目测PCB是否有虚焊、连锡，并用X-Ray检测设备检测焊接质量。检查周围是否有溅锡及助焊膏残留并清洗。

2. 返修台的维护保养

（1）每天用无水酒精清除设备上的灰尘，及时清理摄像镜头上的助焊膏飞溅及灰尘。

（2）每天检测防静电手环，检查电源的稳定性和接地情况。

（3）不宜使设备长期处于真空工作状态，返修结束应及时关闭真空。

（4）定期检查螺栓等紧固件是否松动。

（5）定期对上下左右运动轴承进行润滑。

（6）检查吸嘴，若损坏应及时进行更换。

（7）检查加热体是否老化，若老化应及时更换，以免影响温度的精确控制。

任务实施

一、任务准备

DIC-RD500Ⅲ返修台、防静电手套和手环、锡膏、助焊膏、吸锡绳、BGA印刷锡膏钢网、刮刀、毛刷、需返修的PCB、电烙铁、清洗剂、笔、笔记本等。

二、返修台的操作与维护

进入实训室，在教师及实训室管理人员的指导下完成下列任务。

1. DIC-RD500Ⅲ返修台的操作

（1）生产前准备

1）在实训指导教师指导下，准备返修材料，对PCB进行烘烤去潮。

2）接通电源，打开计算机并预热设备，单击桌面上的“RD500Ⅲ”图标，系统完成自检，出现主界面。

3）根据BGA大小及形状，选择合适的加热喷嘴和真空吸嘴。

（2）固定PCB

根据PCB外形，调节夹具的宽度和支撑位置，使待返修的BGA正好处于上下加热体的正中央。

（3）拆除BGA

1）在显示屏界面选取返修程序，在“Profile name”中选定BGA拔取或贴装温度曲线程序，其中“Removal”表示拔取程序，“Placement”表示贴装程序。

2）打开上部和下部发热体气阀并旋转调节，气流大小根据BGA大小设定，上部发热体气阀设定时应遵循以下原则：30 L/min适用于尺寸大于25 mm的芯片；25 L/min适用于尺寸为15～25 mm的芯片；20 L/min适用于尺寸小于15 mm的芯片。下部发热体气阀通常设定为25 L/min。

3）单击“Development”按钮进入运行监控界面。

4）单击“Start”按钮，上喷嘴落下到BGA上表面开始拆除。调节上喷嘴位置调整旋钮，使上喷嘴距离BGA上表面5 mm。

5）程序运行完成，吸嘴自动吸取BGA，待冷却15 s后关闭真空，将BGA放入专用治具中。

（4）清理焊盘和BGA

将拆除完的PCB取下，用电烙铁和吸锡绳清理焊盘残留的锡膏，修整焊盘并清洗干净。用电烙铁清理BGA上残留的锡膏。

（5）涂抹辅料

用毛刷蘸取少许助焊膏涂抹在焊盘上，选择对应的锡膏印刷钢网，精确对准BGA焊盘与钢网孔，为焊盘印刷锡膏。

（6）贴放BGA

单击“Optics arm”按钮，将镜头伸缩臂移动到上下喷嘴之间；使用水平方向旋钮和角度调节旋钮将印刷好的PCB固定在工作台上；单击“Component pick”按钮，吸嘴自动吸取BGA，利用光学对位调节使BGA焊点图像与PCB焊盘图像完全重合（可调节亮度，以便精确对准）；对准结束，单击“Start”按钮，吸嘴下移将BGA放置在焊盘上；调节上喷嘴位置调整旋钮，使上喷嘴距离BGA上表面5 mm。

（7）焊接BGA

从程序中调用最佳贴装程序，在软件控制下完成对元器件的热风回流焊，程序运行完毕即完成焊接，待冷却后松开PCB支撑。

（8）焊后检验

先目测再用X-Ray检测设备检测并维修，检查BGA周围是否有溅锡及助焊膏残留并清洗。

（9）关闭电源

先关闭系统开关，正常退出操作系统；再关闭电源开关，拔掉插头。

2. DIC-RD500Ⅲ返修台的维护保养

（1）机器平台清理

按要求把机器平台清理干净，要求做到表面无灰尘、无污渍。

（2）设备外壳清理

按要求对设备钣金各部位进行清理，要求表面无灰尘、无污渍，并注意不能破坏设备其他部件。

（3）运动轴承、导轨润滑

按要求对设备进行润滑保养，要求各轴承、导轨均润滑均匀。

（4）螺栓松紧检查

检查固定螺栓的松紧程度，并加以调整。

（5）防静电手环检测

对防静电手环进行检测。

（6）吸嘴、喷嘴检查

检查吸嘴、喷嘴，若损坏应及时更换。

（7）填写设备保养报表

保养完毕，完成表6—3—2 DIC-RD500Ⅲ返修台设备保养报表的填写。

表6—3—2　　DIC-RD500Ⅲ返修台设备保养报表

序号	保养项目	完成情况	日期	保养人
1	机器平台清理			
2	设备外壳清理			
3	运动轴承、导轨润滑			
4	螺栓松紧检查			
5	防静电手环检测			
6	吸嘴、喷嘴检查			

操作提示

操作返修设备时应注意以下事项。

（1）负责返修工作的人员工作前必须戴好防静电手环和手套，每天检测防静电手环。

（2）返修工作前，检查电源的稳定性和接地情况。

（3）不宜使设备长期处于真空工作状态，返修结束应及时关闭真空。

（4）每天用无水酒精清除设备上的灰尘，及时清理摄像镜头上的助焊膏飞溅及灰尘。

（5）定时检查设备系统硬盘，防止程序受损而影响生产。

（6）每次下班前或不使用返修台时，应先关闭系统开关，正常退出操作系统，再关闭电源开关，拔掉插头。

任务评价

对任务的完成情况进行检查，并将结果填入表6—3—3所示任务考核评分表内。

表6—3—3　　任务考核评分表

评价项目	评价标准	配分（分）	自我评价	小组评价	教师评价
职业素养	安全意识、责任意识、服从意识强	5			
	积极参加教学活动，按时完成各项学习任务	5			
	团队合作意识强，善于与人交流和沟通	5			
	自觉遵守劳动纪律，尊敬师长，团结同学	5			
	爱护公物，节约材料，工作环境整洁	5			

续表

评价项目	评价标准	配分（分）	自我评价	小组评价	教师评价
专业能力	能按要求完成返修设备的点检及启动	10			
	能按要求准确拆除 BGA	20			
	能按要求贴装焊接新的 BGA	20			
	能按要求完成返修设备的保养	15			
	能按要求完成相关报表的填写	5			
	能按实训室安全管理规范进行实训	5			
合计		100			
总评	自我评价×20%＋小组评价×20%＋教师评价×60%＝______	综合等级	教师（签名）：		

注：学习任务考核采用自我评价、小组评价和教师评价三种方式，结果分为A（90～100）、B（80～89）、C（70～79）、D（60～69）、E（0～59）五个等级。

思考与练习

1. 返修台在SMT制程中的作用是什么？
2. 简述返修台的操作步骤。

任务4 自动上/下板机的认识、操作与维护

学习目标

1. 熟悉自动上/下板机的基本结构。
2. 掌握自动上/下板机的使用操作方法。
3. 熟悉自动上/下板机的维护保养方法。

任务引入

自动上/下板机又称为自动吸/送板机。上板机用于全自动SMT生产线的源头，根据后置设备（如印刷机）的需板要求，将存储在上料架内的PCB逐一传送到生产线的传送导轨上。当一个上料架的全部PCB传送完毕后自动退出，下一个上料架自动接替送板。下板机用于SMT生产线的末端，将焊接好的PCB有序整齐地接收到载板箱内。本任务主要学习自动上/下板机的结构、操作及维护保养方法。

相关知识

一、自动上/下板机的结构

以 XSF-250A 自动上/下板机为例，其结构如图 6—4—1 所示。

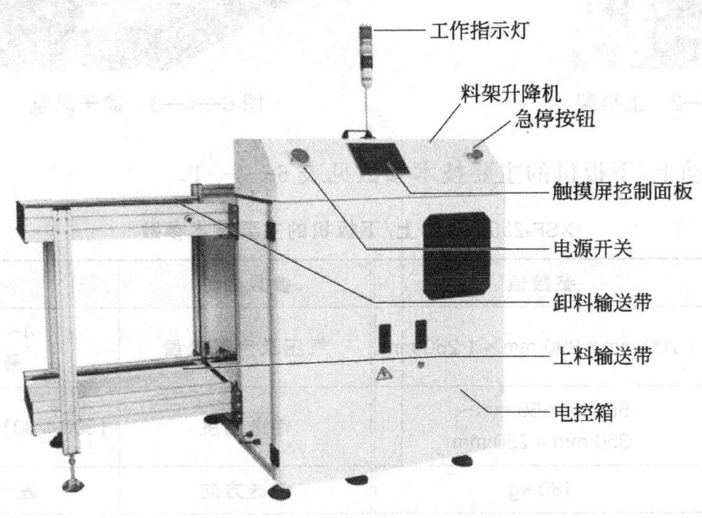

图 6—4—1 XSF-250A 自动上/下板机

自动上/下板机的主体结构主要由上料输送带、卸料输送带、料架升降机和电控箱四大部分组成。

上料输送带的作用是将装满 PCB 的上料架送到料架升降机，实现持续给料架升降机供料。上料架的一侧固定，另一侧可根据待放置的 PCB 宽度进行调节。上料架两侧为等距的凹槽，每一格放一块 PCB 光板，半成品和带夹具的板隔一格放一块，如图 6—4—2 所示。

卸料输送带的作用是将料架升降机中已经推完 PCB 的空上料架回收下降。

料架升降机的作用是使装有 PCB 的上料架步进上升并配合推杆逐个将 PCB 推出，实现供给后续设备的功能。当上料架内的 PCB 被推完之后，空上料架被自动送往卸料输送带，然后料架升降机下降，当下降至最低极限位置时，下一个满载的上料架进入并重复以上循环。

电控箱的作用是控制各部分协调配合动作，以实现自动循环，其核心组件是可编程控制器 PLC，控制稳定可靠，有手动和自动两种控制模式。工作指示灯分红、黄、绿三色，红灯闪烁为故障报警，黄灯常亮为手动控制模式，绿灯常亮为自动控制模式。采用人机界面触摸屏，简单直观，操作方便。

XSF-250A 自动上/下板机除有上述送板及控制结构之外，还具有吸板功能，内部有放板区域，可通过吸盘吸板放入传送导轨实现供板；同时配有去静电装置，在 PCB 进入印刷机前采用离子风泵去静电，保证印刷的成功率。图 6—4—3 所示为离子风泵。

图 6—4—2　上料架

图 6—4—3　离子风泵

XSF-250A 自动上/下板机的主要技术参数见表 6—4—1。

表 6—4—1　XSF-250A 自动上/下板机的主要技术参数

参数名称	参数值	参数名称	参数值
外形尺寸	1 700 mm×890 mm×1 250 mm	气压及空气流量	4～6 个大气压，最大 10 L/min
电路板尺寸	50 mm×50 mm～350 mm×250 mm	传送高度	(900±30) mm（或用户指定）
机器质量	180 kg	传送方向	左→右或右→左
料架尺寸	355 mm×320 mm×563 mm	电路板厚度	最小 0.6 mm
电源及电力负荷	100～230 V 交流，单相；最大功率为 300 V·A	料架数量	上料输送带：1 个；卸料输送带：2 个
料架更换时间	约 30 s	步距选择	10 mm、20 mm、30 mm、40 mm
上板时间	约 6 s		

二、自动上/下板机的操作

XSF-250A 自动上/下板机兼有送板和吸板两种功能，其操作步骤如下。

1. 设备点检

检查设备电源连接是否正常，检查设备接地是否良好，检查防静电设备是否正常。

2. 开启电源

将电源开关转至“ON”位置，开启总电源，如图 6—4—4a 所示。若设备运行中出现故障需要停止，可按下急停按钮，如图 6—4—4b 所示。

3. 送板操作

将真空包装的 PCB 从箱体中取出，调整上料架的宽度，将 PCB 一块块放置于上料架中（注意 PCB 方向应一致），并送入料架升降机。通过触摸屏设置自动送板或手动送板方式，以及传送步距。送板监控界面如图 6—4—5 所示。

由送板监控界面可见，全自动上板机可选择手动运行送板和自动运行送板两种模式。若选择“送板自动”，则绿灯亮，当接到送板信号时，系统将会自动运行，将上料架推入料架

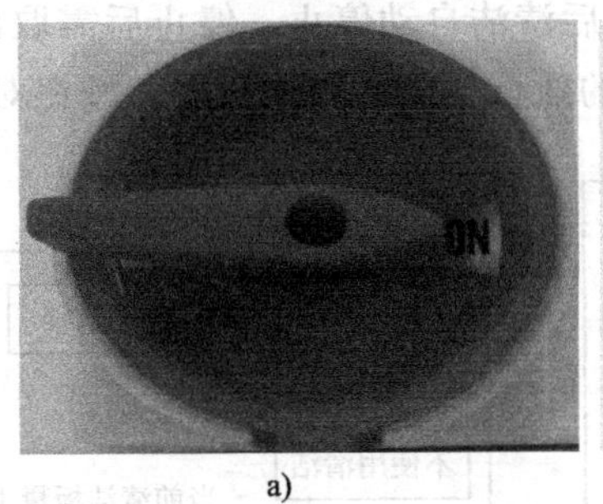

a)

b)

图 6—4—4　电源开关和急停按钮
a）电源开关　b）急停按钮

升降机，开始送板。步距是指上料架每次推出一块 PCB 上升的高度，默认为 10 mm，可通过触摸屏调整步距。若选择“手动运行”，则黄灯亮，通过触摸“料框（料架）夹紧”“气缸推动”“气缸返回”“料框上升”将一块 PCB 推入导轨，送入印刷机。待一个上料架 PCB 推送完，退出空料架。

4. 吸板操作

将真空包装的 PCB 取出放在放板台面（注意 PCB 的方向应一致），再通过触摸屏“吸板操作功能”界面设置手动或自动运行模式，如图 6—4—6 所示。

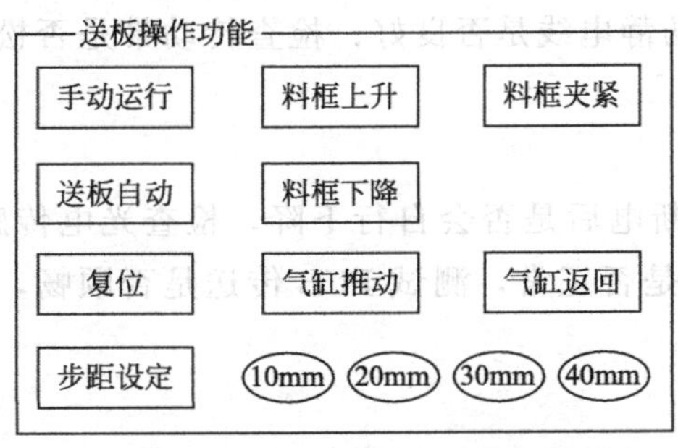

图 6—4—5　送板监控界面

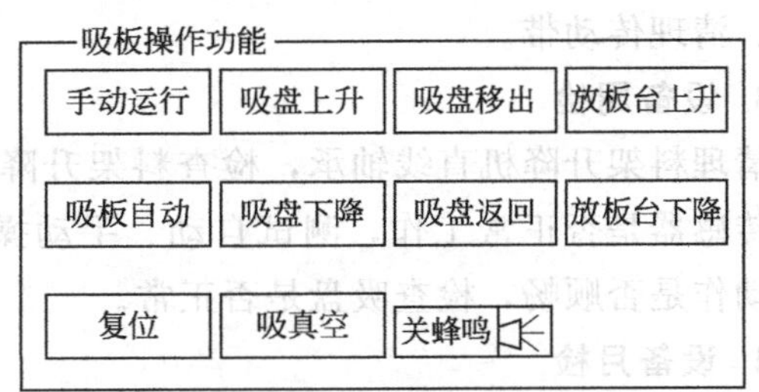

图 6—4—6　吸板监控界面

由吸板监控界面可见，可选择手动运行吸板和自动运行吸板两种模式。若选择“吸板自动”，则绿灯亮，当接到信号时，自动开始吸板到传送导轨。若放板台面无板，会下降到底部，同时发出蜂鸣声提示放板，放板后上升到指定位置，自动关掉蜂鸣声（也可提前手动关闭蜂鸣声）。若选择“手动运行”，则黄灯亮，通过触摸“放板台下降”放好 PCB 后，选择“放板台上升”，利用吸盘的移出、返回、上升、下降按钮，操作吸盘吸取 PCB 放在传送导轨上，通过控制中心控制进入印刷机。

5. 吸送板交替操作

单击“手动运行 ON”按钮，设置送板次数和吸板次数，然后单击“吸送自动”按钮，设备会提示选择“先送板”还是“先吸板”，可统计出板数量，也可直接更改修正出板数量，还可清零。当设备出现故障报警时，可按“复位”键清除报警。吸送板监控界面如图 6—4—7 所示。

6. 清洁操作

如图 6—4—8 所示，单击“手动运行 ON”“使用清洁”按钮，在“清洁报警提示设定”区域可设置清洁总板数（如 100），达到总板数后清洁自动停止，停止后需取出清洁装置中的清洁纸。“当前清洁板量”可实时统计清洁 PCB 的数量，可通过“清零”按钮对数据进行清零。

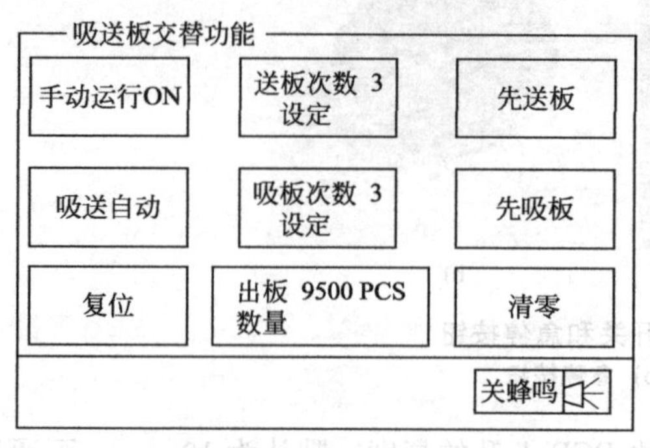

图 6—4—7　吸送板监控界面

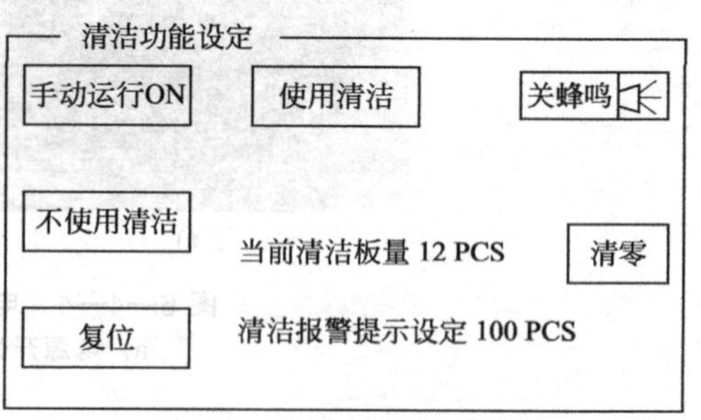

图 6—4—8　清洁功能设定界面

三、自动上/下板机的维护保养

1. 机身清理

按要求把机身清理干净，要求做到表面无灰尘、无污渍。

2. 设备日检

检查设备是否运转正常，电源线、接地线、防静电线是否良好；检查传动带是否松动并调节、清理传动带。

3. 设备周检

清理料架升降机直线轴承，检查料架升降机断电后是否会自行下降，检查光电传感器、磁性传感器是否正常工作，测试自动、手动操作是否正常，测试 PCB 传送是否顺畅，检查气缸动作是否顺畅，检查吸盘是否正常。

4. 设备月检

检查传动带是否老化磨损，清理滚珠丝杆并加润滑油。

任务实施

一、任务准备

XSF-250A 自动上/下板机、光板 PCB、防静电手套和手环、笔和笔记本等。

二、XSF-250A 自动上/下板机的操作与维护

进入实训室，在教师及实训室管理人员的指导下完成下列任务。

1. XSF-250A 自动上/下板机的操作

（1）设备点检

检查设备电源、接地、防静电线是否良好。

（2）开启电源

将电源开关转到“ON”位置，触摸屏自动开机并进入初始界面。

（3）装载 PCB

将真空包装的 PCB 取出，根据 PCB 宽度调节上料架宽度并固定，按照同一方向将 PCB 等间距地放入上料架的格子中（可间隔放置以避免碰撞），然后将上料架送入料架升降机。

（4）自动送板设置

进入“送板操作功能”界面，根据 PCB 摆放设置步距，选择“送板自动”，料架升降机、气缸开始自动送板。

（5）手动送板设置

同样设置步距，选择“手动运行”，根据上料架状态单击“气缸推动”“气缸返回”“料框上升”按钮等完成手动送板。

（6）吸板功能

将 PCB 按照同一方向放在放板台面上，进入“吸板操作功能”界面，同上设置，进行吸板操作。

2. XSF-250A 自动上/下板机的维护保养

（1）机身清理

按要求把机身清理干净，要求做到表面无灰尘、无污渍。

（2）线路检查

检查设备是否运转正常，电源线、接地线、防静电线是否良好。

（3）传动带检查

检查传动带是否松动并调节、清理传动带。

（4）料架升降机检查

清理料架升降机直线轴承，检查料架升降机断电后是否会自行下降。

（5）吸盘检查

检查吸盘是否老化，能否正常吸附 PCB。

（6）传感器检查

检查光电传感器、磁性传感器是否正常工作。

（7）滚珠丝杆润滑

清理滚珠丝杆并加润滑油。

（8）填写设备保养报表

保养完毕，完成表 6—4—2 XSF-250A 自动上/下板机设备保养报表的填写。

表 6—4—2　　XSF-250A 自动上/下板机设备保养报表

序号	保养项目	完成情况	日期	保养人
1	机身清理			
2	线路检查			
3	传动带检查			
4	料架升降机检查			
5	吸盘检查			
6	传感器检查			
7	滚珠丝杆润滑			

任务评价

对任务的完成情况进行检查，并将结果填入表 6—4—3 所示任务考核评分表内。

表 6—4—3　　任务考核评分表

评价项目	评价标准	配分（分）	自我评价	小组评价	教师评价
职业素养	安全意识、责任意识、服从意识强	5			
	积极参加教学活动，按时完成各项学习任务	5			
	团队合作意识强，善于与人交流和沟通	5			
	自觉遵守劳动纪律，尊敬师长，团结同学	5			
	爱护公物，节约材料，工作环境整洁	5			
专业能力	能按要求完成上/下板机设备的点检及启动	15			
	能按要求准确完成送板操作	20			
	能按要求准确完成吸板操作	20			
	能按要求完成设备的保养	10			
	能按要求完成相关报表的填写	5			
	能按实训室安全管理规范进行实训	5			
合计		100			
总评	自我评价×20%＋小组评价×20%＋教师评价×60%＝＿＿＿＿＿	综合等级	教师（签名）：		

注：学习任务考核采用自我评价、小组评价和教师评价三种方式，结果分为 A（90～100）、B（80～89）、C（70～79）、D（60～69）、E（0～59）五个等级。

思考与练习

1. 简述自动上/下板机在 SMT 制程中的作用。
2. 在操作自动上/下板机过程中有哪些注意事项？

任务 5　接驳台的认识、操作与维护

学习目标

1. 熟悉接驳台的基本结构。
2. 掌握接驳台的操作及维护保养方法。

任务引入

接驳台作为SMT生产线的辅助设备，可用于PCB之间缓动、检验、测试或电子元器件手工插装，还可用来连接SMT生产线中印刷机与贴片机、贴片机与回流焊机等设备。接驳台可根据实际需要安装照明设备、测试托架等，高端接驳台还可实现分段控制、存板检查、双导轨控制等要求。本任务主要学习接驳台的基本结构、接驳台的操作及维护保养方法。

相关知识

一、接驳台的结构

接驳台根据需要可分为有灯架和无灯架两种，其外形分别如图6—5—1和图6—5—2所示。

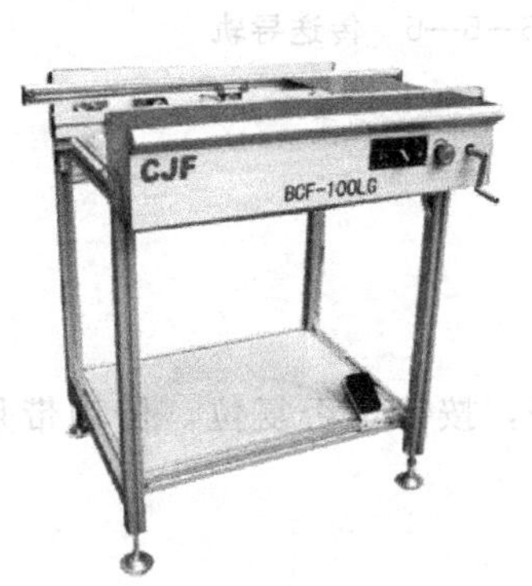

图6—5—1 无灯架接驳台

图6—5—2 有灯架接驳台

以BCF-100LG无灯架接驳台为例，其结构主要有以下几部分。

(1) 电源开关：即接驳台总电源控制开关，用于接通或切断设备供电。

(2) 手动/自动选择旋钮：旋钮旋转至“自动”表示PCB进入接驳台导轨后自行进入回流焊机进行焊接；旋钮旋转至“手动”表示PCB进入接驳台，传送到中间感应器位置PCB停止不动，此时检验人员可进行炉前检验工作，检验完成后，检验人员可通过脚踏开关点动控制PCB进入回流焊机进行焊接。

(3) 速度调节旋钮：调节链条运动速度，控制PCB传送速度。

(4) 导轨宽度调节手轮：旋转可调节导轨宽度，以适应PCB宽度。

以上结构部件均在接驳台控制面板上，如图6—5—3所示。

(5) 脚踏开关：用于控制传送导轨的启动和停止，如图6—5—4所示。

(6) 传送导轨：由左右两边导轨组成，一边固定，另一边可调。两边导轨铺设有传动带，由电动机驱动传动带，带动PCB向前传送，如图6—5—5所示。

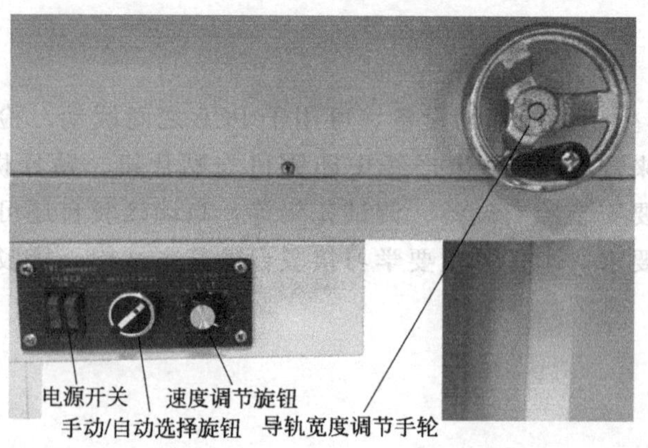

图6—5—3　接驳台控制面板

图6—5—4　脚踏开关

图6—5—5　传送导轨

二、接驳台的操作及维护保养

1. 接驳台的操作步骤

（1）设备点检

通电前检查电源线有无破损，设备是否接地良好，按钮是否复位，传动带是否松动，电动机、传感器是否正常。

（2）调节导轨宽度

利用导轨宽度调节手轮，根据PCB宽度调节导轨宽度。

（3）调节传动带运转速度

调节速度调节旋钮，选择合适的传动带运转速度。

（4）开启电源

打开电源开关。

（5）手动/自动方式选择

若选择自动方式，将旋钮旋转至“自动”，PCB进入接驳台后自行进入回流焊机进行焊接。若选择手动方式，将旋钮旋转至“手动”，PCB进入接驳台，传送到感应器位置后停止不动，等待检验；检验完成后，可通过脚踏开关开启运行，将PCB送入回流焊机。

2. 接驳台的维护保养

（1）机身清理

按要求把机身清理干净，要求做到表面无灰尘、无污渍。

（2）设备日检

检查设备是否运转正常，电源线、接地线、防静电线是否良好；检查传动带是否松动并调节、清理传动带。

（3）设备周检

除日检项目外，还需检查电动机、传感器是否正常。

（4）设备月检

检查传动带是否老化磨损，清理并给传动带轮、调宽丝杆加润滑油。

任务实施

一、任务准备

BCF-100LG 接驳台、光板 PCB、防静电手套和手环、无尘纸、抹布、毛刷、酒精、润滑油、笔等。

二、BCF-100LG 接驳台的操作与维护保养

进入实训室，在教师及实训室管理人员的指导下完成下列任务。

1. BCF-100LG 接驳台的操作

（1）检查电源线有无破损，是否接地良好，按钮是否复位，传动带是否松动，电动机、传感器是否正常。

（2）根据 PCB 宽度调节导轨宽度。

（3）根据前后连接设备的传送速度，选择合适的传动带运转速度。

（4）打开电源开关。

（5）选择不同模式，观察 PCB 在传动带上的运行规律。

2. BCF-100LG 接驳台的维护保养

（1）机身清理

用无尘纸将接驳台机身清理干净。

（2）线路检查

检查电源线、接地线、防静电线是否良好，设备运转是否正常。

（3）传动带清理与检查

用无尘纸将传动带清理干净，检查传动带是否松动老化，若发现损坏应立即更换。

（4）静电设备检查

检查静电设备是否正常。

（5）填写设备保养报表

保养完毕，完成表 6—5—1 BCF-100LG 接驳台设备保养报表的填写。

表 6—5—1　　BCF-100LG 接驳台设备保养报表

序号	保养项目	完成情况	日期	保养人
1	机身清理			
2	线路检查			
3	传动带清理与检查			
4	静电设备检查			

任务评价

对任务的完成情况进行检查，并将结果填入表 6—5—2 所示任务考核评分表内。

表 6—5—2　　　　任务考核评分表

评价项目	评价标准	配分（分）	自我评价	小组评价	教师评价
职业素养	安全意识、责任意识、服从意识强	5			
	积极参加教学活动，按时完成各项学习任务	5			
	团队合作意识强，善于与人交流和沟通	5			
	自觉遵守劳动纪律，尊敬师长，团结同学	5			
	爱护公物，节约材料，工作环境整洁	5			
专业能力	能按要求完成接驳台设备的点检及启动	15			
	能按要求准确调节导轨宽度	15			
	能按要求准确调节传动带运转速度	15			
	能按要求完成设备的维护保养	20			
	能按要求完成相关报表的填写	5			
	能按实训室安全管理规范进行实训	5			
合计		100			
总评	自我评价 × 20% + 小组评价 × 20% + 教师评价 × 60% = ______	综合等级	教师（签名）：		

注：学习任务考核采用自我评价、小组评价和教师评价三种方式，结果分为 A（90～100）、B（80～89）、C（70～79）、D（60～69）、E（0～59）五个等级。

思考与练习

简述接驳台在 SMT 制程中的作用。

课题七　SMT 生产运行与管理综合实训

任务 1　贴片小音响 SMT 生产前准备

学习目标

熟悉 SMT 生产前的准备工作。

任务引入

前面学习的各个设备的操作与维护保养知识，都是基于某个具体设备的。然而在实际的生产过程中，通常要求操作者具备各种 SMT 设备的操作能力，并熟悉 SMT 生产线运行的相关知识。本任务模拟实际的生产环境，按照任务要求完成贴片小音响 SMT 生产前的准备工作，并完成相关报表的填写。

相关知识

SMT 生产前的准备工作主要包含生产文件准备、生产设备及治具准备、生产物料准备、生产人员准备，如图 7—1—1 所示。

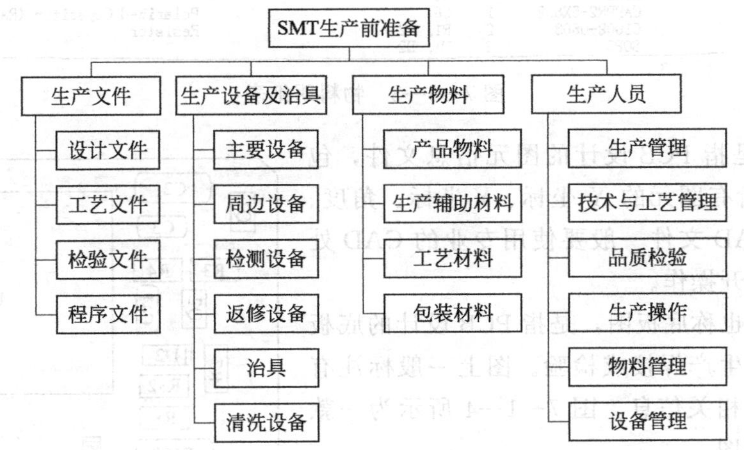

图 7—1—1　SMT 生产前的准备工作

一、SMT 生产文件准备

SMT 生产文件主要是指在 SMT 生产过程中所用到的包含纸质及电子档的所有文件资料，如物料明细表、工艺文件等。SMT 生产文件所包含的内容如图 7—1—2 所示。

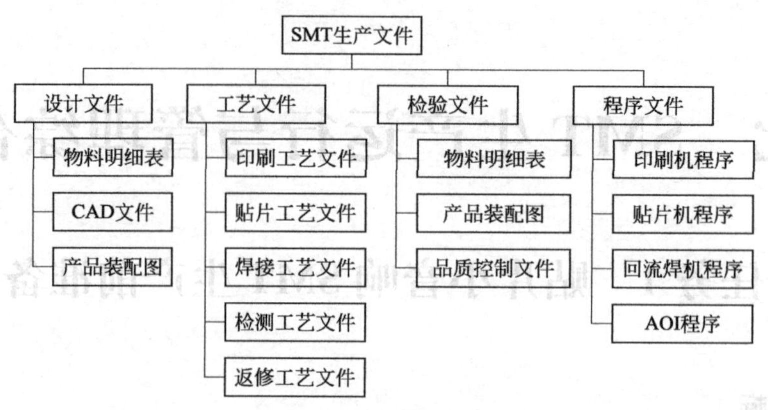

图 7—1—2　SMT 生产文件

1. 设计文件

设计文件主要是指在产品设计完成后所生成或导出的用于指导生产的相关文件，包括物料明细表、CAD 文件、产品装配图。

物料明细表英文简称“BOM”，包含 PCB 用到的所有物料的元件位置号、元件值、元件封装等信息。图 7—1—3 所示为一款 PCB 的物料明细表。

XYX-01.BOM - 记事本

文件(F)　编辑(E)　格式(O)　查看(V)　帮助(H)

Bill of Material for XYX-01.PcbDoc
On 2016-06-06 at 10:18:21

Comment	Pattern	Quantity	Components	
	C1608-0603	1	R3	Resistor
0	C1608-0603	1	R6	Resistor
104	C1608-0603	2	C1, C2	Capacitor
105	C1608-0603	3	C3, C4, C5	Capacitor
22K	C1608-0603	2	R4, R5	Resistor
2RSW	RSW2	1	W1	
470uF	CAPPR2-5X6.8	1	C6	Polarized Capacitor (Radial)
6.8K	C1608-0603	2	R1, R2	Resistor
8002	SOP8	2	U1, U2	

图 7—1—3　物料明细表

CAD 文件是指 PCB 设计的图元信息文件，包含 PCB 设计中所有图元的 *X* 坐标、*Y* 坐标、角度、形状等信息。CAD 文件一般要使用专业的 CAD 处理软件才可以打开操作。

产品装配图也称底板图，是指 PCB 设计的底板图样，用于指导生产焊接或检验。图上一般标注有元件的位置号等相关信息。图 7—1—4 所示为一款 PCB 的产品装配图。

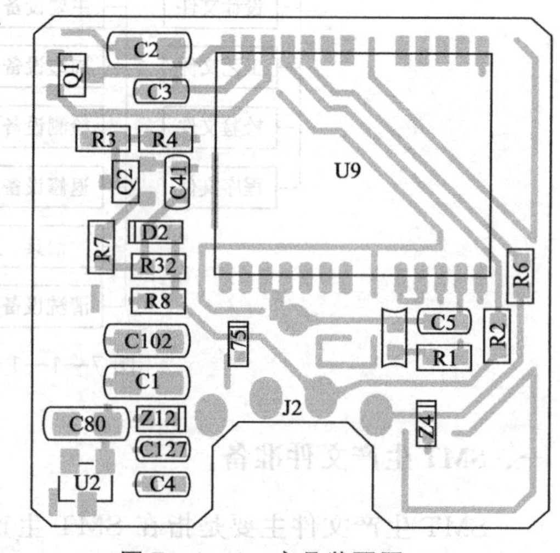

图 7—1—4　产品装配图

2. 工艺文件

工艺文件也称为作业指导书（SOP）。SMT 工艺文件包含 SMT 生产过程中所涉及的所有设备的作业指导以及所有工序的工艺要求，是 SMT 生产过程的指导性文件，一般要求正确、完整、一致和清晰，能切实指导生产，保证生产稳定进行。SMT 工艺文件总体分为印刷工艺、贴片工艺、焊接工艺、检测工艺、返修工艺等文件。图 7—1—5 所示为一款产品的工艺文件。

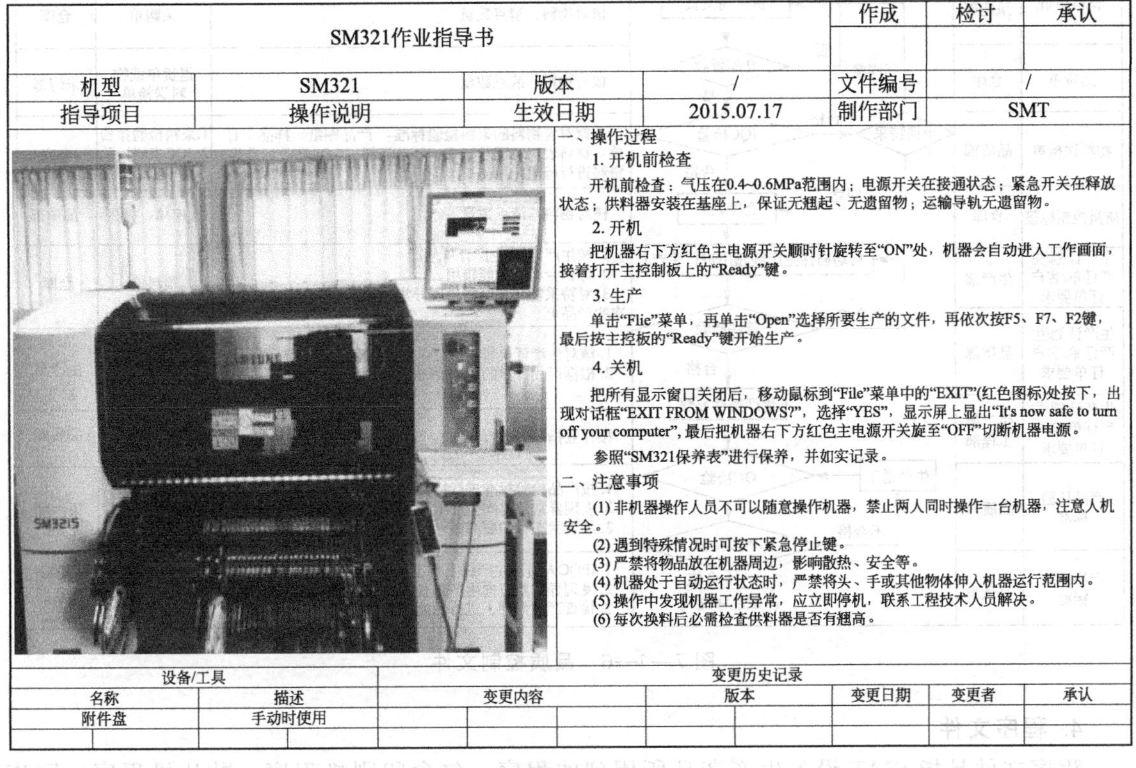

SM321作业指导书				作成	检讨	承认
机型	SM321	版本	/	文件编号	/	
指导项目	操作说明	生效日期	2015.07.17	制作部门	SMT	

一、操作过程

1. 开机前检查

开机前检查：气压在0.4~0.6MPa范围内；电源开关在接通状态；紧急开关在释放状态；供料器安装在基座上，保证无翘起、无遗留物；运输导轨无遗留物。

2. 开机

把机器右下方红色主电源开关顺时针旋转至“ON”处，机器会自动进入工作画面，接着打开主控制板上的“Ready”键。

3. 生产

单击“Flie”菜单，再单击“Open”选择所要生产的文件，再依次按F5、F7、F2键，最后按主控板的“Ready”键开始生产。

4. 关机

把所有显示窗口关闭后，移动鼠标到“File”菜单中的“EXIT”(红色图标)处按下，出现对话框“EXIT FROM WINDOWS?”，选择“YES”，显示屏上显出“It's now safe to turn off your computer”，最后把机器右下方红色主电源开关旋至“OFF”切断机器电源。

参照“SM321保养表”进行保养，并如实记录。

二、注意事项

(1) 非机器操作人员不可以随意操作机器，禁止两人同时操作一台机器，注意人机安全。
(2) 遇到特殊情况时可按下紧急停止键。
(3) 严禁将物品放在机器周边，影响散热、安全等。
(4) 机器处于自动运行状态时，严禁将头、手或其他物体伸入机器运行范围内。
(5) 操作中发现机器工作异常，应立即停机，联系工程技术人员解决。
(6) 每次换料后必需检查供料器是否有翘高。

设备/工具		变更历史记录				
名称	描述	变更内容	版本	变更日期	变更者	承认
附件盘	手动时使用					

图 7—1—5　SMT 工艺文件

3. 检验文件

检验文件是指在产品检验环节所用到的一些文件，包括物料明细表、产品装配图及品质控制文件。

物料明细表及产品装配图一般是在设计文件中的相应文件的基础上稍做改动。如检验文件中用到的物料明细表会增加替代物料信息，产品装配图会增加标注元件值信息等。

品质控制文件是指 IQC、IPQC、OQC 等检验岗位的检验标准文件，文件中会列出各个检验岗位的检验步骤、检验标准等信息，属于工艺文件中的一种。IQC 是来料质量控制，指对采购进来的原材料、部件或产品做品质确认和核查，即在供应商送原材料或部件时通过抽样的方式对产品进行检验，并确定该批产品是接收还是退换，是生产前第一个控制品质的关卡；IPQC 是生产过程中的质量控制，采用的方式为抽检，检查内容包括对各工序的产品质量进行抽检、对各工序操作人员的作业方式和方法进行检查、对控制计划中的内容进行点检；OQC 是出货品质检验，主要针对出货品的包装状态、防撞材料、产品识别/安全标示、配件、使用手册/保证书、附加软件光盘、产品性能检测报告、外箱标签等做一全面性的核查确认，以确保客户收货时和约定内容一致，以完全达标的方式出货。IQC/IPQC/OQC 文件是保证产品质量的重要文件，决定了产品的质量要求。图 7—1—6 所示为某公司的品质控制文件。

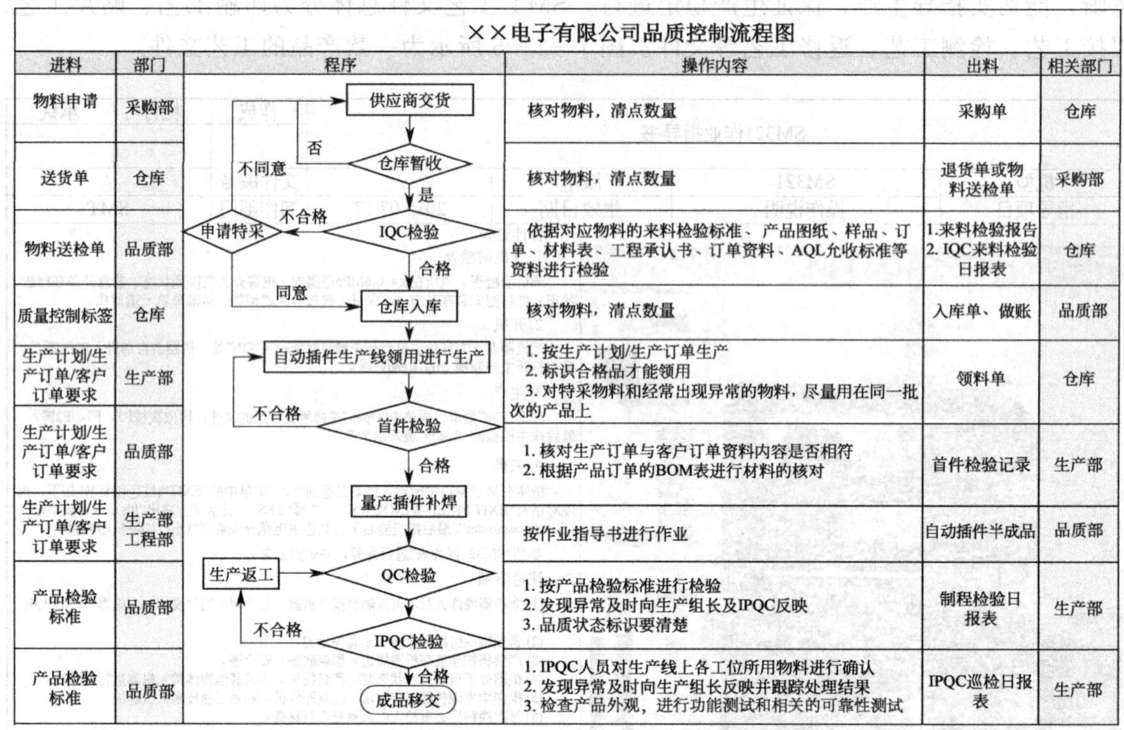

××电子有限公司品质控制流程图

进料	部门	程序	操作内容	出料	相关部门
物料申请	采购部	供应商交货	核对物料，清点数量	采购单	仓库
送货单	仓库	仓库暂收（否；不同意；是）	核对物料，清点数量	退货单或物料送检单	采购部
物料送检单	品质部	IQC检验（不合格→申请特采；合格）	依据对应物料的来料检验标准、产品图纸、样品、订单、材料表、工程承认书、订单资料、AQL允收标准等资料进行检验	1.来料检验报告 2. IQC来料检验日报表	仓库
质量控制标签	仓库	仓库入库（同意）	核对物料，清点数量	入库单、做账	品质部
生产计划/生产订单/客户订单要求	生产部	自动插件生产线领用进行生产	1. 按生产计划/生产订单生产 2. 标识合格品才能领用 3. 对特采物料和经常出现异常的物料，尽量用在同一批次的产品上	领料单	仓库
生产计划/生产订单/客户订单要求	品质部	首件检验（不合格；合格）	1. 核对生产订单与客户订单资料内容是否相符 2. 根据产品订单的BOM表进行材料的核对	首件检验记录	生产部
生产计划/生产订单/客户订单要求	生产部 工程部	量产插件补焊	按作业指导书进行作业	自动插件半成品	品质部
产品检验标准	品质部	QC检验（生产返工）	1. 按产品检验标准进行检验 2. 发现异常及时向生产组长及IPQC反映 3. 品质状态标识要清楚	制程检验日报表	生产部
产品检验标准	品质部	IPQC检验（不合格；合格）→成品移交	1. IPQC人员对生产线上各工位所用物料进行确认 2. 发现异常及时向生产组长反映并跟踪处理结果 3. 检查产品外观，进行功能测试和相关的可靠性测试	IPQC巡检日报表	生产部

图 7—1—6　品质控制文件

4. 程序文件

程序文件是指 SMT 设备生产产品所用到的程序，包含印刷机程序、贴片机程序、回流焊机程序、AOI 程序等，这些程序一般存放在设备主控计算机或者生产线服务器中，需要时调用出来进行调试，再进行生产。SMT 程序文件相当于 SMT 生产设备的执行指令，它规定了设备生产步骤、生产工艺要求等内容，是 SMT 设备运行的核心文件，操作者在生产操作时不得随意更改程序文件。

二、SMT 生产设备及治具准备

SMT 生产设备分为主要设备、周边设备、检测设备、返修设备和清洗设备，同时为了适应不同类型产品的生产，还需要配备不同的治具，如图 7—1—7 所示。

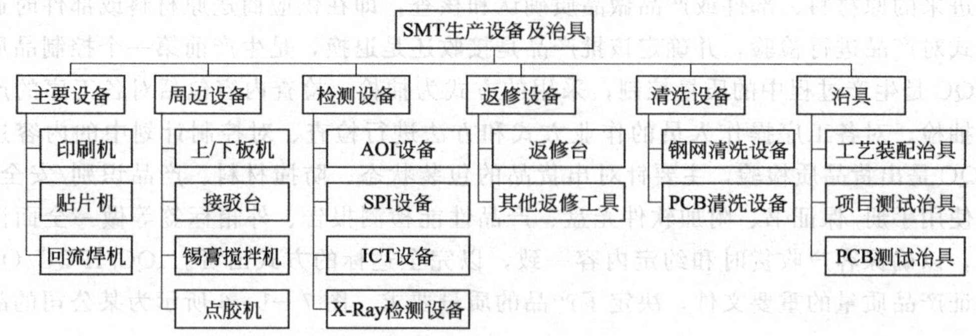

图 7—1—7　SMT 生产设备及治具

1. SMT 主要设备

主要包括印刷机、贴片机和回流焊机，分别完成锡膏印刷、元件贴片和回流焊接三个工艺过程。

2. SMT 周边设备

主要包括上/下板机、接驳台、锡膏搅拌机、点胶机，分别完成 PCB 上板/下板、PCB 中继运输、锡膏搅拌、元件点胶工艺过程。

3. SMT 检测设备

主要包括 AOI 设备（自动光学检测仪）、SPI 设备（锡膏厚度检测仪）、ICT 设备（在线测试仪）、X-Ray 检测设备（X 射线透视检测仪），其中 AOI 设备可完成锡膏印刷质量检测、焊前元件贴装质量检测以及焊后焊接质量检测，SPI 设备可完成锡膏印刷厚度检测，ICT 设备可完成焊后焊接不良检测，X-Ray 检测设备可完成焊后焊点或元件内部焊接质量检测。

4. SMT 返修设备

主要包括返修台（返修工作站）以及电烙铁、热风枪等其他返修工具，这些设备和工具主要完成对在制产品焊接缺陷的维修。

5. SMT 清洗设备

主要包括钢网清洗设备和 PCB 清洗设备，分别完成钢网清洗和 PCB 焊后清洗。

6. SMT 治具

SMT 治具是在 SMT 生产过程中协助控制位置或动作的一种工具，主要包括工艺装配治具、项目测试治具和 PCB 测试治具三种。其中，工艺装配治具包括装配治具、焊接治具、解体治具、点胶治具、照射治具、调整治具和剪切治具，项目测试治具包括使用寿命测试类治具、包装测试类治具、环境测试类治具、光学测试类治具、屏蔽测试类治具、隔音测试类治具等，PCB 测试治具主要包括 ICT 在线测试治具、FCT 功能测试治具、SMT 过炉治具、BGA 测试治具等。图 7—1—8 所示为一款 SMT 治具。

图 7—1—8 SMT 治具

三、SMT 生产物料准备

SMT 生产物料是指 SMT 生产过程中所用到的物品及材料，主要分为产品物料、生产辅助材料、工艺材料和包装材料，如图 7—1—9 所示。

1. SMT 产品物料

SMT 产品物料是指 SMT 贴装生产印制电路板必须使用的元器件及物料，主要包括通用器件、集成电路、异形器件和印制电路板，如图 7—1—10 所示。

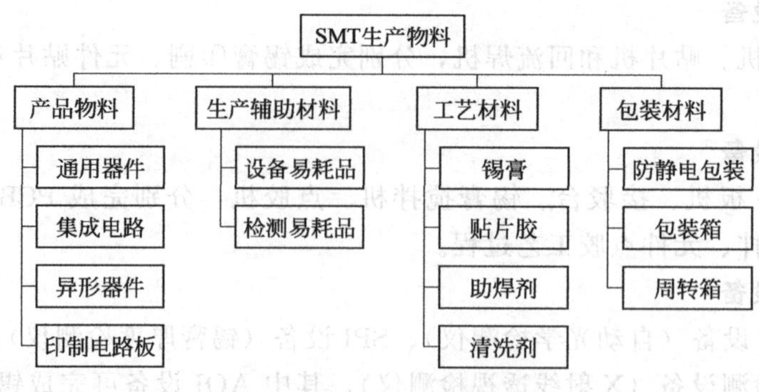

图 7—1—9 SMT 生产物料

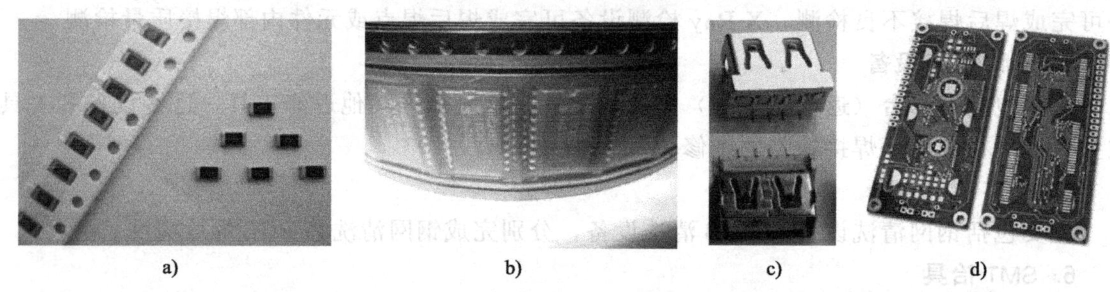

a) b) c) d)

图 7—1—10 SMT 产品物料
a）通用器件 b）集成电路 c）异形器件 d）印制电路板

通用器件是指常规的通用性元器件，也是使用最为广泛的元器件类型，例如常规的贴片电阻、贴片电容、贴片电感、贴片二极管、贴片三极管等片式元件（CHIP）都属于通用器件。它们的特点是包装及规格都比较标准化，外形多以矩形或者圆形为主，可适应高速全自动化的生产需求。

集成电路英文简称 IC。SMT 生产过程所使用的集成电路多以贴片封装为主，如 BGA、QFP、SOP 等封装的 IC。它们的包装及规格都比较标准化，外形多以矩形为主，体积一般比通用器件稍大，可适应全自动化的生产需求。

异形器件指的是印制电路板上所使用的外形不规则或者外形较为特殊的元器件，如变压器、继电器、插头、插座、电源连接器等。由于这些器件的外形不规则，因此难以适应全自动化的生产需求，即使使用自动化生产，也要求降低生产速度，以保证器件不会掉落。

印制电路板是上述三种物料的承载体，其上布满了各种线路及焊盘，元器件通过贴装焊接到 PCB 上实现机械连接及电气连接后才可使 PCB 实现功能。

2. SMT 生产辅助材料

SMT 生产辅助材料主要是指用于辅助 SMT 生产的易耗品，主要包括设备易耗品和检测易耗品，如图 7—1—11 所示。

常见的 SMT 设备易耗品主要有空气过滤棉、电磁阀、贴片机吸嘴、印刷机刮刀、点胶机针头等。这些材料都是设备在生产过程中使用较为频繁的一些部件，容易造成磨损或老化等，需要定期进行更换。

检测易耗品主要是指在 SMT 检测工艺中使用频率较高的一些材料，如 ICT 测试针、ICT 定位针、条码扫描枪等。

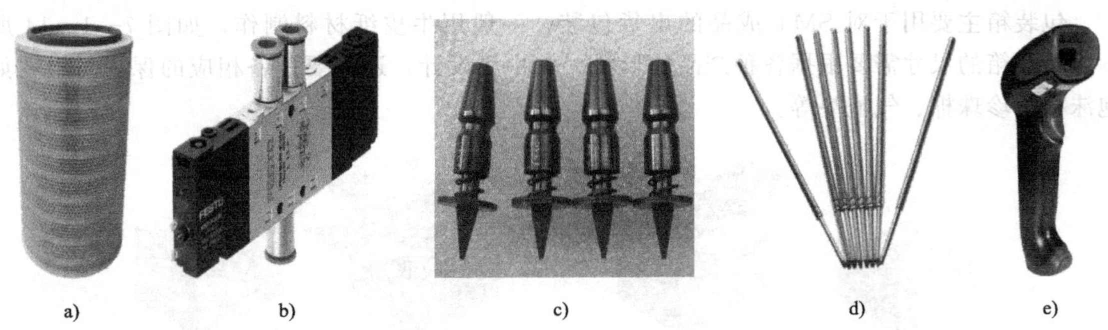

a)　b)　c)　d)　e)

图 7—1—11　SMT 生产辅助材料

a）空气过滤棉　b）电磁阀　c）贴片机吸嘴　d）ICT 测试针　e）条码扫描枪

3. SMT 工艺材料

SMT 工艺材料是指 SMT 生产工艺过程中必备的耗材，主要包括锡膏、贴片胶、助焊剂和清洗剂，如图 7—1—12 所示。锡膏应用于 SMT 锡膏印刷工艺，贴片胶应用于点胶工艺，助焊剂应用于返修工艺，清洗剂应用于炉后或返修后的清洗工艺。

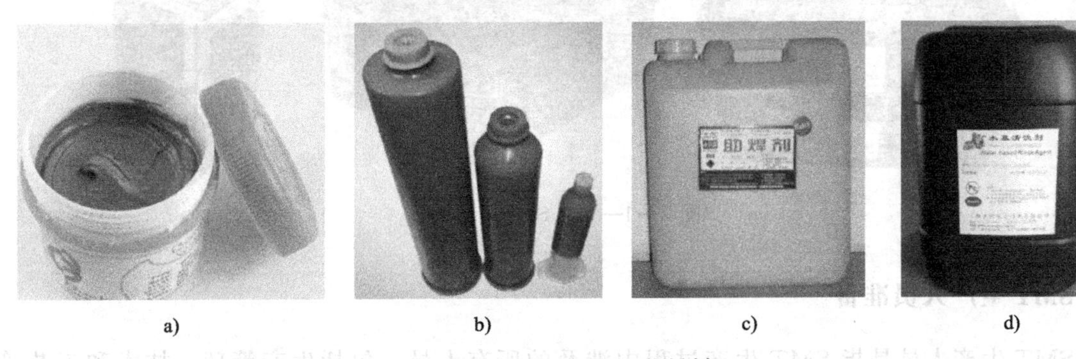

a)　b)　c)　d)

图 7—1—12　SMT 工艺材料

a）锡膏　b）贴片胶　c）助焊剂　d）清洗剂

4. SMT 包装材料

SMT 包装材料用于 SMT 物料、在制品以及成品的包装，主要包括防静电包装、包装箱和周转箱。

防静电包装是用于 SMT 物料及产品静电防护的包装材料，其作用主要是防止物料及产品在生产或者运输途中受到静电损伤。一般要求 SMT 物料都使用防静电的包装，如图 7—1—13 所示。

图 7—1—13　SMT 防静电包装

包装箱主要用于对SMT成品的出货包装，一般用牛皮纸材料制作，如图7—1—14所示。包装箱的尺寸需要根据各种产品的形状、大小等设计，还需要配备相应的保护材料，如泡沫板、珍珠棉、气泡垫等。

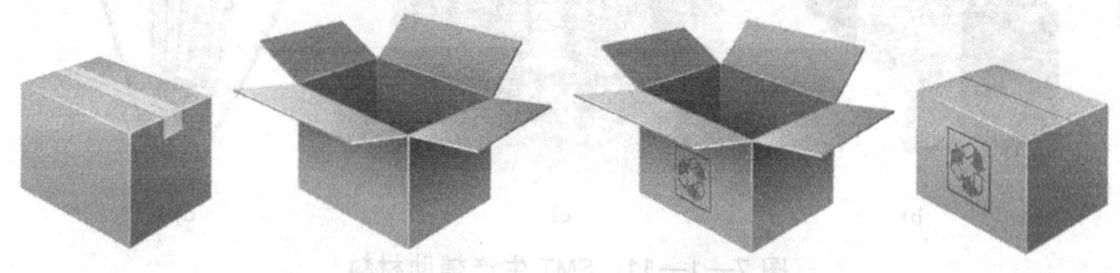

图7—1—14 SMT包装箱

周转箱主要用于SMT在制品的周转存放，一般用防静电的塑料材料制作，如图7—1—15所示。周转箱的大小一般有统一规格，方便周转箱的层叠及运输。

图7—1—15 SMT周转箱

四、SMT生产人员准备

SMT生产人员是指SMT生产过程中涉及的所有人员，包括生产管理、技术和工艺管理、品质检验、生产操作、物料管理和设备管理几类人员，如图7—1—16所示。

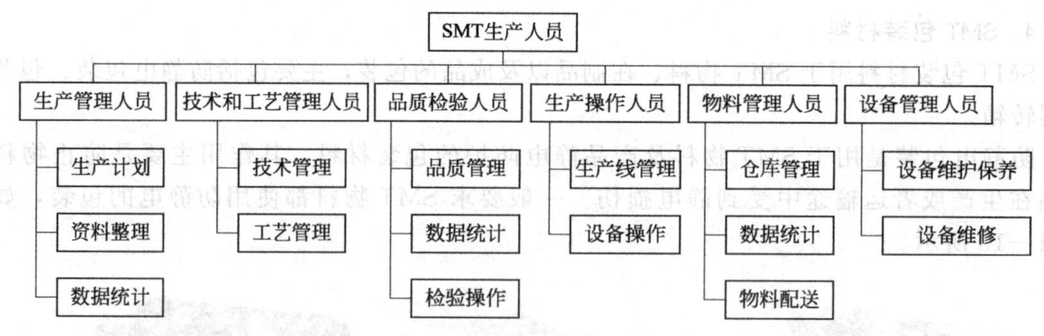

图7—1—16 SMT生产人员

1. SMT生产管理

SMT生产管理主要包括生产计划、资料整理和数据统计三类工作。生产计划的主要工作是提前对SMT生产线生产进行排班，并提前给物料管理相关部门下达准备物料的指令。资料整理主要是对生产线上各个产品的生产资料进行统一管理。数据统计则是对生产线上各个产品所出现的问题以及生产情况进行统计。

2. SMT 技术与工艺管理

SMT 技术与工艺管理主要包括 SMT 技术管理和 SMT 工艺管理，主要工作包括 SMT 设备编程与调试、SMT 岗位指导文件编制与管理、SMT 工艺文件编制与管理、SMT 生产线在线技术保障等。

3. SMT 品质检验

SMT 品质检验主要包括品质管理、数据统计以及检验操作，具体工作主要包括 SMT 品质检验标准文件的编制与管理、SMT 生产线在线检验技术保障、SMT 生产线在线检验操作、SMT 检验数据统计与分析等。

4. SMT 生产操作

SMT 生产操作主要包括 SMT 生产线管理和 SMT 设备操作，具体工作主要包括印刷机操作、贴片机操作、回流焊机操作、AOI 设备操作、SMT 生产线操作人员管理等。

5. SMT 物料管理

SMT 物料管理主要包括仓库管理、数据统计和物料配送，具体工作主要包括 SMT 物料库存管理、SMT 物料的准备、SMT 物料的发放、SMT 物料的清点、SMT 物料的入库、SMT 在线物料跟踪管理等。

6. SMT 设备管理

SMT 设备管理主要包括 SMT 设备维护保养和 SMT 设备维修，具体工作主要包括 SMT 设备日常点检、SMT 设备定期维护、SMT 生产线设备技术保障、SMT 设备调试、SMT 设备维修等。

任务实施

一、任务准备

全自动印刷机、全自动贴片机、回流焊机、AOI 设备、锡膏搅拌机、接驳台等设备，钢网、锡膏、清洗剂等耗材，无尘布、工业酒精、无纺毛巾等清洁用品，贴片小音响材料清单中的所有材料，防静电服、防静电手套、防静电手环等防护用具，电烙铁、镊子、元件盒等工具，作业本、笔等文具。

二、贴片小音响的生产前准备

进入实训室，以 10 人为一小组，在教师及实训室管理人员的指导下，分任务完成下列工作。

1. 准备生产文件

(1) 准备贴片小音响产品装配图，如图 7—1—17 所示。

(2) 检查各岗位、设备的作业指导书是否准备好。

(3) 对全自动印刷机、全自动贴片机、回流焊机、AOI 设备等进行点检，点检完毕无异常则按照操作规程开启设备。

(4) 分别在全自动印刷机、全自动贴片机、回流焊机、AOI 设备中调用名字为“XIAOYINXIANG”的程序。

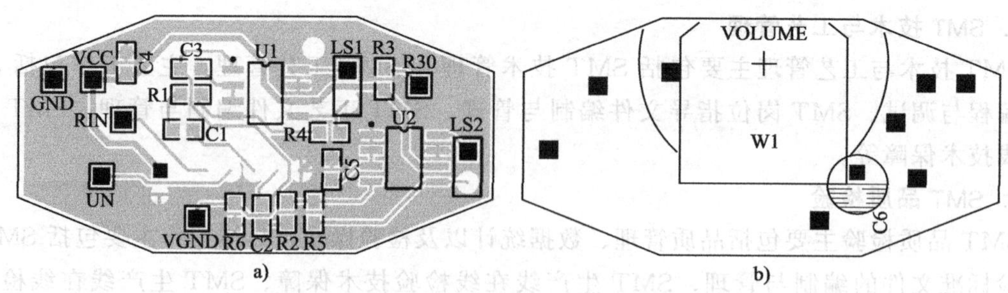

图 7—1—17　贴片小音响产品装配图
a）正面装配图　b）底面装配图

（5）完成表 7—1—1 所列 SMT 生产文件准备报表的填写。

表 7—1—1　　SMT 生产文件准备报表

序号	准备事项	完成情况	操作员	复核人
1	产品装配图检查			
2	岗位、设备作业指导书检查			
3	全自动印刷机点检及开启			
4	全自动贴片机点检及开启			
5	回流焊机点检及开启			
6	AOI 设备点检及开启			
7	各设备程序调用			

2. 准备生产物料

（1）按照贴片小音响材料清单（见表 7—1—2）准备生产物料，清点好物料并做好记录。

表 7—1—2　　贴片小音响材料清单

物料	参数值	元件封装	安装位置	单板使用数量	生产总使用量	领取数量	备注
贴片电阻	0 Ω	0603	R6	1			
贴片电阻	6.8 kΩ	0603	R1，R2	2			
贴片电阻	22 kΩ	0603	R4，R5	2			
贴片电容	0.1 μF	0603	C1，C2	2			
贴片电容	1 μF	0603	C3，C4，C5	3			
贴片集成电路	8005	SOP8	U1，U2	2			
电解电容	470 μF，10 V	φ6.3 mm×11.2 mm	C6	1			
双声道电位器	50 kΩ，φ16 mm×2 mm		W1	1			
印制电路板	18 连板 PCB						

续表

物料	参数值	元件封装	安装位置	单板使用数量	生产总使用量	领取数量	备注
USB 供电线+输入线	USB+3.5 双声道双拼线			1			
扬声器线	70cm 双拼线			1			
扬声器	4 Ω，3 W			2			
外壳				2			
音箱上下壳				2			
线控盒				1			
扬声器固定螺钉	短			8			
音箱上下壳固定螺钉	长			8			
包装彩盒				1			

（2）将锡膏从冰箱中取出回温后放入锡膏搅拌机中搅拌，搅拌完毕不开盖放置好备用，并填好锡膏使用登记表。

（3）从钢网存放点将贴片小音响的钢网取出，填写好钢网使用登记表，并检查钢网是否完好，开孔与 PCB 能否对应好。

（4）准备好清洁剂、无尘布、工业酒精、无纺毛巾等物品。

任务评价

对任务的完成情况进行检查，并将结果填入表 7—1—3 所示任务考核评分表内。

表 7—1—3　　任务考核评分表

评价项目	评价标准	配分（分）	自我评价	小组评价	教师评价
职业素养	安全意识、责任意识、服从意识强	5			
	积极参加教学活动，按时完成各项学习任务	5			
	团队合作意识强，善于与人交流和沟通	5			
	自觉遵守劳动纪律，尊敬师长，团结同学	5			
	爱护公物，节约材料，工作环境整洁	5			
专业能力	能正确核对产品装配图，完成指导书的检查	5			
	能根据操作规程完成各设备的点检及开启	15			
	能按要求完成贴片小音响程序的调用	15			

续表

评价项目	评价标准		配分（分）	自我评价	小组评价	教师评价
专业能力	能按要求完成贴片小音响材料清单中物料的识别与清点		20			
	能按要求完成锡膏的回温与搅拌		5			
	能按要求完成钢网、清洁剂、无尘布等其他物料的准备		5			
	能按要求完成相关表格的填写		5			
	能按实训室安全管理规范进行实训		5			
合计			100			
总评	自我评价×20%＋小组评价×20%＋教师评价×60%＝＿＿＿＿		综合等级	教师（签名）：		

注：学习任务考核采用自我评价、小组评价和教师评价三种方式，结果分为 A（90～100）、B（80～89）、C（70～79）、D（60～69）、E（0～59）五个等级。

思考与练习

1. SMT 生产需准备的物料主要有哪些？
2. 列举本任务中所用到的生产设备，并简述其作用。

任务 2　贴片小音响 SMT 生产实施与管理

学习目标

1. 熟悉 SMT 生产实施步骤。
2. 掌握 SMT 生产实施操作技能。

任务引入

通过前面任务的学习，了解了 SMT 生产前需要做哪些准备，本任务主要介绍 SMT 生产实施的步骤，模拟真实生产情况，完成贴片小音响的生产，进一步熟悉 SMT 生产线设备的操作以及生产线运行的管理。

相关知识

一、SMT 生产实施步骤

SMT 生产实施步骤如图 7—2—1 所示。

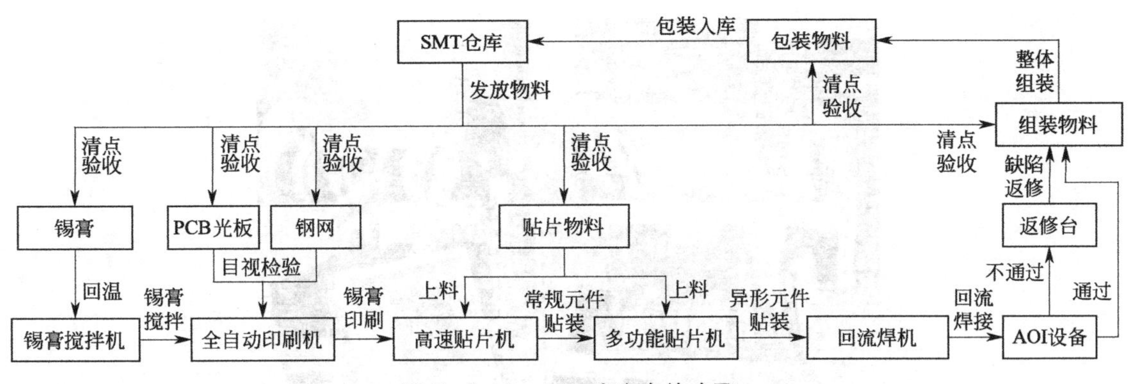

图 7—2—1　SMT 生产实施步骤

1. 发放物料

SMT 物料管理部门根据生产领料单发放物料，包括锡膏、PCB 光板、钢网、贴片物料、组装物料、包装物料等，如图 7—2—2 所示。

图 7—2—2　SMT 物料管理部门发放物料

2. 物料清点验收

SMT 生产部门领取生产物料后，需要对领取的物料进行数量清点及物料检验，确保生产物料能正常使用，如图 7—2—3 所示。需检查验收的内容如下。

（1）锡膏：锡膏使用遵循先入先出的原则，检查锡膏是否在使用期内，检查锡膏包装是否有破损或密封不良。

（2）PCB 光板：检查 PCB 光板包装是否有破损、PCB 是否有损坏、PCB 是否出现焊盘氧化现象，并核对 PCB 版本号是否与生产程序备注的版本号一致。

（3）钢网：检查钢网外观有无损坏或出现老化拉伸现象，并核对钢网型号是否与 PCB 版本号一致。

（4）贴片物料：检查贴片物料型号是否与物料清单以及贴片机程序中的型号一致，并检查物料引脚有无出现氧化现象。

图 7—2—3　物料清点验收

（5）组装物料：检查产品组装外壳及配件是否有损坏。

（6）包装物料：检查包装盒等包装物料是否有损坏或与产品不一致。

3. 锡膏回温搅拌

锡膏检查验收合格后，即可放置在锡膏回温区进行回温。在 25℃环境下要求锡膏回温时间不能低于 4 h，因此锡膏回温应在生产前 4 h 开始。回温时间足够后，即可使用锡膏搅拌机对锡膏进行搅拌，如图 7—2—4 所示，搅拌时间一般设置为 3～5 min，搅拌过程中注意不能打开锡膏瓶盖。

4. PCB 光板与钢网准备

PCB 光板检查验收合格后，可拆开真空密封包装备用，如图 7—2—5 所示。钢网检查验收合格后，按操作规程安装到全自动印刷机中，并设置好相关参数。

图 7—2—4　锡膏回温搅拌

图 7—2—5　PCB 光板准备

5. 贴片机上料

贴片物料验收合格后，按照规格装到供料器上，并根据贴片机程序的站位安排将装好物料的供料器安装到相应的站位上，对各供料器进行吸料位置校正，如图 7—2—6 所示。

6. **锡膏印刷**

将已经回温搅拌好的锡膏用锡膏搅拌刀添加到已安装好的钢网上的适当位置，PCB 光板放置到全自动印刷机导轨上，切换全自动印刷机到正式生产状态，开始 PCB 锡膏印刷，如图 7—2—7 所示。印刷完毕，目测印刷质量，如果出现较大偏移或其他印刷质量问题，须将 PCB 光板上的锡膏清理干净并清洗好 PCB 后重新印刷。

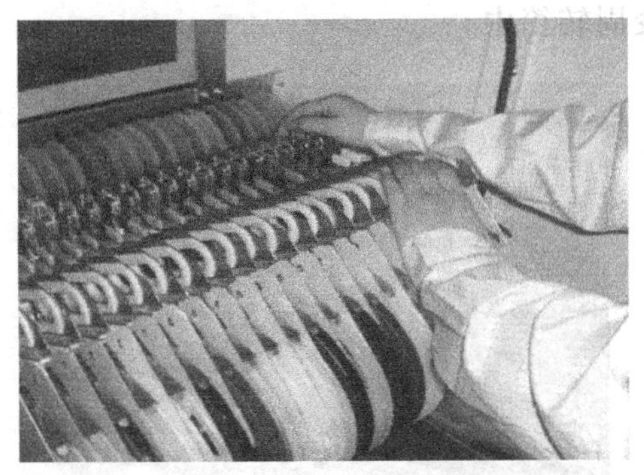

图 7—2—6　贴片机上料

图 7—2—7　锡膏印刷

7. **元件贴装**

将印刷好锡膏并通过检查的 PCB 放置到贴片机入口处，开始元件贴装，如图 7—2—8 所示。贴装时，按照先小后大，先贴常规元件、再贴异形元件的顺序进行，以保证元件贴装的稳定性。贴装完毕进行炉前目检，检查元件贴装质量，若出现严重贴装质量问题，须将 PCB 上已贴装好的元件及锡膏清理干净并清洗好 PCB 后重新印刷、贴装。

8. **回流焊接**

将贴装好元件并通过检查的 PCB 放置到回流焊机入口处，开始回流焊接，如图 7—2—9 所示。等待回流焊接完毕并充分冷却后，进行炉后目检，若出现严重焊接质量问题须马上停止回流焊接操作并报告上级进行故障排除后方可继续进行。出现问题的 PCBA（已完成贴片回流焊接制程的 PCB）需要放置到指定的缺陷 PCBA 区域，以备核查。没有焊接质量问题的 PCBA 统一放置到周转箱中。

图 7—2—8　元件贴装

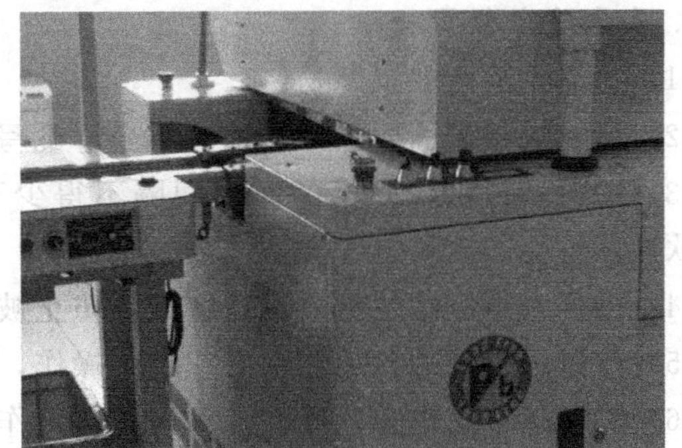

图 7—2—9　回流焊接

9. **AOI 检测**

将周转箱中回流焊接完毕并通过检查的 PCBA 移交到 AOI 岗位，对每一块 PCBA 进行

AOI 检测，经检测确定有缺陷的 PCBA 在缺陷处贴好标签，与无缺陷的 PCBA 分开存放到不同的周转箱中，如图 7—2—10 所示。

10. **焊接缺陷返修**

将经 AOI 检测确定有缺陷的 PCBA 移交到返修岗位进行返修，如图 7—2—11 所示，返修完毕移除缺陷标签并存放到无缺陷 PCBA 周转箱中。若出现无法返修的 PCBA，则将 PCBA 上的重要元件拆除后，将 PCB 放置到报废周转箱中。

图 7—2—10　AOI 检测

图 7—2—11　缺陷返修

11. **整体组装**

将无缺陷 PCBA 需要焊接安装的线材焊接好，并将其准确安装到产品的外壳上，紧固好螺钉。组装完毕进行最后的整体功能检测，检测无故障的放置到无故障产品周转箱中，有故障的则放置到故障产品周转箱中移交维修部门进行维修。

12. **包装入库**

组装并检测完毕，将产品表面清理干净，并将产品按照包装要求进行包装。包装完毕即可装箱入库。

二、SMT 生产实施注意事项

在 SMT 生产实施过程中，应注意以下问题。

1. **安全注意事项**

(1) 机器上禁止放置杂物。

(2) 所有设备表面要保持清洁，不允许乱写乱画、随意粘贴。

(3) 关机后再重新开机的时间间隔不得少于 15 s。未经允许禁止随意更改计算机内程序、软件。

(4) 操作人员应清楚机器运行区域，防止被机器碰撞。

(5) 控制面板上的各功能键必须单人操作，即只允许一个人操作机器按键。

(6) 机器正常工作时，任何人不得非法操作机器的控制器。

(7) 确保红色紧急停止按钮工作正常。需要在机器后部工作时，必须使设备停止运行。

(8) 在设备运行状态下，禁止身体任何部位进入设备运行范围内。

(9) 在没有约定的情况下，禁止两人或两人以上同时操作机器。

(10) 如有特殊或紧急情况，应马上按下红色紧急停止按钮。

（11）在设备运行状态下，应放下防护盖。

（12）禁止随意拨动车间内开关，防止出现意外断电或触电事故。

（13）设备操作人员在生产中应严格按操作规程工作，对不了解的项目，必须有技术员指导后方能单独操作。

2. 锡膏印刷工序注意事项

（1）印刷过程中要严格按照工艺要求操作，单次印刷的板不要超过 25 片。

（2）印刷好锡膏的 PCB 须在 2 h 内贴装并过回流焊机焊接。

（3）钢网尽量使用酒精清洗，也可适当使用甲苯等其他溶剂，但要注意做好防护。

（4）清洗 PCB 时，PCB 表面、过孔必须彻底清洗干净。

（5）印刷时，刮刀压力和速度不可过大，以免损坏钢网。

（6）在生产中，环保与非环保产品、锡膏和生产工具都要严格区分。

（7）认真做好锡膏使用记录。

（8）印刷机 PCB 定位平台高度要合适，防止过高而导致印刷时伤钢网。

（9）刮刀上的干锡膏要及时彻底清理干净。

3. 贴片工序注意事项

（1）PCB 上标识应清楚，标记不能写在贴片焊盘上，防止覆盖焊盘造成焊接不良。

（2）贴片操作换料时要注意，物料的规格型号与物料清单应一致，且尽量使用同一厂家的物料。

（3）贴片操作接料时应将所接料空出 3～4 个空料位。

（4）将印刷好锡膏的 PCB 放入贴片机时，注意不要碰到 PCB 上的锡膏。

（5）装拆供料器时注意不要碰撞到贴片头的 CCD 镜头及吸嘴。

（6）在清理 CCD 镜头时，要用干净布或镜头纸擦拭；如镜头有油污可蘸少许酒精擦拭，禁止用酒精以外的任何溶剂擦拭。

（7）贴片机突然断电或死机时，必须将吸嘴从贴片头上取出放在吸嘴站里，再重新开机。

（8）在开始贴装或移动贴片机贴片头组前，必须检查吸嘴是否安装到位、移动范围内是否有高于贴片头的物品，以免撞坏贴片头。

（9）给贴片机安装供料器之前，应将供料器安装台底部散料彻底清扫干净。

（10）贴片机更换产品时，要重新定位工作台上的定位针，并彻底清扫其上面的散料。

（11）贴片机操作人员不得擅自进入设备测试、设备设定项目，不得擅自更改系统数据。

（12）禁止在装贴运行状态下给设备安放供料器。

（13）禁止在装贴运行状态下在机器后部拉动元器件覆盖膜。

4. 回流焊接工序注意事项

（1）操作中注意不要把头、手放到机器移动范围内。

（2）出现紧急情况时，应立刻按红色紧急停止按钮。

（3）对回流焊机炉膛进行操作时，应戴好防高温的手套或其他安全防护用具。

（4）未经允许不得随意修改回流焊机程序内容。

（5）在生产过程中若发现过炉后的 PCB 有虚焊、短路或其他问题时，操作员应及时上报。

(6) 回流焊机运行时不可随意操作机器上的其他开关。

(7) 出现故障时应及时上报，并停止设备运行。

任务实施

一、任务准备

全自动印刷机、全自动贴片机、回流焊机、AOI 设备、锡膏搅拌机、接驳台等设备，钢网、锡膏、清洗剂等耗材，无尘布、工业酒精、无纺毛巾等清洁用品，贴片小音响材料清单中的所有材料，防静电服、防静电手套、防静电手环等防护用具，电烙铁、镊子、元件盒等工具，作业本、笔等文具。

二、贴片小音响 SMT 生产实施

进入实训室，以 10 人为一小组，在教师及实训室管理人员的指导下，分任务完成下列工作。

1. 物料清点验收

清点锡膏、PCB 光板、钢网、贴片物料、组装物料和包装物料等，并将检查结果填入表 7—2—1 物料清点验收报表中。

表 7—2—1　物料清点验收报表

物料	参数值	清点数量	检查结果	备注
锡膏				
PCB 光板				
钢网				
贴片电阻	0 Ω			
贴片电阻	6.8 kΩ			
贴片电阻	22 kΩ			
贴片电容	0.1 μF			
贴片电容	1 μF			
贴片集成电路	8005			
电解电容	470 μF，10 V			
双声道电位器	50 kΩ，ϕ16 mm×2 mm			
USB 供电线＋输入线	USB＋3.5 双声道双拼线			
扬声器线	70 cm 双拼线			
扬声器	4 Ω，3 W			
外壳				
音箱上下壳				

续表

物料	参数值	清点数量	检查结果	备注
线控盒				
扬声器固定螺钉	短			
音箱上下壳固定螺钉	长			
包装彩盒				
操作人：		复核人：		

2. **锡膏回温搅拌**

按要求回温锡膏；回温时间足够后，使用锡膏搅拌机对锡膏进行搅拌。

3. **锡膏印刷**

按要求将钢网安装到全自动印刷机中，将锡膏添加到钢网上，并进行印刷操作。

4. **元件贴装**

按要求进行上料操作，并操作贴片机对已印刷好锡膏的贴片小音响 PCB 进行元件贴装。

5. **回流焊接**

按要求对已贴装好元件的贴片小音响 PCB 进行回流焊接操作。

6. **AOI 检测**

按要求对已贴装、焊接好的贴片小音响 PCB 进行 AOI 检测操作。

7. **焊接缺陷返修**

按要求对检查出的有焊接缺陷的 PCBA 进行焊接缺陷分析及维修。

8. **整体组装**

对已经检查完毕的 PCBA 进行分板操作，并进行贴片小音响的整体组装。电路板组装接线图如图 7—2—12 所示。

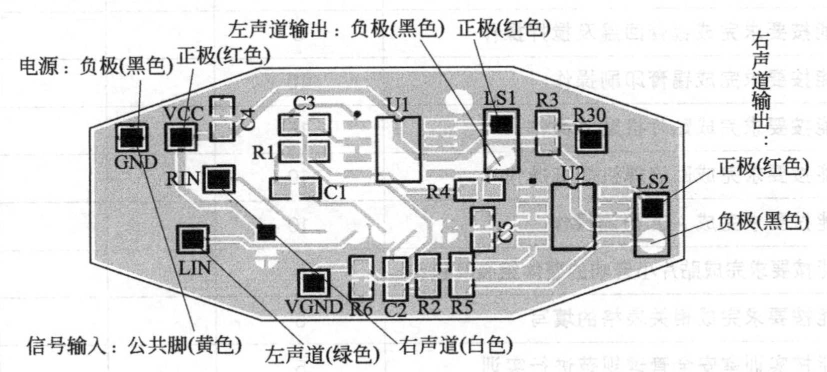

图 7—2—12　贴片小音响电路板组装接线图

9. **包装入库**

组装并检测完毕，按要求将产品包装好，在包装上标注好分组号等信息，并提交入库。

10. **填写 SMT 生产报表**

完成表 7—2—2 所示 SMT 生产报表的填写。

表 7—2—2　　SMT 生产报表

生产时间	操作人员	生产型号	拆包板数	生产数量	不良品数量	入库数量	备注

任务评价

对任务的完成情况进行检查，并将结果填入表 7—2—3 所示任务考核评分表内。

表 7—2—3　　任务考核评分表

评价项目	评价标准	配分（分）	自我评价	小组评价	教师评价
职业素养	安全意识、责任意识、服从意识强	5			
	积极参加教学活动，按时完成各项学习任务	5			
	团队合作意识强，善于与人交流和沟通	5			
	自觉遵守劳动纪律，尊敬师长，团结同学	5			
	爱护公物，节约材料，工作环境整洁	5			
专业能力	能按要求完成所有物料的清点及验收并填写好验收报表	10			
	能按要求完成锡膏回温及搅拌操作	5			
	能按要求完成锡膏印刷操作	10			
	能按要求完成贴片机贴片操作	15			
	能按要求完成回流焊机焊接操作	10			
	能按要求完成 AOI 检测操作	10			
	能按要求完成贴片小音响的整体组装及包装	5			
	能按要求完成相关表格的填写	5			
	能按实训室安全管理规范进行实训	5			
合计		100			
总评	自我评价 × 20% + 小组评价 × 20% + 教师评价 × 60% =	综合等级	教师（签名）：		

注：学习任务考核采用自我评价、小组评价和教师评价三种方式，结果分为 A（90～100）、B（80～89）、C（70～79）、D（60～69）、E（0～59）五个等级。

知识拓展

SMT 首件检测

SMT 首件检测即 SMT 生产过程中的首件检验或者首件检查。转产、转班、停线后再继续生产的第一块板或前几块板，都称为首件。首件确认无误后才可以进行批量生产，这个确认的过程就称为首件检测。

生产过程中的首件检测，主要是为了防止产品出现成批超差、返修、报废现象，它是预先控制产品生产过程的一种手段，是产品工序质量控制的一种重要方法，是企业确保产品质量、提高经济效益的一种行之有效、必不可少的方法。

通过首件检测，可以发现诸如工夹具严重磨损或安装定位错误、测量仪器精度变差、看错图样、投料或配方错误等系统性错误，从而采取纠正或改进措施，以防止批次性不合格品发生。

传统的首件检测通常由两个人完成，一个人测试，另一个人记录，效率低下，当 PCB 元件数量多达上千个时，首件检测可能耗时超过 2 h。如何提高首件检测的效率，同时降低人员配置，成为企业亟待解决的难题，使用计算机软件辅助测试的需求由此而生。

目前，市面上的首件检测系统有很多类型，它们的特点是可以大幅提升首件检测工作效率，防止检测过程发生错漏，检测过程方便、快捷且可追溯，同时更加节省人力和成本。其包括的功能一般有 BOM、CAD 及 Image 智能匹配功能，多种个性化查询功能，智能辅助检测功能，防漏测和误测功能等。

思考与练习

简述在进行贴片小音响 SMT 生产实施过程中需要注意的事项。